Manfred Arend

Seilverankerungen

Eine neue Modellvorstellung
zum Tragverhalten von Vergußverankerungen

Aus dem Programm
Thema Brücken

M. Arend
Seilverankerungen
Eine neue Modellvorstellung zum Tragverhalten
von Vergußverankerungen

K.-H. Holst
**Schnittgrößen in Brückenwiderlagern
unter Berücksichtigung der Schubverformung
in den Wandbauteilen**
Berechnungstafeln

K.-H. Holst
**Schnittgrößen in schiefwinkligen Brückenwiderlagern
unter Berücksichtigung der Schubverformung
in den Wandbauteilen**
Berechnungstafeln

M. Pötzl
Robuste Brücken
Vorschläge zur Erhöhung der ganzheitlichen Qualität

V. Schreiber
Brücken
Computerunterstützung
beim Entwerfen und Konstruieren

U. Starossek
Brückendynamik
Grundlagen, Methoden, Darstellung

Vieweg

Manfred Arend

Seilverankerungen

Eine neue Modellvorstellung zum
Tragverhalten von Vergußverankerungen

vieweg

© Friedr. Vieweg & Sohn Verlagsgesellschaft mbH, Braunschweig/Wiesbaden, 1997

Der Verlag Vieweg ist ein Unternehmen der Bertelsmann Fachinformation GmbH.

Das Werk einschließlich aller seiner Teile ist urheberrechtlich geschützt. Jede Verwertung außerhalb der engen Grenzen des Urheberrechtsgesetzes ist ohne Zustimmung des Verlags unzulässig und strafbar. Das gilt insbesondere für Vervielfältigungen, Übersetzungen, Mikroverfilmungen und die Einspeicherung und Verarbeitung in elektronischen Systemen.

Druck und buchbinderische Verarbeitung: Hubert & Co, Göttingen
Gedruckt auf säurefreiem Papier
Printed in Germany

ISBN 3-528-08136-8

Vorwort

Das vorliegende Buch stimmt inhaltlich mit der Dissertation überein, die ich während meiner Tätigkeit als wissenschaftlicher Mitarbeiter am Institut für Tragwerksentwurf und -konstruktion der Universität Stuttgart anfertigte. In der Arbeit wird die Vergußverankerung von Seilen und Bündeln mit Hilfe der Modellvorstellung des unidirektionalen Verbundkörpers idealisiert. Die grundsätzlichen Abhängigkeiten des Tragverhaltens der Verankerung von den maßgebenden Einflußgrößen wie der Geometrie, den eingesetzten Werkstoffen und des Reibungsverhaltens zwischen Konus und Hülse können damit erfaßt werden. Das Modell ist anwendbar auf metallische Seilkonstruktionen und auf Zuglieder, die aus synthetischen Fasern bestehen. Mit Hilfe der vorgestellten analytischen Erfassung ist eine zielgerichtete Weiterentwicklung und Optimierung der Verankerungen möglich.

Meinem Doktorvater, Prof. Dr.-Ing. Drs. h.c. Jörg Schlaich, danke ich für die Betreuung der Dissertation. In seinem Bestreben, das Tragverhalten von Bauteilen mit Hilfe von schlüssigen Modellvorstellungen zu erfassen, war und ist er mir stets Vorbild und bestärkte mich in der Zielsetzung meiner Arbeit.

Herrn Prof. H.-W. Reinhardt danke ich für die Übernahme des Mitberichtes und die Durchsicht der Arbeit sowie für seine ergänzenden Hinweise.

Mein besonderer Dank gilt Herrn Dr.-Ing. Knut Gabriel, der mich in zahlreichen fachlichen Diskussionen an seinem Fachwissen auf dem Gebiet der Seiltechnik teilhaben ließ. Die Anregung zu dem gewählten Thema entstand aus der immer geschätzten Zusammenarbeit mit ihm. Er bestärkte mich unermüdlich in der konsequenten Durchführung der Arbeit.

An dieser Stelle sei besonders meiner lieben Frau Irmgard Dank gesagt, die trotz so mancher Entbehrungen der Familie, mich stets in meiner Arbeit bestärkte.

Herr cand. ing. M. Migesel fertigte mit großer Sorgfalt viele Zeichnungen des vorliegenden Buches. Der Vieweg Verlag ermöglichte eine reibungslose Drucklegung der Arbeit.

Manfred Arend   im Oktober 1995

Inhaltsverzeichnis

Vorwort V

Bezeichnungen XI

1 Einführung 1

1.1 Problemstellung 1

1.2 Ziel der Arbeit 2

1.3 Aufbau der Arbeit 3

2 Historische Entwicklung der Vergußverankerungen und Stand der Forschung 4

2.1 Zur Geschichte metallischer Vergußverankerungen für Seile und Bündel aus Stahldrähten 4

2.2 Stand der analytischen Erfassung des Tragverhaltens von Vergußverankerungen 16

3 Die hochfesten Zugglieder, ihre Faser- und ihre Vergußwerkstoffe 24

4 Die Geometrie im Verankerungsraum 27

4.1 Einführung 27

4.2 Geometrische Ordnungen der Zuggliedfasern im Querschnitt des Vergußkonus 27
4.2.1 Die „statistisch verteilte" Anordnung 27
4.2.2 Die hexagonale Faseranordnung 30
4.2.3 Der Ansatz eines „Vergußringes" in der Verankerung 32
4.2.4 Die analytische Erfassung der hexagonalen Faseranordnung 33
4.2.4.1 Das umschreibende Hexagon 33
4.2.4.2 Der flächengleiche Kreis 40
4.2.5 Die konzentrische Faseranordnung 41
4.2.5.1 Die analytische Beschreibung der konzentrischen Ordnung 45

4.3 Die Geometrieverhältnisse im Längsschnitt des Vergußraumes 49
4.3.1 Die analytische Beschreibung der Konusgeometrie 50
4.3.2 Die Geometrie des Zuggliedeinganges und die Problematik der Besenwurzel ... 57

5 Die Idealisierung des Vergußkonus als unidirektionalen Verbundkörper ... 64

5.1 Einleitung ... 64

5.2 Das CCA-Modell für unidirektionale Faserverbundwerkstoffe ... 64

5.3 Weitere Ansätze zur Ermittlung der effektiven Konstanten des Komposits ... 66

5.4 Diskussion der Anwendbarkeit auf Verankerungskonstruktionen ... 67

5.5 Vergleichende Betrachtungen verschiedener Werkstoffkombinationen ... 68

5.6 Die analytische Ermittlung der „effektiven" elastischen Komposit-Konstanten ... 70

5.6.1 Der analytische Ansatz nach dem CCA-Modell ... 70

5.6.2 Der „effektive" Kompressionsmodul K_{23} $(= K_T)$ ... 72

5.6.3 Der „effektive" Schubmodul G_{23} $(= G_T)$ ... 74

5.6.4 Der „effektive" Schubmodul G_{12} $(= G_L)$ ... 76

5.6.4.1 Ermittlung des Schubmoduls G_L mit einem vereinfachten Ansatz ... 76

5.6.5 Der „effektive" E-Modul E_L $(= E_{12})$ ... 78

5.6.5.1 Bestimmung des E_L-Moduls mit einem vereinfachten Ansatz ... 79

5.6.6 Die „effektive" Poissonzahl ν_L $(= \nu_{12})$ ... 81

5.6.6.1 Bestimmung von ν_L mit einem vereinfachten Ansatz ... 81

5.6.7 Der „effektive" Elastizitätsmodul E_T $(= E_{23})$ ... 83

5.6.7.1 Bestimmung von E_T mit einem vereinfachten Ansatz ... 83

5.6.8 Die „effektive" Querkontraktionszahl ν_T $(= \nu_{23})$ ... 86

5.6.9 Die Anwendung auf anisotrope Faserwerkstoffe ... 87

5.6.10 Die „effektiven" linearen Temperatur-Ausdehnungs-Koeffizienten α_L und α_T ... 87

5.6.10.1 Die Ermittlung der „effektiven" linearen Temperatur-Ausdehnungs-Koeffizienten mit dem CCA-Modell ... 88

5.6.10.2 Weitere Ansätze zur Ermittlung der linearen Temperatur-Ausdehnungs-Koeffizienten ... 89

5.7 Die Richtungsabhängigkeit der „effektiven" elastischen Konstanten des unidirektionalen Komposits ... 93

5.8 Der Spannungszustand zwischen den Fasern im Komposit ... 97

5.8.1 Der Spannungszustand infolge Schwindens bzw. Temperaturbeanspruchung ... 97

6 Die Idealisierung des „gefüllten" Vergußmaterials als Komposit-Werkstoff ... 102

6.1 Modell zur Ermittlung der „effektiven" elastischen Konstanten von mit sphärischen Einschlüssen gefüllten Vergußsystemen ... 103

6.2 Gegenüberstellung der „effektiven" elastischen Konstanten für unterschiedlich gefüllte Vergußmassen ... 104

6.2.1 Der „effektive" Kompressionsmodul K_G ... 106

6.2.2 Der „effektive" Schubmodul G_G ... 108

6.2.3 Der „effektive" Elastizitätsmodul E_G und die effektive
Querkontraktionszahl v_G 109
6.2.3.1 Der Ansatz nach G.Rehm und L.Franke 109
6.2.4 Der „effektive" lineare Temperatur-Ausdehnungs-Koeffizient α_G 113

7 Zum Schwinden des Vergußkörpers in der Verankerung 116

7.1 Das Schwinden metallischer Vergußwerkstoffe 116

7.2 Das Schwinden polymerer Vergußwerkstoffe 118

7.3 Die Einflußparameter auf das Schwinden 119
7.3.1 Die Grenzflächentemperatur zwischen Vergußwerkstoff und Vergußhülse 119
7.3.2 Die Abhängigkeit des Schwindens von der Gußkörpergestalt 122
7.3.3 Der instationäre Temperaturzustand in der Verankerung 123

7.4 Ansatz zur analytischen Ermittlung eines „effektiven Schwindmaßes"
für das Komposit 130
7.4.1 Ein „effektives Schwindmaß" für das unidirektionale Komposit 133
7.4.2 Ein „effektives Schwindmaß" für das Komposit mit globulären Füllern 138

7.5 Ermittlung der Schwind- und Temperaturverformungen des Vergußkonus 141

8 Versagenskriterien für den als Komposit idealisierten Vergußkonus 148

8.1 Versagenskriterien und Festigkeiten des unidirektionalen Komposits 148

8.2 Versagenskriterien für isotrope Werkstoffe 149
8.2.1 Das Kriterium der größten Gestaltänderungsarbeit 149
8.2.2 Das parabolische Versagenskriterium 150

8.3 Versagenskriterien für anisotrope Werkstoffe 152
8.3.1 Das Tsai-Hill-Kriterium 152
8.3.2 Das Hoffmann-Kriterium 155

9 Die Ermittlung der Beanspruchungen einer Zugglied-Verankerung
mit Hilfe des Komposit-Modells 158

9.1 Die untersuchte Zuggliedverankerung 158

9.2 Die Idealisierung der Verankerungskonstruktion 159
9.2.1 Die verwendeten Elementtypen in der FE-Berechnung 159
9.2.2 Die verwendeten Werkstoff-Kennlinien der verschiedenen Werkstoffbereiche .. 160
9.2.3 Die Schwindverformungen der Vergußverankerung 164

9.3	Die Reibung in der Grenzschicht von Konus und Hülse	165
9.3.1	Angaben in der Literatur zur Reibung in Vergußverankerungen	166
9.3.2	Der Reibungsansatz in der FE-Idealisierung	166
9.3.3	Abschätzung des Reibwiderstandes in einer metallischen Vergußverankerung	167
9.4	Diskussion der Rechenergebnisse	170

10 Zusammenfassung und Ausblick **178**

Literaturverzeichnis **181**

Anhang A Übersicht der hochfesten Zugglieder, ihrer Faser- und Vergußwerkstoffe **190**

A.1	Die verwendeten Faserwerkstoffe	190
A.1.1	Die metallischen Fasern	190
A.1.2	Die Glasfaser	193
A.1.3	Die „Aramid"-Faser	196
A.1.4	Die Kohlenstoffaser	196
A.1.5	Die technischen Eigenschaften synthetischer Fasern	197
A.2	Die „Faserverbund-Stäbe"	199
A.2.1	Faserverbundstäbe aus Glasfasern	199
A.2.2	Faserverbundstäbe aus Kohlenstoffasern	200
A.2.3	Faserverbundstäbe aus Aramidfasern	201
A.2.4	Vergleich der Faserverbundstäbe untereinander und mit den Stahldrähten	202
A.3	Seil- und Bündelkonstruktionen aus hochfesten Elementen	204
A.3.1	Seile und Bündel aus Metallfasern	205
A.3.2	Seile und Bündel aus nicht-metallischen Fasern	206
A.3.3	Bündel und Litzen aus Faserverbundstäben	208
A.4	Die heute verwendeten Vergußwerkstoffe	208
A.4.1	Metallische Vergußwerkstoffe	208
A.4.2	Nicht-metallische Vergußwerkstoffe	211
A.4.3	Kombinationen von metallischen und synthetischen Werkstoffen für den Verguß	213

Anhang B Die Festigkeiten des unidirektionalen Komposits **215**

| B.1 | Die betrachteten Faser-Verguß-Kombinationen | 216 |
| B.2 | Die Zugfestigkeit des Komposits in Faserrichtung | 221 |

B.3 Die Druckfestigkeit des Komposits in Faserrichtung 225

B.4 Die Zugfestigkeit des Komposits orthogonal zur Faserrichtung 228

B.5 Das intra-laminare Schubversagen des Komposits 230

B.6 Die Druckfestigkeit des Komposits bei Beanspruchung orthogonal
    zur Faserrichtung 233

B.7 Die Richtungsabhängigkeit der Komposit-Festigkeiten 235

Bezeichnungen

Kapitel 4:   Die Geometrie im Verankerungsraum

$(2r)$	– Faserdurchmesser
$(2R)$	– Abstand der Faser-Mittelpunkte
s	– lichter Faserabstand
s_t	– tangentialer Zwischenfaserabstand
s_r	– radialer Zwischenfaserabstand
$(2R_r)$	– radialer Mittelpunkts-Abstand der Fasern in der konzentrischen Ordnung
A_{MH}	– Fläche des Mittelpunkt-Hexagons
A_H	– Fläche des umschreibenden Hexagons
A_{HK}	– Fläche des flächengleichen Kreises
A_K	– Fläche des Vergußraum-Querschnitts
A_{VR}	– Fläche des Vergußringes
A_{KK}	– Fläche des flächengleichen Kreises
A_f	– Gesamtfläche aller Fasern im Zugglied
A_B	– Kreisquerschnittsfläche des Seil-Besens
P_f	– Packungsdichte
V_f	– Faservolumenanteil
V_{fMH}	– Faservolumenanteil des Mittelpunkt-Hexagons
V_{fH}	– Faservolumenanteil des umschreibenden Hexagons
V_{fHK}	– Faservolumenanteil im flächengleichen Kreiszylinder
V_{fK}	– Faservolumenanteil der konzentrischen Ordnung
n	– Drahtanzahl im Zugglied
n_L	– Drahtanzahl pro Lage
m	– Nummer der Drahtlage
ΔD	– Diagonale der „Eckzwickel" im umschreibenden Hexagon
D_H	– Diagonale im umschreibenden Hexagon
D_H^*	– die um ΔD verkürzte Diagonale D_H
B_H	– Abstand der parallelen Seiten des Hexagons
R_{HK}	– Radius des flächengleichen Kreises
R_{KK}	– Radius des umschreibenden Kreises

R_M	– Radius des Mittelpunkt-Kreises der äußeren Drahtlage
R_K	– Radius des Vergußraumes
R_{Ku}	– kleinster Radius des Vergußraumes am Beginn der Verankerung
R_{Bu}	– kleinster Radius des Faserbesens am Beginn der Verankerung
R_B	– Radius des Faserbesens
R_Z	– Radius des zylindrischen Teils des Vergußraumes
U_M	– Umfang des Mittelpunkt-Kreises
d_{Bu}	– kleinster Durchmesser des Faserbesens am Beginn der Verankerung
d_{Ku}	– kleinster Durchmesser des Vergußraumes am Beginn der Verankerung
$1/N$	– Steigung der Konuswandung
$1/M$	– Steigung des Umrisses des Faserbesens
α	– Steigungswinkel der Konuswand
β	– Steigungswinkel des Umrisses des Faserbesens
L_Z	– Länge des zylindrischen Teils des Vergußraumes
L_K	– Länge des konischen Teils des Vergußraumes
L_B	– Länge des Faserbesens
b	– Längenfaktor der Faserbesenlänge
k	– Längenfaktor der Konuslänge
Z	– Höhenkoordinate des Horizontalschnittes durch Konus und Hülse

Kapitel 5: **Der Vergußkonus als unidirektionaler Verbundkörper**
Kapitel 6: **Der „gefüllte" Vergußwerkstoff als globuläres Komposit**

Indizierung:

f	– bezeichnet den Faserwerkstoff
m	– bezeichnet den Matrixwerkstoff
p	– bezeichnet den Partikelwerkstoff
L	– bezeichnet Richtung längs der Faserrichtung
T	– bezeichnet Richtung orthogonal zur Faserrichtung

für $i = f,m,p$

E_i	– Elastizitätsmodul für isotropen homogenen Werkstoff
G_i	– Schubmodul für isotropen homogenen Werkstoff
K_i	– Kompressionsmodul für isotropen homogenen Werkstoff
ν_i	– Querkontraktionszahl (Poissonzahl) für isotropen homogenen Werkstoff

Bezeichnungen

für i,j = 1,2,...6:
σ_{ij}, τ_{ij} — Normal- bzw. Schubspannungen in der Ingenieurnotation
$\varepsilon_{ij}, \gamma_{ij}$ — Dehnungen und Verzerrungen in der Ingenieurnotation
C_{ij}, S_{ij} — Steifigkeiten und Nachgiebigkeiten

für i,j = 1,2,3 oder i,j = L,T:
E_{ij}, E_i — effektiver Elastizitätsmodul für den unidirektionalen Verbundkörper
G_{ij}, G_i — effektiver Schubmodul für den unidirektionalen Verbundkörper
K_{ij}, K_i — ebener effektiver Kompressionsmodul für den unidirektionalen Verbundkörper
ν_{ij}, ν_i — effektive Querkontraktionszahl für den unidirektionalen Verbundkörper
α_{ij}, α_i — effektiver Temp.-Ausdehnungs-Koeffizient des unidirektionalen Komposits
W — spezifische Formänderungsenergie
W^ε — spezif. Formänderungsenergie in Abhäng. von Dehnungen u. Nachgiebigkeiten
W^σ — spezif. Formänderungsenergie in Abhäng. von Dehnungen u. Steifigkeiten
P — resultierende Kraft im Querschnitt des Verbundelements
b — Breite des Verbundelements
β — Winkel der Richtungsabweichung der Fasern

E_x — Elastizitätsmodul in x-Richtung
E_y — Elastizitätsmodul in y-Richtung
G_{xy} — Schubmodul in der xy-Ebene
ν_{xy} — Querkontraktionszahl in der xy-Ebene

$W^\varepsilon{}_G$ — gestaltändernder Anteil der spezifischen Formänderungsenergie
$W^\sigma{}_D$ — deviatorischer Anteil der spezifischen Formänderungsenergie
E_G — effektiver Elastizitätsmodul des „globulären" Komposits
K_G — effektiver Konpressionsmodul des „globulären" Komposits
G_G — effektiver Schubmodul des „globulären" Komposits
ν_G — effektive Querkontraktionszahl (Poissonzahl) des „globulären" Komposits
α_G — effektiver Temperatur-Ausdehnungs-Koeffizient des „globulären" Komposits
K_ν — Faktor zur Berücksichtigung der behinderten Querdehnung
ϱ_p — Rohdichte des Füllerwerkstoffes
ϱ_m — Rohdichte des Matrixwerkstoffes

Kapitel 7: Zum Schwinden des Vergußkörpers

T_{Gr}	– Grenzflächentemperatur
T_G	– Temperatur des Gußkörpers
T_{F0}	– Anfangstemperatur der Gußform
b_G	– Wärmediffusionsvermögen des Formstoffes
b_F	– Wärmediffusionsvermögen des Gußwerkstoffes
V_0	– Ausgangsvolumen des Vergußkörpers
V_s	– Volumen des geschwundenen Vergußkörpers
ΔV_s	– Volumenänderung infolge Schwinden
ΔV_{th}	– Volumenänderung infolge thermischer Beanspruchung
ΔT	– Temperaturunterschied
β_s	– kubischer linearer Schwindkoeffizient
β_{th}	– kubischer linearer Wärme-Ausdehnungskoeffizient
L_0	– Ausgangslänge des Vergußkörpers
ΔL_s	– Veränderung der Vergußkörperlänge infolge Schwinden
ΔL_{th}	– Veränderung der Vergußkörperlänge infolge thermischer Beanspruchung
α_{th}	– linearer Wärme-Ausdehnungskoeffizient
s	– lineares Schwindmaß
s_m	– lineares Schwindmaß des Matrixwerkstoffes
s_{Vol}	– Volumenschwindmaß
s_L	– „effektives" Schwindmaß des unidirektionalen Komposits in Faserrichtung
s_T	– „effekt." Schwindmaß des unidirekt. Komposits orthogonal zur Faserrichtung
s_G	– „effektives" Schwindmaß des globulären Komposits
$s_{0,B}$	– lineares „Endschwindmaß" nach /Rehm/Franke, 1980/
q	– Exponent zur Berücksicht. der Schwindbehinderung des quarzit. Zuschlags
ΔT_H	– Temperaturänderung der Hülse
α_H	– linearer Temperatur-Ausdehnungskoeffizient des Hülsenwerkstoffs
ΔR_{Sp}	– Spaltbreite zwischen Konus und Hülse
ΔR_K^{th}	– Hülsenaufweitung infolge Vorerwärmung
ΔR_{VR}^s	– Änderung der Dicke des Vergußrings infolge Schwinden
ΔR_B^s	– Änderung des Seilbesenradius infolge Schwinden

Kapitel 8: Versagenskriterien des Faserverbundkörpers
Anhang B: Festigkeiten des Faserverbundkörpers

Indizierung:

u bzw. B	– Bruchfestigkeit
Z	– unter Zugbeanspruchung
D	– unter Druckbeanspruchung
QZ	– unter Querzugbeanspruchung
QD	– unter Querdruckbeanspruchung
LZ	– unter Längszugbeanspruchung
LD	– unter Längsdruckbeanspruchung
σ_f^*	– Spannung der Faser, wenn die Bruchdehnung der Matrix erreicht ist
σ_m^*	– Spannung der Matrix, wenn die Bruchdehnung der Faser erreicht ist
V_f^*	– Faservolumenanteil wenn die Faser- bzw. die Matrixfestigkeit erreicht ist
φ	– Winkel der Richtungsabweichung
σ_{V0}	– Vergleichsspannung nach dem HMH-Kriterium
$\sigma_{D,u}$	– Druckfestigkeit eines isotropen Werkstoffes
$\sigma_{Z,u}$	– Zugfestigkeit eines isotropen Werkstoffes
$\tau_{xy,B}$	– Schubfestigkeit des unidirektionalen Komposits
X, Y, Z	– Zugfestigkeiten des unidirektionalen Komposits bei Beanspruchung in den entsprechenden Richtungen x,y,z
X^*, Y^*, Z^*	– Druckfestigkeiten des unidirektionalen Komposits bei Beanspruchung in den entsprechenden Richtungen x,y,z
m	– Verhältnis von Druckfestigkeit zur Zugfestigkeit

Kapitel 9: Anwendungsbeispiel

ΔT_S	– Temperaturdifferenz zwischen Gießtemperatur und Raumtemperatur
α_{sL}	– „Schwindkoeffizient" für Schwinden in longitudinaler Richtung
α_{sT}	– „Schwindkoeffizient" für Schwinden in transversaler Richtung
R	– Reibkraft tangential zur Grenzschicht
F_N	– Druckkraft normal zur Grenzschicht
A_N	– horizontale Projektion der Kontaktfläche normal zur Grenzschicht
A_τ	– angenommene Abscherfläche in der Grenzschicht bei Reibbeanspruchung
μ_R	– Reibkoeffizient
$\mu_{R,max}$	– maximaler Reibkoeffizient

τ_0	– Grenzreibungsschubspannung
τ_R	– örtlich in der Grenzschicht vorhandene Scherfestigkeit bei einer Reibbeanspruchung
σ_P	– örtlich in der Grenzschicht wirkende Druckbeanspruchung infolge Kontakt zweier Körper
k	– Schubfließgrenze des Werkstoffs
k_f	– Fließgrenze des Werkstoffs

1 Einführung

1.1 Problemstellung

Die extrem hohen Tragkräfte der „hochfesten Zugglieder" können ausschließlich mittels Zusammenfassung einer Vielzahl einzelner hochfester Fasern realisiert werden. Die Fasern müssen zu größeren Zuggliedeinheiten „gebündelt" oder „verseilt" werden. In ihrer Endverankerung müssen die Zugkräfte aus jeder einzelnen Faser wieder ausgeleitet werden. Eine schon seit Beginn des vorigen Jahrhunderts angewandte Möglichkeit der Verankerung ist der Verguß der Fasern in einem keilförmigen Hohlraum. Jede hochfeste Faser wird dabei im Vergußwerkstoff aufgrund Verbundwirkung und Reibung gehalten. Die konische Form des Vergußraumes bedingt einen zusätzlichen Querdruck auf die Fasern, erhöht damit die Verbundfestigkeit und den Reibwiderstand und somit die aufnehmbare Belastung.

Infolge des hohen Innendruckes und der beim Vergießen auftretenden hohen Temperaturen der metallischen Vergußwerkstoffe werden bis heute lediglich Dehnungsmessungen auf der Oberfläche der „Seilhülsen" und „Schlupfmessungen" des konischen Vergußkörpers durchgeführt und hieraus auf die Innendruckverteilung in der Grenzschicht zwischen dem Vergußkonus und der Hülse geschlossen. Die Annahme einer stark vereinfachten dreieckförmigen Innendruckverteilung ist bis heute üblich. Sie geht von einer reinen Gleichgewichtsbetrachtung aus, nimmt also den Konus und die Hülse als starre Körper an. In den Normenwerken sind die empirischen Erfahrungen eingegangen, indem Geometrievorgaben für Endverankerungen vorgegeben werden, die einen genügend großen Sicherheitsabstand gegen Versagen gewährleisten sollen. Werden diese Vorgaben nicht eingehalten, muß die Eignung im Zugversuch nachgewiesen werden. Lediglich von Gabriel und Schumann /Gabriel, 1990, Schumann, 1984/ ist der Versuch eines analytischen auf metallische Werkstoffe abgestimmten Ansatzes zur Ermittlung der Beanspruchungen einer Seilverankerung bekannt.

Metallische Drähte werden ebenfalls mit polymeren Vergußwerkstoffen auf der Basis von UP- bzw. EP-Harzen in konischen Innenräumen verankert. Zur Erhöhung der Festigkeit der Vergußwerkstoffe werden ihnen „Füllermaterialien" zugemischt. Die Vergußraumgeometrien werden analog denen für metallische Vergüsse gewählt. Eine gezielte Abstimmung auf die Eigenschaften der unterschiedlichen Werkstoffe gibt es nicht. Als einziger Versuch der rechnerischen Erfassung dieser Verankerungsweise ist die analytische Untersuchung mit Hilfe des von Gabriel und Schumann gegebenen Ansatzes bekannt /Gropper, 1984/, der aber das Tragverhalten der Verankerungen mit Kunstharzvergüssen nicht befriedigend wiedergeben konnte.

Für Faserseile aus nicht-metallischen Fasern, wie z.B. aus Polyester- oder Aramidfasern, ist eine Verankerung mittels Kunstharzen in konischen Vergußräumen möglich. In Versuchsreihen wurde festgestellt, daß ein etwas kleinerer Konuswinkel, als dies für metallische Fasern üblich ist, hier bessere Ergebnisse liefert. Eine analytische Untersuchung des Tragverhaltens und eine darauf aufbauende Weiterentwicklung dieser Verankerungen ist nicht bekannt.

Hochfeste Glas-, Kohlenstoff- und Aramidfasern werden in der Regel mittels einer Kunstharzmatrix zu Faserverbundstäben zusammengefaßt. Diese wurden anfangs in den für metallische Drähte üblichen Vergußgeometrien vergossen. Es wurde dabei nicht auf die spezifischen Eigenschaften der synthetischen Faserverbundwerkstoffe, wie z.B. ihre hohe Querdruckempfindlichkeit und ihre anisotropen Eigenschaften, eingegangen, sondern entsprechend den vorliegenden Versuchsergebnissen der konische Vergußraum als prinzipiell nachteilig beurteilt. Der Verguß der Verbundstäbe in einem zylindrischen Vergußraum ist heute üblich. Es können aber bislang nur relativ wenige Faserverbundstäbe zusammen in einem Vergußrohr verankert werden. Die analytischen Ansätze gehen in der Regel vom Ansatz eines Verbundgesetzes in der Grenzschicht zwischen Faserverbundstab und Vergußwerkstoff aus und wurden bislang auf nur kleine Bündel aus Verbundstäben angewendet. Eine Querdruckbeanspruchung, welche die Verbundfestigkeit erhöhen kann, wird infolge des zylindrischen Vergußraumes nicht aktiviert. Wenige Versuche sind bekannt, die z.B. mit additiv angeordneten Keilen versuchten, einen Querdruck in der Grenzschicht aufzubauen.

1.2 Ziel der Arbeit

Ziel dieser Arbeit ist es, eine theoretisch begründete Modellvorstellung zu entwickeln, mit deren Hilfe die Vergußverankerung von Fasern beschrieben und ihr Tragverhalten analytisch erfaßt werden kann. Es sollen dabei die prinzipiellen Zusammenhänge aufgezeigt werden, welche bei der Vielzahl der möglichen Geometrieverhältnisse und der eingesetzten Werkstoffe innerhalb der Vergußverankerungen allgemein gültig sind. Auf die spezifischen Eigenschaften der metallischen und synthetischen Werkstoffe kann somit hier nicht in aller Ausführlichkeit eingegangen werden. Dies muß einem weiteren Analyseschritt vorbehalten bleiben. Es muß zunächst ein in sich geschlossenes und logisches Modell erarbeitet werden, welches die Vergußverankerung möglichst ganzheitlich zu erfassen sucht. Aufbauend auf den Grundlagen dieser Modellvorstellung ist eine Weiterentwicklung in den Ebenen der verfeinerten Analyse, die insbesondere die spezifischen Eigenschaften der Werkstoffe, wie z.B. ihr Verhalten unter Langzeitbeanspruchung, unter erhöhten Temperaturen und unter dynamischer Beanspruchung usw., erfaßt, anzustreben.

In der vorliegenden Arbeit wird die Idee verfolgt, die Modellvorstellung eines unidirektionalen Faserverbund-Körpers auf den Vergußkonus der Zuggliedverankerung zu übertragen. Dabei wird von einem linear elastischen Modell ausgegangen. Es können damit natürlich nicht alle spezifischen Werkstoffeigenschaften erfaßt werden. Eine Abschätzung der Steifigkeitsverteilung innerhalb des Vergußkonus und das prinzipielle elastische Verhalten des Verbundwerkstoffs können damit näherungsweise analysiert werden. Das nichtlineare Verhalten des Faserverbund-Vergußkonus wird aber ebenfalls maßgebend von dem Zusammenwirken seiner Werkstoffkomponenten beeinflußt werden, so daß er auch in diesem Fall als Komposit behandelt werden muß. Es wird mit dem hier angewandten Modell möglich, sowohl die Geometrie des Verankerungsraumes, die geometrische Anordnung der zu verankernden Fasern und die eingesetzten Werkstoffe zu berücksichtigen. Die Anwendbarkeit auf unterschiedliche Faser-Verguß-Kombinationen aus synthetischen bzw. metallischen Werkstoffen ist gegeben. Die eingesetzten Faserwerkstoffe und die verwendeten Vergußwerkstoffe bestimmen in ihrer Kombination im Verbundkörper neue mechanische und thermische Eigenschaften. Diese sind entlang des Konus veränderlich und bestimmen das Tragverhalten der Verankerung.

Zur Überprüfung der komplexen Zusammenhänge einer Verankerung, soll in der folgenden Arbeit das theoretisch abgeleitete Tragmodell mit dem Ergebnis eines Zugversuches einer Seilverankerung verglichen werden.

1.3 Aufbau der Arbeit

Zu Beginn wird nach einer Darstellung der geschichtlichen Entwicklung der Vergußverankerungen auf den heutigen Stand der analytischen Erfassung der metallischen Vergußverankerung eingegangen. Im Anhang A wird eine Übersicht über die heute eingesetzten metallischen und synthetischen Faser- und Vergußwerkstoffe gegeben. Nach der analytischen Beschreibung der geometrischen Verhältnisse innerhalb der Verankerung wird mit Hilfe der Modellvorstellung des unidirektionalen Komposits die Abhängigkeit der thermischen und mechanischen Eigenschaften von der vorliegenden Geometrie und den verwendeten Werkstoffen dargestellt. Zur Ermittlung der Konusgeometrie nach Beendigung des Schwindprozesses wird ein Ansatz zur Ermittlung eines „effektiven Schwindmaßes" des Vergußkonus abgeleitet. Überlegungen zu den Festigkeiten des Vergußkonus in Abhängigkeit vom Faseranteil können infolge der nur unzureichend bekannten Materialkennwerte nur theoretisch ausgewertet werden und finden noch nicht Eingang in die analytische Erfassung der beispielhaft behandelten Vergußverankerung. Sie sind daher im Anhang B angegeben. Mehrere Versagenshypothesen, die auf die unterschiedlich definierten Werkstoffbereiche innerhalb einer Verankerung angewendet werden können, werden dargestellt. Die Notwendigkeit des Ansatzes eines über die Konuslänge veränderlichen Reibkoeffizienten in der Grenzschicht zwischen Vergußkonus und Hülse wird deutlich gemacht.

Abschließend wird das theoretische Tragmodell mit den Ergebnissen eines Zugversuchs einer metallischen Seilverankerung verglichen. Erst ausgehend von einem theoretischen, geschlossenen Gedankenmodell sind zielgerichtete Versuche möglich, die sowohl eine Verifizierung der Teilansätze ermöglichen als auch eine weitere Erkenntnisvermehrung über das Tragverhalten nach sich ziehen können. Eine weitere Überprüfung des erarbeiteten Modells mit Hilfe von Versuchen ist unbedingt erforderlich, bevor Richtlinien zur Bemessung und Dimensionierung abgeleitet werden dürfen.

2 Historische Entwicklung der Vergußverankerungen und Stand der Forschung

2.1 Zur Geschichte metallischer Vergußverankerungen für Seile und Bündel aus Stahldrähten

Die ältesten Zeugnisse der Herstellung und Verwendung von Seilen zur Aufnahme hoher Zugkräfte sind bereits auf den Halbreliefs der ägyptischen Grabkammern zu finden (Bild 2.1-1) /Gabriel, 1991/.

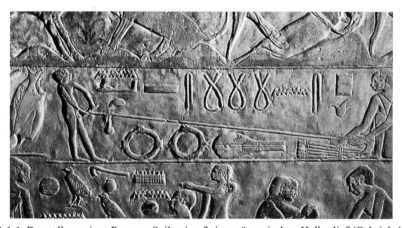

Bild 2.1-1 Darstellung einer Papyrus-Seilerei auf einem ägyptischen Halbrelief /Gabriel, 1991/.

Hängestege aus Naturfaserseilen, die zur Überwindung tiefer Schluchten errichtet wurden, sind schon von den Inka-Kulturen in Südamerika, aus dem östlichen Himalaya und Tibet, sowie von dem afrikanischen Kontinent bekannt /Pugsley, 1956, Peters,Wagner, 1987/. Die Seile bestanden aus Naturfasern, wie sie aus Papyrus-, Aloe-, Hanf- oder Bambus gewonnen werden. Naturfaserseile mußten entsprechend ihrer Verwendung in den Konstruktionen umgelenkt, geklemmt und verankert werden, wobei bis heute die uns bekannten Seilverankerungstechniken, wie Spleißen, Flechten oder Knoten, angewendet wurden.

Erst als mit der industriellen Revolution zu Beginn des 19. Jahrhunderts die Möglichkeiten der industriellen Stahlherstellung vorhanden war und große Drahtlängen mittels maschinellen Zieheinrichtungen (Erfindung der Ziehmaschine 1840 vom Wiener Mechaniker Wurm /Bittner, 1969/) möglich wurden, gewannen Zugglieder aus Eisendrähten für das Bauwesen an Bedeutung /Gabriel, 1991/.

2 Historische Entwicklung und Stand der Forschung

Von Marc Seguin wurde 1820 in Annonay ein Versuchssteg entworfen, um die Tauglichkeit von Drahtbündeln in Brückenkonstruktionen zu untersuchen /Peters, Wagner, 1987/. Bild 2.1-2 zeigt diesen ersten in Frankreich gebauten Hängesteg unter Verwendung von Tragkabeln aus Eisendrähten. Die Verankerung der Paralleldrahtkabel wurde aufgrund der damals vor ca. 170 Jahren noch geringen Erfahrung im Umgang mit den gezogenen relativ hochfesten Drähten zunächst gemäß den aus dem Naturfaserseil-Handwerk bekannten Technik gelöst.

Bild 2.1-2 Die erste Hängebrücke aus Drahtseilen in Mitteleuropa, errichtet als Versuchssteg von Marc Seguin in Annonay um das Jahr 1820 /Berg, 1824/

Das Drahtbündel wurde aus einem „Endlosdraht" gefertigt, der zur Verankerung schlaufenförmig um das anschließende Bauteil gelegt wurde, um dann wieder ins Bündel zurückgeführt zu werden (Bild 2.1-4). Zwei Möglichkeiten zur Verbindung der Einzeldrähte zu einem „Endlosseil", die Verdrillung bzw. die Überlappung, findet man bei Dufour in /Seguin, 1824, Peters/ (Bild 2.1-3).

Bild 2.1-3 Zwei Möglichkeiten der Verbindung zweier Drähte zur Herstellung eines „Endlosdrahtes". Nach Zeichnungen von Dufour für den Pont Saint-Antoine 1823 /Seguin, 1824, Dufour, 1824/

H. Dufour beschäftigte sich eingehend mit dieser Art der Verankerung. Er erkannte die hohe Biegebeanspruchung der Drähte, falls diese mit einem zu kleinen Biegeradius umgelenkt werden. Für die erste von ihm konstruierte Hängebrücke, die Pont Saint-Antoine 1823, fertigte er hufeisenförmige Ringsättel und Rundprofile, die einen ausreichend großen Radius aufwiesen und eine seitliche Führung der Drähte besaßen (Bild 2.1-4).

Zur Verankerung der hohen Zugkräfte der Abspannungen im Boden schlägt Marc Seguin um 1820 eine Verankerung vor, bei welcher eine massive Eisenstange in einem in den Fels gebohrten Loch mittels Blei vergossen wird (Bild 2.1-5). Diese Verankerungstechnik ist aus dem Mauerbau schon aus der Römerzeit bekannt, wenn Eisenhaken zur Verklammerung von Mauersteinen verwendet werden /Gabriel, 1991/. Zur besseren Haftung schlägt Seguin 1820 die Anordnung von Kerben entlang der Verankerungsstange vor /Seguin, 1824/. Am freien Ende des Eisenstabes werden dann die Eisendrähte des Drahtbündels an einer Öse mittels einer Schlaufenverankerung befestigt (vgl. Bild 2.1-4b).

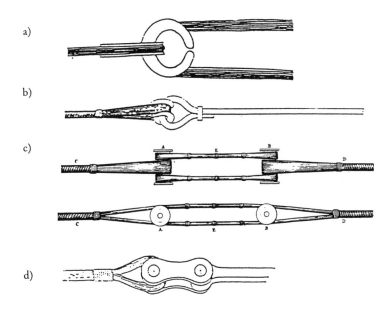

Bild 2.1-4 Verankerung der Drahtbündel, indem ein „Endlosdraht" schlaufenförmig gelegt wurde. Damit die Biegebeanspruchung der Drähte nicht zu groß wird, ist ein Ringsattel vorgesehen.
a) von M.Seguin /Seguin, 1824/ dargestellte Kopplung zweier Drahtbündel mittels zweier Ringsättel. b) Anschluß der Hauptkabel der ersten Hängebrücke von Dufour, der Pont Saint-Antoine 1823, an den Verankerungsstangen /Dufour, 1824, Peters/. c) Die Kopplung der Tragkabel für den Pont Saint-Antoine,1823 /Dufour, 1824, Peters/. d) Endverankerung der Hauptkabel der Pont des Paquis,1826,von Dufour, an die Verankerungsbarren /Peters,Dufour, 1824/.

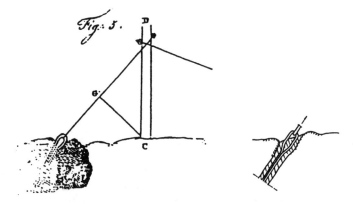

Bild 2.1-5 Die Verankerung der Zugkräfte eines Rückhaltekabels mittels einer Eisenstange, die im Fels mit einem Bleiguß verankert wird. Das Drahtbündel wird mittels einer Schlaufenverankerung an der Verankerungsstange befestigt /Seguin,1824, Gabriel, 1991/.

2 Historische Entwicklung und Stand der Forschung

Für seine ausgeführte zweite Drahtseilhängebrücke, die Ponts des Paquis, 1826, entwickelte G.H.Dufour eine neuartige Verankerung der Drahtbündel (Bild 2.1-6). Die Drähte wurden in einen konischen Innenraum eines Stahlgußteiles geführt, dort aufgefächert und mittels eines eingeschlagenen Eisenkeils festgeklemmt. Um ein Herausrutschen der Drähte zu vermeiden, wurde über die aus dem Konus herausragenden Drähte zusätzlich ein konischer Stahlring (BEFD in Bild 2.1-6) gedrückt. Zusätzlich wurden die Drähte an ihrem Ende aufgestaucht. Diese Konstruktion ist vermutlich die erste Keilverankerung für Zugglieder aus Einzeldrähten in Mitteleuropa und stellt die Vorstufe zur Entwicklung von Vergußverankerungen dar. Dufour setzte diese Seilköpfe sowohl für die Verankerung der Tragseile an den Ankerstangen als auch zur Kopplung der Tragseile ein (Bild 2.1-6) /Peters/.

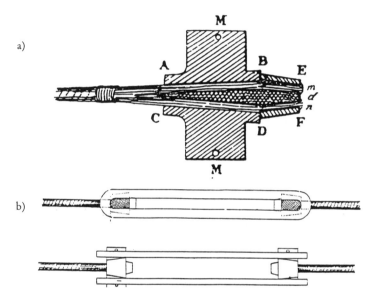

Bild 2.1-6 a) Vermutlich die erste Keilverankerung für Zugglieder aus Eisendrähten, konstruiert von H. Dufour zur Verankerung der Paralleldrahtbündel der Pont de Paquis 1826 /Gabriel, 1991, Peters/
b) Kopplung der Paralleldrahtbündel der Brücke Pont de Paquis von Dufour 1826, die jeweils an ihrem Ende in Keilverankerungen nach a) verankert sind /Peters/.

E. Berg geht in /Berg, 1824/ bei der Beschreibung des Pont des St.Antoine auf eine neuartige Verankerungskonstruktion ein, die in der Originalzeichnung von Dufour vorhanden ist, und beschreibt sie wie folgt:

„Die Dille ist im Innern des Ringes erweitert, so daß die Enden des Drahtes, nachdem sie glühend gemacht, umgebogen und geschmiedet worden sind, nicht mehr heraus können."
(Zitat: /Berg, 1824/, S.85)

Der in der Zeichnung (Bild 2.1-7) deutlich zu erkennende Keil, wird von Berg nicht erwähnt. Dies ist vermutlich neben einer evtl. vorhandenen Originalbeschreibung von Dufour die erste Literaturstelle, in der ein Umbiegen der Drähte in einer Verankerung beschrieben wird. Als

Vorteil gegenüber der Schlaufenverankerung nennt E.Berg die Justierbarkeit der Seillänge während der Montage, die vermutlich für Dufour der Anlaß zur Entwicklung seiner Keilverankerung war /Peters, Berg, 1824/.

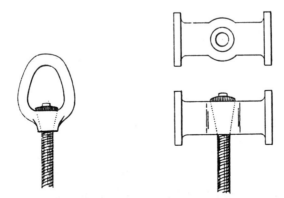

Bild 2.1-7 Die von Dufour, 1824, weiterentwickelte und vereinfachte Keilverankerung für Paralleldrahtbündel, mit zusätzlich umgebogenen Drahtenden /Dufour, 1824, Berg, 1824/. Vermutlich erste Ausführung von Drahtumbiegungen im konischen Verankerungsraum.

Eine erste Beschreibung einer Verankerung von Drähten mit metallischem Vergußwerkstoff ist in einer Veröffentlichung von de Boulogne 1886 zu finden (Bild 2.1-8) /Gabriel,1991, Boulogne, 1886/. In der Veröffentlichung wird die genannte Vergußverankerung als die in Amerika üblicherweise ausgeführte Verankerungsart beschrieben: die Drähte werden mittels eines metallischen Keils in einem konischen Innenraum geklemmt und anschließend mit Blei vergossen. F.Schleicher berichtet in /Schleicher, 1949/, daß für den Bau der ersten Eisenbahnbrücke über den Niagara Fluß (1851-1855) von J.A.Roebling „Seilvergüsse" als Endverankerungen der Hängerseile eingesetzt wurden /Schleicher, 1949, Melan, 1906/. Darüber hinaus läßt Bild 2.1-8 aufgrund der im Vergußraum angedeuteten Spiralform des Kabels vermuten, daß hier kein Drahtbündel, sondern ein verseiltes Zugglied vergossen werden sollte. Nach Mehrtens /Mehrtens, 1920/ wurden Spiralseile für Hänger oder für Tragkabel bei Brücken mit kleinen Spannweiten verwendet. Als Tragkabel der weitgespannten Hängebrücken in Amerika wurden vorwiegend Paralleldrahtbündel eingesetzt.

Beispiele für Verguß-Verankerungen der Hängerseile, wie sie als Stand der Technik für die Hängebrücken in der zweiten Hälfte des 19. Jahrhunderts eingesetzt wurden, sind in /Melan, 1906/ und /Merthens, 1920/ zu finden. Die Konstruktionszeichnungen beziehen sich hauptsächlich auf die Art der Auflagerung der Seilhülsen und deuten einen konischen Vergußraum nur an. In bezug auf die Seilvergüsse stellt Melan /Melan, 1906/ im Jahre 1906 fest:

„Die verzinnten Drahtenden werden in der gleichfalls verzinnten konischen Ausbohrung des Seilkopfes auseinandergespreizt und unter gleichmäßiger Erhitzung aller Teile mit einem leichtflüssigen Lagermetall, das beim Erkalten wenig schwindet, vergossen." (Zitat in /Melan, 1906/, S.237)

2 Historische Entwicklung und Stand der Forschung

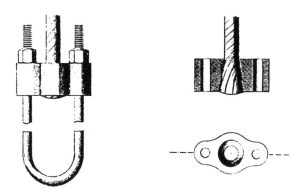

Bild 2.1-8 Erste Darstellung einer Vergußverankerung mit metallischem Vergußwerkstoff und einem zusätzlich eingetriebenen Keil zur Verankerung der zweifach verseilten Hänger der ersten Hängebrücke für die Eisenbahn 1851-1855 über den Niagara-Fluß, entworfen von J.A.Roebling /Boulogne, 1886/.

In Amerika wurden im Gegensatz zu Deutschland und Frankreich keine blanken Drähte, sondern feuerverzinkte Drähte, die einen besseren Korrosionsschutz besitzen, verwendet /Schleicher, 1949, Steinmann, 1922/. Zur Verankerung ist nach D.B.Steinmann der Zinkverguß vorzuziehen, da dieser „nicht nennenswert schwindet" (Zitat in /Steinmann, 1922, S.58/. Die Drähte mußten vor dem Verzinken gereinigt und blankgescheuert werden, um eine gute Haftung des Zinküberzugs zu gewährleisten /Melan, 1906/. Bei Melan wird weiter ausgeführt:

„Bei Vermeidung der Schleifenbildung endigen die Drähte in dem Seilkopfe, einem Gußstücke, in dessen kegelförmiger oder absatzweise sich erweiternder Bohrung die Drähte eingeführt, mittels spitzer Eisenkeile auseinandergetrieben und mit einer leichtflüssigen Metall-Legierung (man hat hierzu 50 Teile Zinn, 40 Teile Blei und 10 Teile Antimon benutzt) vergossen werden." (Zitat in /Melan, 1906/, S.258).

In einer späteren Veröffentlichung beschreibt Melan die Vergußverankerung weiter:

„Der Seilkopf muß genügende Stärke haben, um den radialen Kräften zu widerstehen und eine Länge von mindestens gleich dem 4-4 ½ fachen Seildurchmesser haben; der Winkel an der Konusspitze wird mit etwa 15° angenommen. Die Festigkeit der Verbindung übertrifft dann, wie Versuche gezeigt haben, die Zerreißfestigkeit des Seiles." (Zitat in /Melan, 1925/, S.150)

Da Bittner in /Bittner,1964/ ebenfalls das Auffächern der Drähte mittels Eisenkeilen und deren Verguß erwähnt, ist zu vermuten, daß diese Technik, wie sie von Melan beschrieben ist, noch bis 1964 üblich war.

Die in Bild 2.1-9 abgebildeten Verankerungskonstruktionen unterschieden sich in der Ausbildung ihrer äußeren Geometrie. Entsprechend den Anforderungen im Bauwerk, wurde die Hülse am anschließenden Bauteil entweder direkt aufgestützt, an Bügeln oder seitlichen „Ohren" zurückgehängt oder mit einem Gewinde versehen, um eine Verstellbarkeit der Seillänge während der Montage zu ermöglichen.

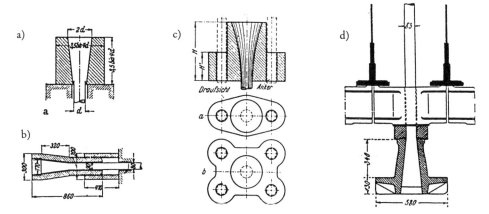

Bild 2.1-9 Beispiele unterschiedlicher geometrischer Ausbildung der Seilköpfe je nach ihrer Art der Auflagerung innerhalb der Brückenkonstruktion, wie sie in Konstruktionsbüchern zu Beginn dieses Jahrhunderts zu finden sind: a) und d) Die Vergußhülse wird am Seileinlauf abgestützt; b) Mittels einer zylindrischen Hülse, die auf den Vergußkopf aufgeschraubt wird, ist eine Verstellmöglichkeit vorhanden; c) An zwei bzw. vier „Ohren" wird die Vergußhülse mittels Ankerstangen zurückgehängt /Melan, 1906, Merthens, 1920/.

Einer Veröffentlichung von M.Bachet /Bachet, 1936/ im Jahre 1936 ist zu entnehmen, daß bei älteren französischen Hängebrücken ernstzunehmende Schäden an Vergußverankerungen aufgetreten waren. Diese waren der Anlaß zu den vermutlich ersten grundlegenden wissenschaftlichen Untersuchungen nach mehreren Jahrzehnten der Anwendung der Seilvergußtechnik /Bachet, 1936/. Nach M.Bachet versagten die Vergußhülsen entlang der in Bild 2.1-10 gezeigten Bruchlinien. Nach F.Schleicher /Schleicher, 1949/, – er bezieht sich in sei-

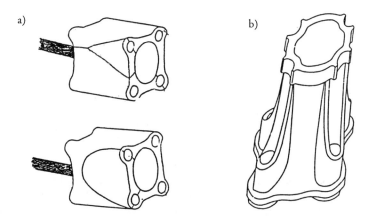

Bild 2.1-10 a) Skizzen von M.Bachet, welche die Bruchlinien beim Versagen der untersuchten Verankerungen der älteren französischen Hängebrücken zeigen /Bachet, 1936/. b) Die von M.Bachet aus den Erfahrungen der aufgetretenen Schäden weiterentwickelte Seilhülse /Bachet, 1936/

2 Historische Entwicklung und Stand der Forschung

nem Aufsatz auf die Ausführungen von M.Bachet –, sind als Ursache der Schäden hohe Spannungsspitzen an den seitlichen Bohrungen anzunehmen, die seiner Meinung nach mit einer besseren Formgebung und dem Einsatz von Stahlguß anstelle des verwendeten Gußeisens vermieden werden könnten.

K.-H.Seegers berichtet 1936 in /Seegers, 1936/ über französische Untersuchungen mit verschiedenen Vergußmassen, die von M.Magnien und Coquand /Magnien, 1936/ in den Draht- und Kabelwerken in Bourg durchgeführt wurden. Als Vergußmassen wurden dabei eine Blei-Antimon-Legierung, eine Cadmium-Zink-Legierung und reines elektrolytisches Zink verwendet. Unter anderem sollte das Maß der Verminderung der Drahtfestigkeit aufgrund der Temperatureinwirkung des hocherhitzten schmelzflüssigen Vergußmetalls bestimmt werden.

Weiterhin war der Gleitwiderstand der glatten Drähte gegen ein Herausziehen aus den Vergußmetallen Gegenstand der Untersuchungen von Magnien und Coquand. Es wurden Runddrähte, die ohne bzw. mit Endhaken versehen wurden, in zylindrischen Stahlhülsen mit den erwähnten unterschiedlichen Vergußmaterialien vergossen. Die Drähte versagten an der Stelle, an der die Hakenform beginnt, während die geraden Drähte ausnahmslos aus der Hülse herausgezogen wurden. In den von M.Grelot /Grelot, 1936/ daraufhin in Frankreich eingeführten Richtlinien werden Einfachumbiegungen vorgeschrieben. Grelot empfiehlt darüber hinaus eine kontrollierte Temperaturführung während des Vergießens, um die Drahtfestigkeiten nicht zu sehr zu vermindern und auch eine Gewichtskontrolle zur Prüfung des vollständigen Vergusses. Er hält ein „Verstemmen" des Konus mit der Hülse, um eine Verdrehung des Konus zu vermeiden, für notwendig. Alle geprüften Vergußmaterialien wurden für einen Seilverguß als geeignet eingestuft.

Die von Magnien und Coquand /Magnien, 1936, Schleicher, 1949, Bachet, 1936, Seegers, 1936/ festgestellten kegelförmigen Trennbrüche der Vergußkoni in Seilhülsen von bestehenden Hängebrücken, die erst nach mehreren Jahrzehnten aufgetreten sind, werden von Schleicher auf einen unvollständigen Verguß des Seilbesens, hohe Kriechwerte der verwendeten Bleilegierungen und deren geringe Dauerfestigkeit sowie auf eine erschöpfte, plastische Verformbarkeit des Vergußwerkstoffes zurückgeführt. Schleicher hält die vorhandenen Draht-Umbiegungen nicht nur für unnötig, sondern sogar den Gießvorgang dadurch erschwert, was seiner Meinung nach die unvollkommen ausgefüllten Vergußräume und die daher im Versuch frühzeitig versagten Verankerungen bestätigten. Die bei den älteren französischen Brücken aufgetretenen Korrosionsschäden an den Drähten im Einlaufbereich in die Verankerung /Seegers, 1936/ werden von Schleicher ebenfalls auf einen unzureichenden Verguß zurückgeführt. Auch Grelot geht 1936 in seinen Richtlinien darauf ein und fordert eine bituminöse Abdichtung des Seilausganges, um den Eintritt von Wasser in der Vergußraum zu verhindern. Bild 2.1-11 zeigt eine aufwendige Abdichtung der Vergußköpfe der neuen Brücken bei Mornay-sur-Alliers mittels einer Schraube, die das in ihre Höhlung vorher eingebrachte Fett in den Seilausgang drückt. Zusammen mit einem ölgetränkten Lappen, der das Seil umwickeln soll, wird der Seileinlauf abgedichtet.

Der Vergußraum der in Deutschland und Amerika verwendeten Seilhülsen war in der Regel als Kegelstumpf ausgebildet /Schleicher, 1949/. Die vorgesehene Neigung der Kegelflächen lagen nach Schleicher /Schleicher, 1949/ üblicherweise in den Grenzen von 1/6 bis 1/12,7. Innerhalb dieser Grenzwerte werden auch heute noch die Konuswinkel der Vergußräume gewählt. Nach Schleicher findet man bei älteren französischen Seilverankerungen einen

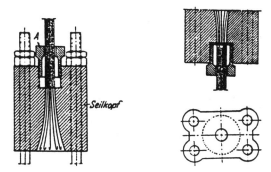

Bild 2.1-11 Die in der Brücke von Mornay-sur-Alliers ausgeführte Abdichtung des Seileinlaufes in die Vergußverankerung mittels einer Schraube A, eingepreßtem Fett und einer ölgetränkten Lappenumwicklung des Seiles /Mehrtens, 1920/

„trompetenförmigen" Innenraum, wie er auch für die Brücken in Mornay (Bild 2.1-11) Verwendung fand. Schleicher vermutet den Grund der Trompetenform darin, daß in Frankreich die Drahtenden zur Verankerung zusätzlich umgebogen werden mußten (Bild 2.1-11) und somit mehr Platz im oberen Teil des Vergußraumes beansprucht wurde. Nuten in Richtung der Kegelerzeugenden, die eine Drehung des Vergußkörpers im Vergußraum verhindern sollten, wurden in den Hülseninnenflächen vorgesehen (Bild 2.1-12). Solche Nuten finden sich nach /Schleicher, 1936/ schon in den Seilvergußhülsen der Hängebrücke über den Niagara-Fluß von J.A.Roebling von 1855. Grelot forderte 1836 ebenfalls eine Verklemmung des Konus mit der Hülse /Grelot, 1936/. Nach Schleicher ist aber schon allein die Höhe des Reibwiderstandes in der Grenzschicht zwischen Konus und Hülse zur Drehsicherung ausreichend. In amerikanischen Seilköpfen sollten horizontal verlaufende Nuten auf der Hülseninnenfläche eine zu starkes Hineinziehen des Konus verhindern /Schleicher, 1949/ (Bild 2.1-12). Diese Nuten sind aber nach Schleicher aufgrund der großen Zugkräfte leicht abzuscheren und beeinflussen somit die hohen Schlupfwerte und Kriecherscheinungen des Konus nicht. Über geometrische Größenverhältnisse der damaligen Verankerungshülsen findet man lediglich bei Melan /Melan, 1925/ einige wenige Aussagen.

Bei Melan /Melan, 1906/ und Schleicher /Schleicher, 1949/ findet man die damals übliche Anordnung einer Bändselung vor dem Seilbesen (Bild 2.1-12). Sie sollte ein Auflösen des Seilverbandes am Beginn des Seilbesens verhindern. Die Bändselung reichte bis in den Vergußraum hinein und wurde im Vergußwerkstoff eingegossen. Auch Schleicher /Schleicher, 1949/ fordert noch im Jahre 1949 einen 6.0 bis 10.0 mm großen Zwischenraum zwischen Seil und Hülseneingang, um eine gute Einbindung der Bändselung in das Vergußmetall zu gewährleisten. Heute ist in Deutschland bei Verwendung einer Zinklegierung das Eingießen der Bändselung nicht erlaubt. In Frankreich wird unter Verwendung von reinem Zink als Vergußmetall die Bändselung weiterhin bis in den Vergußraum geführt und mit eingegossen.

Neben den bereits genannten Vergußmassen gewannen in den 30er und 40er Jahren dieses Jahrhunderts die Zinklegierungen immer mehr an Bedeutung, da sie billiger und leichter zu beschaffen waren als die Weißmetalle. Im Jahr 1936 wurden schon die wesentlich korrosionsbeständigeren Feinzink-Guß-Legierungen Gs-ZnAl4Cu1 sowie die heute verwendete Legierung Gs-ZnAl6Cu1 eingesetzt /DIN 3092, DIN 18800/.

2 *Historische Entwicklung und Stand der Forschung*

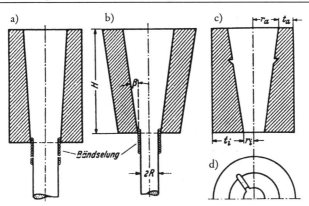

Bild 2.1-12 Skizze von F.Schleicher, welche die damals übliche Geometrie des konischen Vergußraumes zeigt. Sowohl eine Nut in Richtung der Kegelerzeugenden als auch eine horizontal liegende Nut wird angedeutet /Schleicher, 1949/.

Für die Verwendung im Bauwesen wurden in der Seilerei Felten & Guilleaume in Köln Beton als Vergußwerkstoff untersucht. Mischungsverhältnisse von gleichen Volumenanteilen an Zement und 1.0 mm großen Sandkörnern ergaben eine gute Verfüllung des Vergußraumes und nach erfolgter Erhärtung im statischen Zerreißversuch zufriedenstellende Ergebnisse /Schleicher, 1949/. M.Bachet /Bachet, 1936/ erwähnt ebenfalls Versuche mit Beton als Vergußwerkstoff. Allerdings haben sich lange Zeit nicht-metallische Vergußmassen nicht durchsetzen können. Bis in die 60er Jahre unseres Jahrhunderts wurden in erster Linie die Vergußmetalle auf Bleibasis, wie z.B. VG3 (VGPbSn10Sb10), auf Zinkbasis, wie z.B. Gs-ZnAl6Cu1 (ZAMAK 610), reines Zink (Zink 99,99) und Wismut (LgSn80) vergleichend untersucht. Erst mit dem Einsatz der Kunststoffe als Vergußstoff wurde ab ca. 1966 („Wirelock"-Verguß) eine Entwicklung auf diesem Gebiet weitergeführt.

Im Jahr 1969 wird von Andrä und Zellner in /Andrä, 1969/ eine neu entwickelte Verankerung für Paralleldrahtbündel (später auch für Parallel-Litzenbündel /Andrä, 1974/) mittels eines „Kugel-Kunststoff-Vergusses" beschrieben (Bild 2.1-13). Als Vergußmaterial wird eine Mischung aus mit ca.12 Vol-% Zinkstaub angereichertem Epoxidharz und ca. 55 Vol-% Stahlkugeln von ca. 1.2 mm Durchmesser verwendet. Die Stahlkugelpackung soll dabei im wesentlichen die Verankerung der Drähte bewirken, der Kunststoff soll lediglich zur Stabilisierung des Kugelgerüstes dienen. Am Seileinlauf ist ein Pfropfen aus reinem Kunststoff zur weichen Bettung der Drähte und zur Abdichtung gegen den athmosphärischen Sauerstoff angeordnet. Die Dauerschwellfestigkeit der Verankerung konnte damit gegenüber den üblichen metallischen Verankerungen erhöht werden.

Von F.Medicus wurde 1971 in /Medicus, 1971/ für Dauerstandversuche ebenfalls ein Epoxidharz, allerdings mit Stahlspänen vermischt, geprüft. Aus den Dehnungsmessungen auf der Oberfläche der Verankerungshülsen wurde mit den analytischen Beziehungen der Kreisringscheibe auf die innere Pressungsverteilung zwischen Konus und Hülse geschlossen. Die starke Abhängigkeit des Pressungs-Verlaufes vom Schwinden der Vergußwerkstoffe konnte qualitativ gezeigt werden. Bei Verwendung von Feinzink als Vergußmaterial wurde bei Belastung in Höhe der Seilbruchlast eine unmittelbar am Seileinlauf konzentrierte und

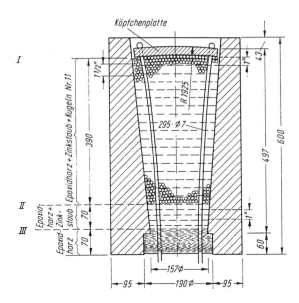

Bild 2.1-13 Die 1969 vorgestellte Kugel-Kunststoff-Vergußverankerung /Andrä, 1969/

wesentlich höhere Konuspressung ermittelt als bei den untersuchten Lagermetallen. Für Epoxidharz wurde ein nahezu konstanter Pressungsverlauf über die Konushöhe ermittelt. Die Ergebnisse zeigten, daß die Schlupfwerte des Konus für Epoxidharz-Verguß am niedrigsten und bei Einsatz von Feinzink am größten waren. Der Einfluß des Reibwiderstandes in der Grenzschicht von Konus und Hülse wurde qualitativ aufgezeigt, indem Seilhülsen mit geschruppten bzw. geschlichteten Innenoberflächen geprüft wurden. Im Vergleich mit metallischen Vergußwerkstoffen stellte Medicus für den Kunststoffverguß kein ungünstigeres Verhalten der Verankerungen fest.

M.Patzak und U.Nürnberger /Patzak u. Nürnberger, 1978/ versuchten 1978 als Vergußmassen verschiedene Gemische aus den üblichen Vergußmetallen, die zusätzlich mit Füllstoffen angereichert waren. Die Schwindverformungen des Vergußwerkstoffes sollten damit verringert werden. Ausgehend von der Idee des Kugel-Kunststoff-Vergusses sollte in einer Zinklegierung eingebrachter Stahlschrot mit 1.5 mm Korngröße nicht nur als Füller, sondern aufgrund seiner dichten Packung zur Verankerung der Drähte dienen. Im statischen Zugversuch wurden als Ergebnis der Verwendung von Stahlschrot nur noch unbedeutende Schlupfwerte des Kegels bei voller Tragfähigkeit gemessen. Der Mechanismus der Reibkorrosion im Einlaufbereich der Drähte in das Vergußmaterial konnte als die Ursache der niedrigen Dauerschwingfestigkeit aufgezeigt werden. Eine Erhöhung der Dauerschwellfestigkeit der Verankerung wurde nur erreicht, indem eine Abdichtung des reibkorrosionsgefährdeten Seileinlaufbereiches mit einer Bleilegierung in Form eines „Vergußpfropfens" vorgesehen wurde. Die Abdichtung dieser Stelle gegen die Atmosphäre, da ohne Sauerstoffzutritt keine Reibkorrosion stattfinden kann, hatte schon beim Kugel-Kunststoff-Verguß zur Erhöhung der Schwellfestigkeit beigetragen.

2 *Historische Entwicklung und Stand der Forschung*

Zur Verankerung von dickdrähtigen (Drahtdurchmesser 7.0 mm) Bündeln wurde von Gabriel 1988 /Gabriel, 1990/ eine Vergußhülse entworfen, deren Vergußraum aus einem kurzen konischen Teil und einem daran anschließenden zylindrischen Raum besteht (Bild 2.1-14). Der kurze Konus erhöht die Radialpressung in der Grenzschicht von Draht und Verguß, während der zylindrische Teil die restliche notwendige Einbettungslänge der einzelnen Drähte zur Lastausleitung mittels Haftverbund zur Verfügung stellt /Gabriel, 1990/. Da die Dauerschwingfestigkeit von den Relativbewegungen zwischen Draht und Vergußmetall bestimmt wird, soll eine Vergrößerung des Abstandes von Seil und Hülse am Seileinlaufbereich, – dort sind die Relativbewegungen am größten –, eine größere elastische Verformung des Vergußwerkstoffes ermöglichen und damit für einen großen Beanspruchungsbereich einen vollständigen Verbund der Drähte im Vergußwerkstoff gewährleisten.

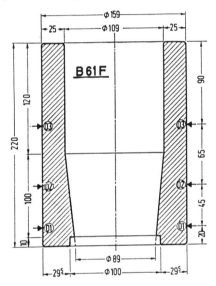

Bild 2.1-14 Die von Gabriel 1988 /Gabriel, 1990/ entwickelte Bündelverankerung besitzt zur Erhöhung der Querpressungen auf der Oberfläche der Drähte einen kurzen steilen Konus. Der daran anschließende zylindrische Teil stellt zusammen mit dem konischen Teil die notwendige Einbettungslänge der Drähte zur Verfügung.

Von Tawaraya /Tawaraya, 1982/ wird für Paralleldrahtbündel, die aus einer großen Anzahl relativ dünner Drähte bestehen (Drahtdurchmesser ca. 4.0 mm), eine verbesserte Verankerung vorgeschlagen (Bild 2.1-15).

Die Biegebeanspruchung der Drähte, resultierend aus der Auffächerung in den Seilbesen, wird mittels einer vordefinierten Führung der Drähte (mittels zweier Lochplatten) gering gehalten. Schon Schleicher /Schleicher, 1949/ und Bittner /Bittner, 1964/ vermuteten darin eine Festigkeitsabminderung der Drähte. Der planmäßig eingestellte Drahtverlauf mit nur kleinen Krümmungen, die Anordnung eines abdichtenden Kunststoffpfropfens im Seileinlaufbereich und die Verwendung einer Zink-Kupfer-Legierung als Vergußmaterial wird für die erhöhte Dauerfestigkeit verantwortlich gemacht.

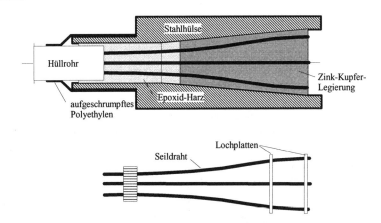

Bild 2.1-15 Die planmäßige Führung der Drähte im Vergußraum mittels zweier Lochplatten, um die Biegebeanspruchungen der Drähte, besonders am Beginn des Seilbesens gering zu halten /Tawaraya, 1982/.

2.2 Stand der analytischen Erfassung des Tragverhaltens von Vergußverankerungen

Schon M.Bachet geht in seinen Ausführungen in /Bachet, 1935/ auf den Reibungswiderstand zwischen Konus und Vergußhülse ein. Der Ansatz des damit vorhandenen größeren Reibwinkels $\alpha+\beta$ wird von ihm angegeben. Auf eine Druckverteilung in der Grenzschicht von Konus und Hülse geht er aber nicht näher ein (Bild 2.2-1).

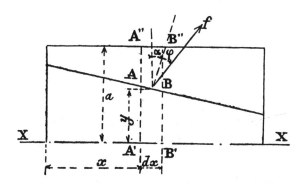

Bild 2.2-1 Die rechnerische Erfassung des Reibwiderstandes zwischen Verguß-Konus und Hülse 1936 von M.Bachet /Bachet, 1935/ mit dem Reibungswinkel $\alpha+\beta$ aus einer reinen Gleichgewichtsbetrachtung.

F.Schleicher gibt in /Schleicher, 1949/ seine Modellvorstellung des Tragmechanismus wieder, die als Stand der Technik in der ersten Hälfte unseres Jahrhunderts angesehen werden muß. Die Erfassung der Hülsenbeanspruchung erfolgt über eine Gleichgewichtsbetrachtung

2 Historische Entwicklung und Stand der Forschung

der Kräfte zwischen den äußeren Zugkräften des Zuggliedes und dem Konus in Abhängigkeit der Konusneigung β und den Reibungskräften in der Grenzschicht von Konus und Hülse (Bild 2.2-2). Er selbst weist aber schon auf die Unzulänglichkeiten seines Gewölbeansatzes als Tragmechanismus im Innern des Konus hin. Die in der Grenzschicht als konstant angesetzte Reibbeanspruchung (Bild 2.2-2) bezeichnet er als ausreichende Näherung. In seinen Untersuchungen stellte er infolge von Schwindrissen ein Ablösen des Vergusses von den Drähten fest, welches aber erstaunlicherweise auf die Bruchlasten nur wenig Einfluß hatte. Er folgerte daraus, daß die Haftfestigkeit der Drähte zur Verankerung im Vergußwerkstoff nicht maßgebend sein kann. Der Reibwiderstand zwischen Draht und Vergußmaterial, der abhängig von dem Anpreßdruck und damit von der Konusneigung ist, ist seiner Meinung nach allein für die Verankerung der Drähte verantwortlich. Schleicher kritisierte an dem bis dahin üblichen Rechenansatz, daß lediglich ein über die Höhe des Konus konstanter Pressungsdruck und der Reibwiderstand bislang gar nicht angesetzt wurde. Die Berechnung der Spannungen in der Hülse mit Hilfe der „Ringformel" für dünnwandige Querschnitte erkennt er richtigerweise als nicht den realen Verhältnissen einer in der äußeren Form zylindrischen Seil-Hülse entsprechend. Er schlägt die Verwendung von Hülsen mit konstanter Wanddicke vor. Die Wandrauhigkeit einer aus Gußstahl hergestellten Hülse erhöht den Reibwiderstand in dieser Grenzschicht und verringert die Ringzugbeanspruchung der Hülse und ist daher seiner Meinung nach anzustreben. Schleicher hatte damit alle wesentlichen Einflußparameter des Tragverhaltens erkannt und qualitativ richtig eingeordnet. In der Folgezeit wurden insbesondere die Eigenschaften der Vergußwerkstoffe untersucht und eine rein versuchstechnische Erfassung des Tragverhaltens der Seilverankerungen versucht.

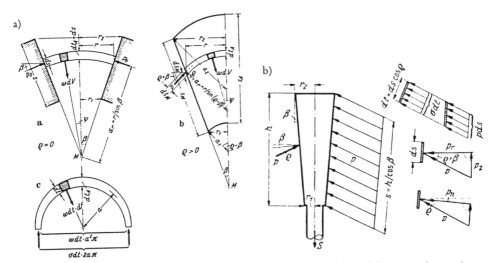

Bild 2.2-2 Das Tragmodell von F.Schleicher /Schleicher, 1949/, welches aus einer reinen Gleichgewichtsbetrachtung entsteht. a) Ansatz von Gewölbescheiben im Innern des Konus; b) Ansatz der Reibbeanspruchung in der Grenzschicht zwischen Konus und Hülse.

Erst H.Müller veröffentlichte im Jahr 1971 /Müller, 1971/ einen Berechnungsansatz, der aufgrund vorausgegangener Versuche und Dehnungsmessungen an Seilhülsen einen dreieckförmigen Verlauf der Konuspressungen über die Konushöhe vorsieht. Zur Berechnung der

Hülsenbeanspruchung wird diese als dickwandige Kreisscheibe idealisiert und daraus die Spannungen in der Hülse ermittelt. Auf eine von Schleicher vorgeschlagene Reduzierung der wirksamen Konushöhe infolge unvollständiger Verfüllung der Besenwurzel geht er nicht ein (Bild 2.2-3). Sein Berechnungsmodell muß als das bis heute übliche statische Nachweisverfahren für Vergußverankerungen angesehen werden.

In ihrem Beitrag von 1974 kritisieren E.Engel und W.Rosinak /Engel, 1974/ zu Recht die bis heute angewandte einfache Modellvorstellung der Kreisringscheibe. Mit dieser ebenen Betrachtung lassen sich die auftretenden Verformungen der Hülse nicht ausreichend beschreiben. In der Hülse müssen die Biegebeanspruchungen, die infolge der Konusgeometrie, der Schwindverformungen des Konus und der Hülsenauflagerung bzw. aus dem Konusschlupf resultieren, berücksichtigt werden. Engel und Rosinak erkannten, daß die Spannungsverteilung, die von dem Grad der Hülsenverformung abhängt, berücksichtigt werden müßte. In den von ihnen durchgeführten Versuchen wurden zunächst die Dehnungen auf der Oberfläche der Vergußhülsen gemessen. Es wurden Hülsen mit konstanter Wanddicke geprüft.

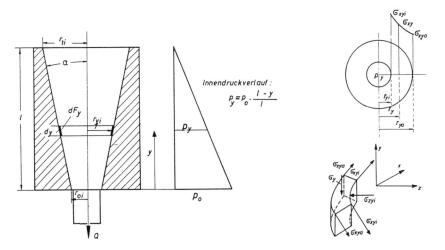

Bild 2.2-3 Berechnungsansatz von H.Müller /Müller, 1971/ zur Ermittlung der Hülsenbeanspruchung mittels der Modellvorstellung einer Kreisringscheibe. Als Konuspressung in der Grenzschicht zwischen Konus und Hülse wird näherungsweise ein aus Versuchen abgeleiteter sich linear vergrößernder Wert über die Konushöhe angenommen.

Die Hülseninnenfläche wurde nach dem Vergießen gefettet bzw. mit feinen Rillen an der Innenseite versehen, um den Einfluß des Reibwiderstandes in der Grenzschicht zu ermitteln. Mit Hilfe der FE-Methode wurde die metallene Verankerungshülse idealisiert. Da die Steifigkeitsverteilung im Innern der Verankerung nicht bekannt war, wurde die Pressungsverteilung zwischen Konus und Hülse als Belastung aufgebracht und in einem iterativen Prozeß so oft variiert, bis die errechneten Dehnungen auf der Hülsenoberfläche mit den Meßergebnissen näherungsweise übereinstimmten. Die Ergebnisse der Rechnung bestätigten den Einfluß eines hohen Reibwiderstandes zwischen Konus und Hülse zur Verringerung der Radialbeanspruchung der Hülse. Ein Rückschluß auf die Steifigkeitsverhältnisse im Vergußkonus wurde von ihnen nicht vorgenommen.

2 *Historische Entwicklung und Stand der Forschung* 19

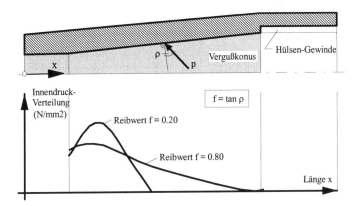

Bild 2.2-4 Die Innendruckverteilung zwischen Konus und Hülse unter Ansatz zweier unterschiedlicher Reibwinkel, wie sie von Engel und Rosinak /Engel, 1974/ ausgehend von im Versuch gemessenen Dehnungen, iterativ zurückgerechnet wurden. Es sind dabei in der Rechnung zum ersten Mal die Hülsenverformungen berücksichtigt.

In den Arbeiten von Patzak und Nürnberger /Patzak u. Nürnberger, 1978/ wurde zum ersten Mal der Versuch unternommen, eine plastische Umformung des Vergußwerkstoffes im vorderen Teil der Verankerung zur Ermittlung der Pressungsverteilung in der Grenzschicht zu berücksichtigen. Mit Hilfe eines sehr vereinfachten Ansatzes zur Ermittlung der Schwindverformungen des Vergußwerkstoffes nahmen sie eine über die Konushöhe linearisierte Druckspannungsverteilung an. Dabei liegt der maximale Spannungswert nicht mehr am Seilausgang, sondern wurde als konstant im Bereich eines als plastifiziert angenommenen Konusbereiches angesetzt. Im Bereich der als unvollständig vergossen angesehenen Besenwurzel wurde die Spannung als linear abnehmend angesetzt (Bild 2.2-5).

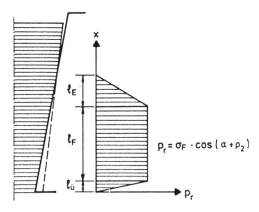

Bild 2.2-5 Schematische Darstellung der Pressungsverteilung in der Grenzschicht zwischen Konus und Hülse nach M.Patzak und U.Nürnberger mit Ansatz eines umgeformten Konusbereiches und einer unvollständig vergossenen Besenwurzel /Patzak u. Nürnberger, 1978/

In /Gabriel, 1981/ findet sich eine Gegenüberstellung der mit den Berechnungsverfahren verschiedener Autoren /Schleicher, 1949, Müller, 1971, Gabriel u. Friedrich, 1984, u.a/ ermittelten Verteilung der Konuspressungen in der Grenzschicht an einem Beispiel (Bild 2.2-6).

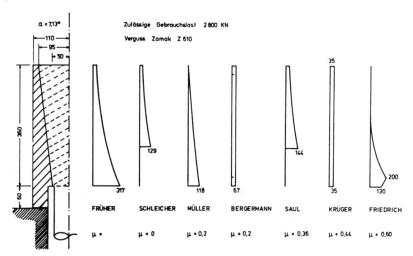

Bild 2.2-6 Gegenüberstellung der mit Hilfe verschiedener Berechnungsansätze ermittelten Pressungsverteilung in der Grenzschicht von Konus und Hülse. Erst bei den Ansätzen von Patzak und Nürnberger /Patzak u. Nürnberger, 1978/, Gabriel und Friedrich /Gabriel und Friedrich, 1984/ und später Gabriel und Schumann /Gabriel, 1981, Schumann, 1984/ (vgl. Bild 2.2-7) wird das Plastizieren des Vergußwerkstoffes im Seileinlaufbereich berücksichtigt.

K.Gabriel und R.Schumann /Gabriel, 1981, Schumann, 1984/ entwickelten 1981-1984 einen werkstoffmechanischen Ansatz zur Ermittlung der Beanspruchungen der Vergußverankerung. Dieser geht von der Modellvorstellung aus, daß mit steigender Zuggliedbelastung am Zuggliedeinlauf ein immer größerer Konusbereich plastisch umgeformt wird. Mit den analytischen Gleichungen der elementaren Plastomechanik wird analog der Erfassung eines Umformprozesses in einer achsialsymmetrischen Matrize der plastifizierte Bereich als Kreisscheibe idealisiert /Gabriel, 1990/. Im oberen Konusbereich werden bis zum Erreichen der Fließgrenze des Vergußmaterials die Gleichungen der Elastizitätstheorie angewandt. Unter Vorgabe eines Schätzwertes für den Konusschlupf wird in einem iterativen Prozeß der Gleichgewichtszustand ermittelt. Die Einflüsse des Verguß-Schwindens, der linearen Temperaturausdehnungen von Draht, Vergußwerkstoff und Hülse während des Vergußvorgangs und des Reibwiderstandes zwischen Konus und Hülse werden näherungsweise berücksichtigt. Aufgrund der Anwendung zweier unterschiedlicher mechanischer Berechnungsmodelle für den linear-elastischen bzw. den umgeformten Konusbereich, wird allerdings kein kontinuierlicher Übergang zwischen diesen Bereichen erhalten (Bild 2.2-7). Die radiale Steifigkeit des konischen Vergußkörpers wird zum ersten Mal als über die Konuslänge veränderlich angesetzt, indem das Verhältnis der Draht- zur Vergußquerschnittsfläche in einem horizontalen Schnitt durch den Konus in das Modell einbezogen wird. Infolge einer separaten Berechnung der

2 *Historische Entwicklung und Stand der Forschung* 21

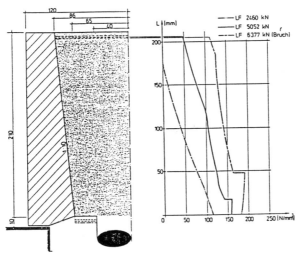

Bild 2.2-7 Die Verteilung der Konuspressungen auf die Seilhülse nach dem Ansatz von Gabriel und Schumann /Gabriel, 1981, Schumann, 1984/. Am Übergang zum umgeformten Konusbereich treten infolge der unterschiedlichen Berechnungsansätze Sprünge auf.

Beanspruchungen der Hülse ist der Einfluß der Hülsenverformungen auf die Beanspruchungen des Konus nicht erfaßbar. Ein unvollständiger Verguß in der Besenwurzel wurde nicht berücksichtigt.

Von Tawaraya wird in /Tawaraya, 1982/ für die neue Verankerung (vgl. Bild 2.1-15) mittels einer analytischen Beschreibung der Drahtlage, der Vorgabe der Hülsengeometrie, der Vorgabe der zulässigen Werkstoff-Festigkeiten für die Hülse, den Verguß- und den Drahtwerkstoff ein iterativer rechnergestützter Optimierungsvorgang durchlaufen, in dem die Hülsengeometrie verändert wird, um eine verbesserte Ausnutzung der Hülse zu erreichen. Diesen Berechnungen liegt aber lediglich der Berechnungsansatz von Müller /Müller, 1971/ zugrunde, welcher von einem linear-elastischen Konuswerkstoff, von einer unendlich starren Hülse, von dem Konus als Kontinuum ohne Berücksichtigung des Einflusses der Drähte und ohne den Ansatz einer Relativverschiebung zwischen Konus und Hülse ausgeht.

In der Veröffentlichung von Mitamura /Mitamura, 1992/ wird eine FE-Modellierung einer Vergußverankerung beschrieben, in welcher versucht wurde, den Konus, bestehend aus Vergußmaterial und Drähten realitätsnah abzubilden. Da aber achsialsymmetrische Elemente benutzt wurden, ergeben sich im Querschnitt des Vergußkörpers konzentrische „Ringe" mit den Materialeigenschaften der hochfesten Stähle und damit eine in Radialrichtung nicht richtig idealisierte Steifigkeitsverteilung im Vergußkonus (Bild 2.2-8). Schwindverformungen des Vergußwerkstoffes und ebenso eine Verschiebung bzw. eine Reibbeanspruchung zwischen Konus und Hülse wurden nicht berücksichtigt.

K.Gabriel, zusammen mit M.Arend und J.Brodniansky /Gabriel, 1990/, teilten den Konus in einer FE-Idealisierung schichtenweise in verschiedene Werkstoffbereiche auf (Bild 2.2-9). Damit sollte eine Abstufung der Konussteifigkeit entsprechend des Drahtanteiles im betrach-

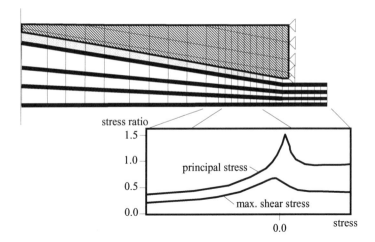

Bild 2.2-8 FE-Modell einer Vergußverankerung nach Mitamura /Mitamura, 1992/ mit dem Versuch, die Drähte im Konus realitätsnah abzubilden. Das abgebildete Modell aus achsialsymmetrischen FE-Elementen bedingt aber sehr steife konzentrische „Ringe" im Konusquerschnitt.

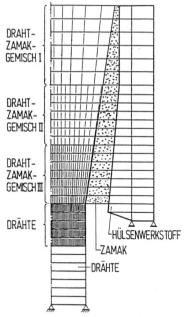

Bild 2.2-9 Beispiel einer FE-Idealisierung einer Vergußverankerung mit achsialsymmetrischen FE-Elementen von Gabriel, Arend u. Brodniansky /Gabriel,1990/. Der Konus ist schichtenweise in verschiedene Bereiche mit isotropem homogenem Werkstoffverhalten aufgeteilt, um eine veränderliche Steifigkeit über die Konushöhe simulieren zu können. In der Grenzschicht zur Hülse ist eine Gleitbewegung und eine Reibkraftübertragung möglich.

teten Konusquerschnitt erreicht werden. Eine Schicht zwischen dem Seil-Besen und der Hülse, bestehend aus reinem Vergußwerkstoff, wurde vorgesehen. Mit Hilfe von „Kontakt"-Elementen wurde eine Reibbeanspruchung zwischen Konus und Hülse übertragen, die abhängig von dem dort wirkenden Pressungsverlauf bestimmt wird. Die ausschließliche Berücksichtigung der Drahtquerschnittsfläche in jedem Horizontalschnitt durch den Konus zur Bestimmung des Elastizitätsmoduls des betrachteten Werkstoff-Bereiches befriedigte im Vergleich mit Versuchsergebnissen nicht. In einem iterativen Prozeß wurden die E-Moduli der Werkstoffschichten empirisch verändert, um eine mit den Versuchsergebnissen befriedigende Übereinstimmung zu erhalten. Dazu war es aber notwendig, für jeden Werkstoffbereich eine fiktive Fließgrenze und ein fiktives Verfestigungsverhalten zu definieren, um das Verhalten der Verankerung auch unter höheren Lasten annähernd wiedergeben zu können.

Die rein empirische Ermittlung der Verteilung der Konussteifigkeit und seines nicht-linearen Werkstoffverhaltens muß als nicht ausreichende Grundlage zur Erfassung des Tragverhaltens von Vergußverankerungen beurteilt werden. Es liegt diesem Vorgehen keine Modellvorstellung zugrunde, die abhängig von relevanten Geometrie- und Werkstoffparametern der betrachteten Zuggliedkonstruktion eine zutreffende Vorhersage des Tragverhaltens erlaubt. Da ausschließlich isotropes Materialverhalten angenommen wird, ist die faserbewehrte Struktur des Konus infolge der Drahtanordnung nicht ausreichend berücksichtigt.

3 Die hochfesten Zugglieder, ihre Faser- und ihre Vergußwerkstoffe

In der vorliegenden Arbeit sollen unter dem Begriff „hochfeste Zugglieder" diejenigen Konstruktionen verstanden werden, die aus „hochfesten Fasern" aufgebaut sind. Eine Vielzahl von hochfesten metallischen und synthetischen Faser-Elementen ist auf dem Markt. Sie können nach ihrem chemischen Grundstoff, z.B. Metall, Glas, Polyester, Polyamide oder Kohlenstoff, unterschieden werden. Die synthetischen Fasern werden im Gegensatz zu den metallischen Fasern in der Regel zu kleinen Zuggliedeinheiten, zu einer Seil- oder Bündelkonstruktion zusammengefaßt, um erst dann zu größeren Zuggliedern, den sogenannten „Faserseilen", zusammengesetzt zu werden. Werden die äußerst dünnen synthetischen Fasern in paralleler Anordnung in einer Kunststoffmatrix eingebettet und somit zu einem „Stab" zusammengefaßt, spricht man von „Faser-Verbundstäben". Sind mehrere dieser Faser-Verbundstäbe zu einem größeren Zugglied zusammengefaßt und sollen sie in einer gemeinsamen Vergußverankerung verankert werden, so werden die Faserverbundstäbe in dieser Arbeit ebenfalls als „Faser-Element" bzw. „Faser" bezeichnet. Da ihre mechanischen Eigenschaften, die zur analytischen Betrachtung der Verankerung benötigt werden, bekannt sind, können sie im folgenden als „Fasern" behandelt werden.

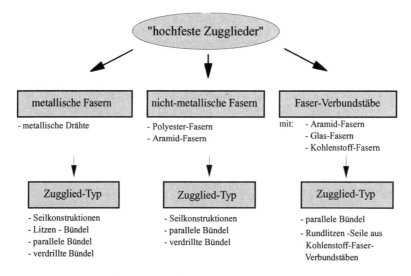

Bild 3-1 Die für Zugglieder verwendeten hochfesten Fasern und Faser-Verbundstäbe und ihr Einsatz für bestimmte Konstruktionsformen

Aufgrund ihrer Struktur und ihres Herstellprozesses besitzen „hochfeste Zugglieder" physikalische und mechanische Eigenschaften, die bei der Entwicklung einer Verankerungskonstruktion beachtet werden müssen. Die geometrische Ordnung, in der die Fasern zu größeren

3 Die hochfesten Zugglieder

Zuggliedeinheiten zusammengefügt werden, bestimmt in einigen Fällen die Geometrie des Seilbesens und damit seine Steifigkeit, die maßgebend das Tragverhalten der Verankerung beeinflußt (vgl.Kapitel 4). Die Übersicht in Bild 3-1 zeigt eine Zuordnung der in dieser Arbeit als „Faser-Elemente" bezeichneten Fasern und Verbundstäbe zu den aus ihnen aufgebauten Zuggliedtypen, die nach der geometrischen Ordnung der Faser-Elemente im Zugglied benannt sind. Man erkennt, daß für unterschiedlichste Faserwerkstoffe dieselben Zuggliedkonstruktionen gebildet werden können. Im Anhang A dieser Arbeit werden die heute zur Anwendung kommenden hochfesten Faserwerkstoffe, die daraus hergestellten Zugglied-Konstruktionen und die zu ihrer Verankerung verwendeten Vergußwerkstoffe zusammengestellt. Es werden dabei u.a. die mechanischen und thermischen Eigenschaften in tabellarischer Form dargestellt, auf die in den weiteren Untersuchungen dieser Arbeit zurückgegriffen wird.

Bild 3-2 zeigt die zum Verguß von metallischen Fasern heute eingesetzten Vergußwerkstoffe. Sie basieren auf gefüllten Epoxid- bzw. PU-Gießharzen, auf Blei- oder Zinklegierungen oder auf einem Gemisch, z.B. aus Stahlkügelchen mit einem gefüllten Epoxidharz. Mit Stahlspänen /Medicus, 1971/ oder Stahlschrot /Patzak u. Nürnberger, 1978/ gefüllte metallische Vergüsse wurden im Labor untersucht, erlangten aber keine praktische Bedeutung. Die metallischen Fasern werden heute ausnahmslos in konischen Vergußräumen verankert.

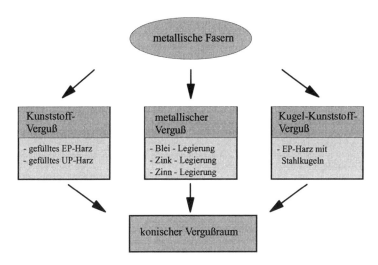

Bild 3-2 Die für metallische Fasern heute üblichen Vergußwerkstoffe zur Verankerung in konischen Vergußräumen

Bild 3-3 zeigt die heute eingesetzten Vergußwerkstoffe und Geometrien des Vergußraumes zur Verankerung der nicht-metallischen Fasern. Hierbei werden die Faserverbundstäbe als „Faser-Elemente" größerer Zugglieder verstanden. Faserverbundstäbe werden heute ausschließlich in zylindrischen Vergußräumen verankert. Ihre geringe Querdruckfestigkeit ist die Ursache dafür, daß die für metallische Fasern üblichen Vergußraumgeometrien nicht mit dem gleichen Erfolg angewendet werden können. Infolge eines fehlenden analytischen Modells zur Ermittlung der Beanspruchungen in der Verankerung, wurden nur wenige empirische

Versuche gemacht, eine speziell auf diese Zugfasern abgestimmte Verankerung zu entwikkeln /Kepp, 1985, Dreeßen, 1988/. Im Anhang A dieser Arbeit werden die mechanischen Kennwerte einiger Vergußwerkstoffe, auf die im Laufe dieser Arbeit zurückgegriffen wird, kurz angesprochen und in tabellarischer Form zusammengestellt.

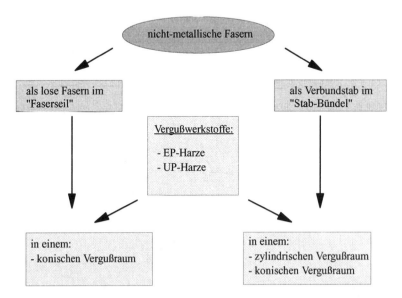

Bild 3-3 Die zur Verankerung von nicht-metallischen Zuggliedern verwendeten Vergußwerkstoffe und die Geometrie des Vergußraumes im Überblick

4 Die Geometrie im Verankerungsraum

4.1 Einführung

Die in Zuggliedern vorliegenden geometrischen Anordnungen der Fasern im Querschnitt können unterteilt werden in die **rechteckige Anordnung**, die **konzentrische Anordnung** und die **hexagonale Anordnung** der Fasern im Querschnitt. Als **statistisch verteilte Anordnung** kann der Zustand bezeichnet werden, wenn keine Regelmäßigkeit der Fasern im Querschnitt des Zuggliedes bzw. des Vergußkonus erkennbar ist.

4.2 Geometrische Ordnungen der Zuggliedfasern im Querschnitt des Vergußkonus

4.2.1 Die „statistisch verteilte" Anordnung

Zunächst soll ein einzelner Faser-Verbundstab betrachtet werden. Die äußerst dünnen Fasern der nicht-metallischen Faserwerkstoffe können im Querschnitt als quasi kreisrund beschrieben werden (vgl. Anhang A) /Hull, 1981, Rehm u. Franke, 1979, Faoro, 1988/. Sie können aufgrund ihrer geringen Durchmesser und ihrer großen Anzahl nicht in einer regelmäßigen Packung zusammengefaßt werden.

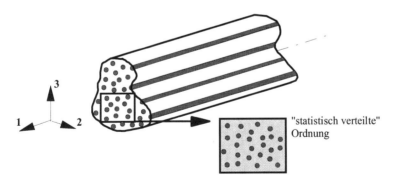

Bild 4.2.1-1 Die parallele Anordnung der Fasern in Längsrichtung und die im Querschnitt „statistisch verteilten" kreisrunden Fasern

Geht man zunächst vom einfachsten Fall, dem Kreisquerschnitt der Fasern aus, stellen die über den Querschnitt des Zuggliedes gleichmäßig verteilten und in Längsrichtung parallel angeordneten Fasern die allgemeinste geometrische Struktur eines „unidirektionalen Verbundwerkstoffes" dar (Bild 4.2.1-1). Die vorhandene Anhäufung von Fasern wird hier als „statistisch verteilte Anordnung" beschrieben, wenn im statistischen Mittel jede Faser den gleichen Abstand zu ihrer benachbarten Faser einnimmt.

Sind die hochfesten Fasern nicht in einer Matrix eingebettet, wie dies bei den Faserseilen vorliegt, sondern liegen in paralleler Anordnung lose nebeneinander und werden evtl. nur mittels einer Umhüllung aus z.B. geflochtenen Polyesterfasern oder mittels eines Polyuretanrohres /Parafil/ zusammengehalten, so kann ebenfalls eine statistisch verteilte Faseranordnung im Querschnitt des Zuggliedes angenommen werden.

Zur Verankerung größerer Zugglieder werden die synthetischen Fasern in einem konischen Vergußraum aufgefächert. Eine gleichmäßige Verteilung der Fasern über den Querschnitt des Vergußraumes ist nur schwer zu erreichen. H.Gropper /Gropper, 1987/ versuchte mittels Abstandhaltern, die jeweils zu dünnen Fasersträngen zusammengefaßten Fasern während des Vergußvorganges in ihrer vorbestimmten Lage im Vergußraum zu halten. Unmittelbar nach dem Vergießen wurden diese wieder entfernt (Bild 4.2.1-2). Der Neigungswinkel des Vergußkonus muß nach /Twaron/ etwas flacher gewählt werden als dies für Drahtseilvergüsse üblich ist. Mit dieser Geometrie der Verankerung können ca. 90% der Faserseilbruchlast verankert werden /Twaron/.

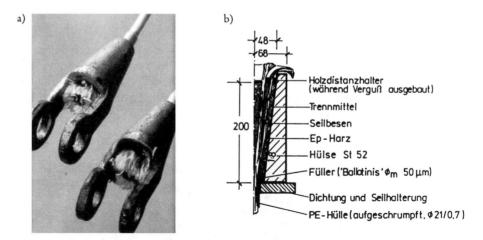

Bild 4.2.1-2 a) Vergußverankerungen von Polyester-Faserseilen (Kevlar) in einem Gabelseilkopf /Twaron/; b) Versuche von H.Gropper /Gropper, 1987/ die synthetischen Fasern, die zu einzelnen Strängen zusammengefaßt sind, mittels Abstandhaltern während des Vergießens zu fixieren.

In metallischen Seilkonstruktionen wird eine möglichst hohe Packungsdichte der Stahldrähte angestrebt, um an den Umlenkungen des Zuggliedes den Drahtverband nicht aufzulösen, auf freier Länge eine hohe Steifigkeit zu erhalten und den Korrosionsschutz zu gewährleisten /Gabriel, 1981, Feyrer, 1990/. Dazu werden Drähte unterschiedlichen Durchmessers und unterschiedlicher Querschnittsausbildung nebeneinander im Zugglied eingesetzt. Die Fasern der „geschlagenen" Zugglieder sind miteinander verseilt, d.h. die Fasern der einzelnen Lagen überkreuzen jeweils die Drähte der benachbarten Drahtlagen (Ausnahme: Parallelverseilung).

Im Querschnitt liegt somit eine konzentrische Faseranordnung vor, unabhängig von der gewählten Querschnittsform der einzelnen Fasern (Bild 4.2.1-3). In den Litzenseilen liegen die geschlagenen, im Querschnitt ihrerseits konzentrisch aufgebauten Litzen ebenfalls auf Kreislinien um den Kern des Zuggliedes.

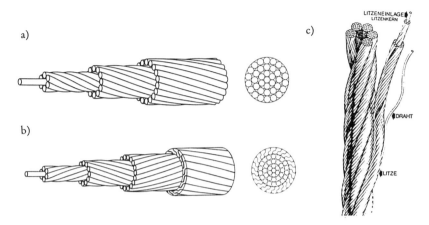

Bild 4.2.1-3 Die konzentrische Anordnung der Fasern bzw. der Litzen im Querschnitt der verseilten Zugglieder am Beispiel a) der Standardverseilung der offenen Spiralseile, b) der im Kreuzschlag verseilten vollverschlossenen Spiralseile, c) der Litzenverseilung der Litzenseile /Thyssen/

Zur Verankerung im Vergußraum der Seilhülse wird der Seilverband fächerförmig zu einem „Seilbesen" aufgelöst. In /DIN 18800/ wird für den Vergußkegel ein Neigungswinkel zwischen 5° bis 9° angegeben. Dies entspricht einer Konuswandneigung von 1:12 bis 1:6. Die geometrischen Abmessungen der Seilhülse und auch des Vergußraumes werden in Abhängigkeit vom Zugglieddurchmesser vorgegeben (Bild 4.2.1-4). Diese Geometrieverhältnisse stellen lediglich eine Rahmenvorgabe dar, die allerdings für alle metallischen Seilarten, alle metallischen Vergußwerkstoffe und alle Auflagerbedingungen an der Vergußhülse eine sichere Verankerung gewährleisten soll /Beck, 1990/. Es wird aber besonders darauf hingewiesen, daß auch andere Geometrien erlaubt sind, wenn entsprechende Nachweise erbracht werden. Für die kleinste Konus-Bohrung muß lediglich eine Mindestgröße in Abhängigkeit vom Seildurchmesser eingehalten werden. Für Spiralseile darf und für Litzenseile sollte keine Bändselung im Vergußraum eingegossen werden. Bei spannungsarmen Seilen sollte die Bändselung in das Vergußmaterial hineinreichen, „um den Seilverband am Eintritt in den Verguß zu sichern." (Zitat: /Beck, 1990/, S. 109). In DIN 83313 werden für die im Schiffsbau vorgeschriebenen Seilkonstruktionen /DIN 83301/ jeweils in Abhängigkeit ihres Nenndurchmessers die Endverankerungen, die „Vergußbirnen", in ihren Abmessungen vorgeschrieben.

Die im Verseilvorgang plastisch umgeformten Seildrähte müssen aus der Zuggliedgeometrie manuell in die konische Seilbesengeometrie zurückgebogen werden (Bild 4.2.1-5). Die im Seilbesen aufgrund der Verseilung noch spiralförmig gebogenen Drähte dürfen nicht gerade gerichtet werden. Eine schlaufenförmige Umbiegung der Drahtenden ist nicht notwendig /Beck, 1990/. Die konzentrische Packungsgeometrie der Drähte im Seil darf dabei nicht beibehalten werden, sondern es ist auf eine gleichmäßige Verteilung der Drähte im Vergußraum

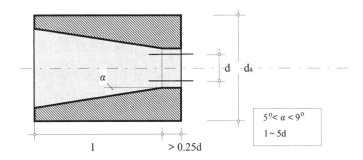

Bild 4.2.1-4 Die in DIN 18800 vorgegebenen Geometrieverhältnisse für Seil-Verankerungen.

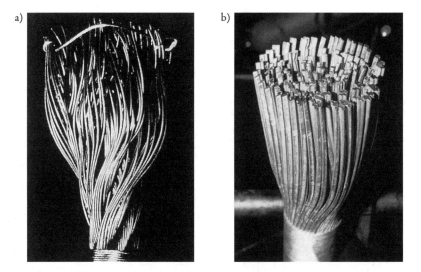

Bild 4.2.1-5 Die Drähte der metallischen Zugglieder liegen im Querschnitt des Seilbesens in einer näherungsweisen statistisch verteilten Anordnung, die analytisch mit Hilfe der hexagonalen Geometrie beschrieben werden kann. a) Der Seilbesen eines Litzenseiles. b) Der Seilbesen eines vollverschlossenen Spiralseiles, wie es im Bauwesen verwendet wird.

zu achten /DIN 3092/. Zur näherungsweisen analytischen Beschreibung der Faseranordnung kann die hexagonale Packungsgeometrie herangezogen werden.

4.2.2 Die hexagonale Faseranordnung

Sie beschreibt eine regelmäßige Ordnung, wobei die Verbindungslinien der Faser-Mittelpunkte ein Sechseck aufspannen. Die Fasern der jeweils nächsten Lage liegen oberhalb bzw. unterhalb des Zwischenraumes (Zwickel) der benachbarten Drahtlagen (Bild 4.2.2-1). Mit der hexagonalen Packung ist die höchste Packungsdichte für im Durchmesser gleichgroße und kreisrunde Fasern erreichbar (vgl. Kapitel 4.2.4).

4 Die Geometrie im Verankerungsraum   31

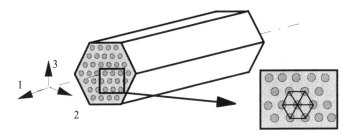

Bild 4.2.2-1 Die hexagonale Anordnung der Fasern im Querschnitt. Die äußere Form des Zuggliedes wird durch die Faseranordnung bestimmt.

Alle Fasern liegen in der hexagonalen Ordnung in den „Zwickeln", müssen also über die Zuggliedlänge parallel zueinander verlaufen. Die hexagonale Anordnung ist somit typisch für die parallelen bzw. semiparallelen Bündelzugglieder. Die 7-drähtige Litze ist zwar ein verseiltes Zugelement, zeigt aber ebenfalls im Querschnitt die Hexagonalanordnung, da ihre Fasern nur eine Lage um den Kerndraht bilden und sich nicht überkreuzen. Soll die äußere Form des Bündels dem Kreis möglichst nahekommen, können die äußeren Eckdrähte weggelassen werden (Bild 4.2.3-1). Für Bündelzugglieder aus Drähten, die vorwiegend im Bauwesen eingesetzt werden, sind in der DIN 18800, T.1 ebenfalls Geometrievorgaben für konische Vergußräume enthalten (Bild 4.2.2-2). Die Konusneigung liegt zwischen 4° und 7° (1:12 bis 1:14 nach /Andrä, 1969/), und die Konuslänge darf mit l > 3.5d etwas kleiner als für Seilvergüsse gewählt werden (Bild 4.2.1-4). Es wird eine zusätzliche Verankerung der Drähte mittels aufgestauchten Köpfchen in einer Lochplatte vorgegeben. Die Norm geht hiermit lediglich auf eine spezielle Art der Verankerung von Paralleldraht-Bündeln ein, bei welcher der Vergußraum mit einem Gemisch aus Epoxydharz und kleinen Stahlkugeln verfüllt wird.

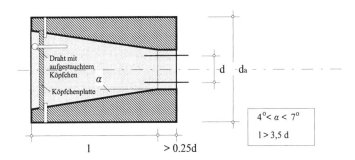

Bild 4.2.2-2 Für Bündel-Verankerungen mittels Kugel-Kunststoffverguß sind in der Norm Geometrievorgaben enthalten /DIN 18800/

Zur Verankerung muß auch der Drahtverband des Bündels mit seinen in dichtester Packung liegenden Fasern im Vergußraum aufgefächert werden. Die Abbiegung der außen liegenden Drähte aus der parallelen Ordnung des Bündels vermindert nach /Schleicher, 1949, Müller, 1971, Beck, 1990, Andrä, 1969/ die zusätzliche Beanspruchbarkeit der Drähte. Um eine zu

Bild 4.2.2-3 Der „Seilbesen" eines verdrillten Bündels /Gabriel, 1990/. Die Drähte laufen aufgrund der Verdrillung tangential in den Vergußraum ein. Die Lochplatte gewährleistet die exakte hexagonale Ordnung der Drähte im Querschnitt und wird nach dem Vergießen wieder entfernt.

hohe Biegebeanspruchung insbesondere bei relativ dicken (ca. 7.0 mm) Drähten in den äußeren Lagen zu vermeiden, sollte mit der Auffächerung des Bündels bereits in einem größeren Abstand vor dem Einlauf in den Seilkopf begonnen werden. Der Drahtabstand am Beginn des Vergußraumes vergrößert sich somit. Verdrillte Bündel nehmen, sobald sie an ihrem Ende nicht mehr mittels Bändselung oder Klemmen zusammengehalten werden, eine konisch aufgespreizte Form an (Bild 4.2.2-3). Der Korrosionsschutz wird damit in diesem Bereich allerdings aufwendiger. In der von Gabriel /Gabriel, 1990/ entworfenen Verankerungs-Hülse laufen aus diesem Grund die Drähte gerade in die Hülse ein. Gabriel schlägt dort einen modifizierten Vergußraum für verdrillte Bündel aus dicken (7.0 mm) Runddrähten vor, der einen verkürzten konischen Teil mit einer Länge von ca. 1.5d und einer Konuswandneigung von 1:10 vorsieht. An diesen Konus schließt sich ein zylindrischer Teil an (vgl. Bild 2.1-14). Die hexagonale Anordnung der metallischen Fasern bleibt somit auch im Vergußraum weitgehend erhalten. Damit im Vergußkonus eine vollständige Einbettung jedes einzelnen Drahtes im Verguß gewährleistet ist, können sie zusätzlich mittels Lochplatten, die am Verankerungsbeginn oder am Ende der Drähte angeordnet sind, in der hexagonalen Anordnung planmäßig fixiert werden. Die Lochpatten werden in der Regel nach dem Vergießen nicht wieder entfernt.

4.2.3 Der Ansatz eines „Vergußringes" in der Verankerung

Unabhängig von der hexagonalen Querschnittsform der Bündelzugglieder wird üblicherweise eine Verankerung in einem achsialsymmetrischen Vergußraum vorgesehen. Somit verbleibt im Querschnitt des Vergußraumes eine Restfläche zwischen der äußersten Drahtlage des Bündels und der Hülseninnenwandung, wenn die hexagonale Struktur im Vergußkonus beibehalten wird und die äußerste Drahtlage nicht an der Hülseninnenwand anliegt (Bild 4.2.3-1). Diese Restfläche wird in dieser Arbeit als „Vergußring" bezeichnet. Während der Querschnitt des Hexagons, im folgenden als „Konus-Kern" bezeichnet, gleichmäßig mit Fasern durchsetzt ist, besteht der „Vergußring" aus reinem Vergußwerkstoff. Werden im Bündelverband die Eckdrähte weggelassen, nähert sich der Bündelquerschnitt der Kreisform an (Bild

4 Die Geometrie im Verankerungsraum   33

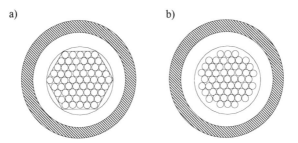

Bild 4.2.3-1 Wird die hexagonale Querschnittsform beibehalten, gibt es im konischen achsialsymmetrischen Vergußraum eine Restfläche, den „Vergußring": a) in der Regel liegen die Drähte nicht an der Hülseninnenwand an; b) dem Kreis angenäherte Querschnittsform, indem mehrere Eckdrähte weggelassen werden.

4.2.3-1). Im überwiegenden Teil des konischen Vergußraumes liegen die äußeren Eckdrähte nicht an der Hülsenwand an, was zu einer Vergrößerung der Vergußringfläche am Verankerungsbeginn führt.

4.2.4 Die analytische Erfassung der hexagonalen Faseranordnung
4.2.4.1 Das umschreibende Hexagon

Zur analytischen Erfassung der Geometrie gehen wir zunächst von der einfachsten hexagonalen Struktur aus. Alle Fasern haben dabei eine identische kreisrunde Querschnittsfläche, sind in hexagonaler Anordnung geordnet und liegen in Längsrichtung des Zuggliedes parallel (Bild 4.2.2-1). Aufgrund des spiralförmigen Verlaufes der Fasern in einem verdrillten Zugglied, besitzen die Fasern in einem orthogonal zur Zuggliedachse geführten Schnitt einen ellipsoiden Querschnitt. Hier soll aufgrund der großen Schlaglängen der Bündelzugglieder diese geringe Abweichung von der Kreisform zunächst vernachlässigt werden /vgl. Gabriel, 1981/.

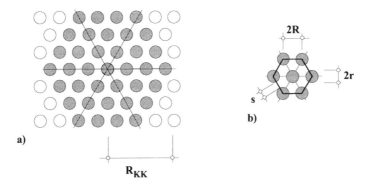

Bild 4.2.4.1-1 Die geometrischen Größen zur Beschreibung der hexagonalen Faseranordnung: a) Bündelquerschnitt mit mehreren Drahtlagen, ausgeschnitten aus der hexagonalen Faserordnung; b) hexagonales Grundelement, bestehend aus sieben Fasern

Bild 4.2.4.1-1 zeigt die geometrischen Grundgrößen der hexagonalen Faseranordnung. Bezeichnen wir den kleinsten Abstand der Fasermittelpunkte mit (2R), den Durchmesser der Fasern mit (2r) und den lichten Abstand der Fasern mit s, so ergibt sich für das hexagonale Grundelement in Bild 4.2.4.1-1 die eingezeichnete „Mittelpunkts-Hexagonfläche" A_{HM}, die aus 6 gleichschenkligen Dreiecken mit der Seitenlänge (2R) aufgebaut ist, zu

$$A_{HM} = \frac{6\sqrt{3}}{4}(2R)^2 = 6\sqrt{3}R^2 \qquad (4.2.4.1-1)$$

Dabei kann der Mittelpunktsabstand (2R) ausgedrückt werden als

$$2R = s + 2r \qquad (4.2.4.1-2)$$

Die Gesamtfläche der innenliegenden Fasern ergibt sich in Bild 4.2.4.1-1 aus der Fläche des Kerndrahtes und 6 Drittelkreisflächen zu

$$A_f = \left(1 + \frac{6}{3}\right)\pi r^2 = 3\pi r^2 \qquad (4.2.4.1-3)$$

Zur Ermittlung der rechnerischen Bruchkraft eines Zuggliedes ist die Berechnung des „Füllfaktors" bedeutsam. Der Füllfaktor errechnet sich aus dem Flächenverhältnis der Faserquerschnitte zur umschreibenden Fläche des Zuggliedes. Für das in Bild 4.2.4.1-1 gezeigte mehrlagige Bündel ergibt sich die Gesamtquerschnittsfläche der Fasern A_f, wenn die Gesamtanzahl der Fasern mit n bezeichnet wird, zu

$$A_f = n\frac{\pi(2r)^2}{4} = n\pi r^2 \qquad (4.2.4.1-4)$$

Die Anzahl der Fasern n im regelmäßigen hexagonalen Bündelquerschnitt ergibt sich mit der Lagennummer m aus der Summe der Anzahl der Fasern pro Lage n_L

mit
$$n_L = 1 + (6m) \quad ; m = 0,1,2,3,... \qquad (4.2.4.1-5)$$
wird
$$n = \sum_{1}^{m}\left[1 + (6m)\right] \qquad (4.2.4.1-6)$$

Bild 4.2.4.1-2 zeigt die Drahtanzahl pro Lage n_L und die Gesamtanzahl der Drähte im Zugglied in Abhängigkeit von der Lagen-Nummer m für die hexagonale Packung. Für die Standardverseilung (Fasern mit gleichem Durchmesser in konzentrischer Anordnung) ist diese Beziehung ebenfalls gültig.

4 Die Geometrie im Verankerungsraum

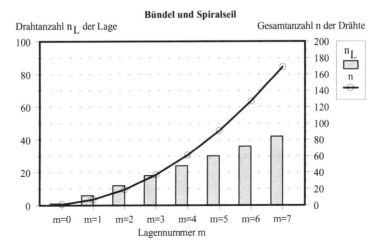

Bild 4.2.4.1-2 Die Faseranzahl n_L pro Lage m und die Gesamtanzahl n der Drähte im hexagonalen Bündel, wenn die Drähte den gleichen kreisrunden Durchmesser besitzen. Diese Zuordnung gilt ebenfalls für das standardverseilte Zugglied.

Die Fläche des umschreibenden Hexagons kann berechnet werden aus der Länge seiner Diagonalen D_H. Mit Gleichung (4.2.4.1-2), der Anzahl der Drahtlagen m, dem Drahtdurchmesser $(2r)$ und der „Eck-Länge" (ΔD) (Bild 4.2.4.1-3) läßt sich die Diagonalenlänge D_H exakt bestimmen:

mit

$$\Delta D = r\left(\frac{1}{\cos 30^o} - 1\right) = 0.155\,r \qquad (4.2.4.1\text{-}7)$$

ergibt sich

$$D_H = 2ms + 2m(2r) + (2r) + 2r\left(\frac{1}{\cos 30^o} - 1\right) \qquad (4.2.4.1\text{-}8)$$

Als Näherung können die „Eck-Längen" ΔD des Sechsecks vernachlässigt werden. Die somit verkürzte Diagonale D_H^* wird allein aus dem Durchmesser der Drähte bestimmt und ist am Zugglied leicht meßbar.

$$D_H^* = 2ms + (2r)(2m+1) \qquad (4.2.4.1\text{-}9)$$

Der damit begangene Fehler ist abhängig von dem vorhandenen Faserdurchmesser $(2r)$ und beträgt 15% des Faserdurchmessers.

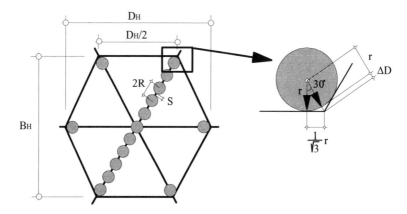

Bild 4.2.4.1-3 Das die Fasern eines mehrlagigen Bündels umschreibende Sechseck und die Ermittlung der „wahren" Diagonalenlänge D_H unter Berücksichtigung der „Eck-Zwickel" (ΔD)

Der Abstand B_H der parallelen Sechseckseiten (Bild 4.2.4.1-3) ergibt sich zu

$$B_H = D_H \sin 60^o \qquad (4.2.4.1\text{-}10)$$

Die Hexagonfläche A_H ergibt sich dann mit der Diagonalen D_H zu

$$A_H = \frac{6\sqrt{3}}{4}\left(\frac{D_H}{2}\right)^2 = \frac{3\sqrt{3}}{8} D_H^2 \qquad (4.2.4.1\text{-}11)$$

bzw. ermittelt mit dem Abstand B_H zu

$$A_H = D_H B_H - \frac{1}{4} D_H B_H = \frac{3}{4} D_H B_H \qquad (4.2.4.1\text{-}12)$$

Für die Faser-Volumendichte V_{fH} ergibt sich nun mit der Berechnung der Diagonalen D_H aus Gleichung (4.2.4.1-8)

$$V_{fH} = \frac{A_f}{A_H} = \frac{2n\pi(2r)^2}{3\sqrt{3}\left[2ms+(2r)(2m+1)+(2r)\left(\dfrac{1}{\cos 30^o}-1\right)\right]^2} \qquad (4.2.4.1\text{-}13)$$

Der Faseranteil ist nicht konstant, sondern abhängig von der Faseranzahl, d.h. der Bündelgröße, und dem Faserdurchmesser.

4 Die Geometrie im Verankerungsraum 37

Im Vergleich der Faseranteile V_{fH} zum Faseranteil V_{fMH} des Mittelpunkt-Hexagons V_{fMH} (aus Gleichungen 4.2.4.1-1 und 4.2.4.1-3) ergibt sich der Quotient der Faservolumenanteile unter Berücksichtigung der Diagonalen D_H (Gleichung 4.2.4.1-8) und des Abstandes (2R) (Gleichung 4.2.4.1-2). zu

$$\frac{V_{fMH}}{V_{fH}} = \frac{3\left[2m\left(\frac{s}{(2r)}\right)+2m+\frac{1}{\cos 30^o}\right]^2}{4n\left(\frac{s}{(2r)}+1\right)^2} \qquad (4.2.4.1\text{-}14)$$

Das Verhältnis ist nicht konstant, sondern verändert sich mit dem Faserradius (r), dem Zwischenfaserabstand (s) und der Größe des Bündels, also mit der Anzahl der Drähte n und der Lagenanzahl m.

Ein Vergleich des Faservolumenanteils V_f im Bündelquerschnitt unter Ansatz des eingeschriebenen und des umschreibenden Hexagons ist in Bild 4.2.4.1-4 in Abhängigkeit von dem auf den Faserdurchmesser (2r) bezogenen Zwischenfaserabstand (s) aufgetragen. Ist der lichte Abstand der Fasern größer als der vorhandene Faserdurchmesser, so kann für große Bündelzugglieder der Faseranteil V_{fMH} des Mittelpunkt-Hexagons mit ca. 90 - 95 % von V_{fH} abgeschätzt werden. Für kleinere Drahtanzahlen (n) im Bündel ist der Unterschied des Faseranteils bis zu einem lichten Faserabstand von etwa dem zweifachen Faserdurchmesser beträchtlich (bis ca. 40 % für die 7-drähtige Litze). Da zur Bestimmung der Komposit-Steifigkeit der gesamte Konusquerschnitt berücksichtigt werden muß, ist zur Bestimmung des Faservolumenanteils das umschreibende Hexagon anzusetzen. Für sehr große Bündelzugglieder ist der Unterschied zu vernachlässigen.

Aus Gleichung (4.2.4.1-13) zur Bestimmung der Faser-Volumendichte V_{fH} und Gleichung (4.2.4.1-8) läßt sich der lichte Faserabstand (s) ermitteln. Es ergibt sich

$$s = \frac{1}{2m}\left[\left(\sqrt{\frac{2n\pi}{3\sqrt{3}\,V_{fH}}}\right) - 2m - \frac{1}{\cos 30^o}\right](2r) \qquad (4.2.4.1\text{-}15)$$

Die Berechnung des lichten Faserabstandes (s) kann einfacher mit der oftmals meßbaren Länge der Diagonalen D_H aus Gleichung (4.2.4.1-8) bestimmt werden mit

$$s = \frac{1}{2m}\left[\frac{D_H}{(2r)} - 2m - \frac{1}{\cos 30^o}\right](2r) \qquad (4.2.4.1\text{-}16)$$

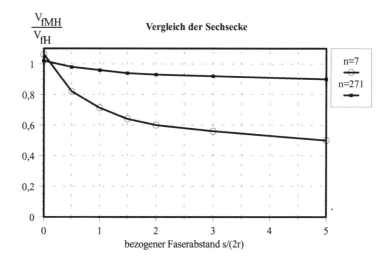

Bild 4.2.4.1-4 Der Unterschied im Faser-Volumenanteil V_f zwischen dem Mittelpunkts-Sechseck und dem umschreibenden Hexagon in Abhängigkeit vom lichten Faserabstand (s) und zwei unterschiedlichen Drahtmengen im Bündel.

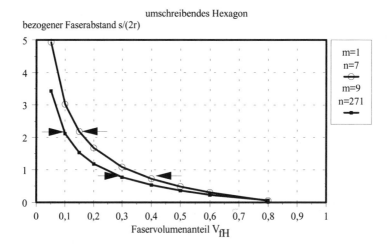

Bild 4.2.4.1-5 Das Faser-Volumenverhältnis V_{fH}, das mit dem auf den Faserradius ($2r$) bezogenen Faserabstand (s) und der Drahtanzahl bestimmt wird, in Abhängigkeit von der Bündelgröße.

Bild 4.2.4.1-5 zeigt graphisch aufgetragen die Faservolumendichte V_{fH} in Abhängigkeit vom auf den Faserdurchmesser ($2r$) bezogenen Zwischenfaserabstandes (s). Es ist für eine 7-drähtige Litze und ein großes neunlagiges Bündel (271 Drähte) die starke Zunahme der Faserdichte für Werte kleiner einem 1.5-fachen bezogenen Zwischenfaserabstand zu erkennen.

4 Die Geometrie im Verankerungsraum 39

Beim Vergleich dieser Bündelgrößen miteinander vergrößert sich mit kleiner werdendem Faserzwischenraum der Unterschied in der Faservolumendichte bis auf einen mittleren Wert von ca. 0.1. Ist der Faserabstand im Konus bekannt, so kann die Faservolumendichte abgelesen werden, die zur Bestimmung der mechanischen Eigenschaften von grundlegender Bedeutung ist (vgl. Kapitel 5). Die starke Zunahme des Faservolumenanteils für Zwischenfaserabstände, die kleiner als der einfache Faserdurchmesser sind, wird deutlich.

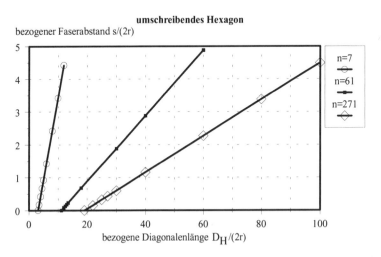

Bild 4.2.4.1-6 Die Abhängigkeit des lichten Faserabstandes (s) für drei Bündelgrößen von der Diagonalenlänge D_H des umschreibenden Sechsecks. Die Koordinaten sind jeweils auf den Faserdurchmesser ($2r$) bezogen.

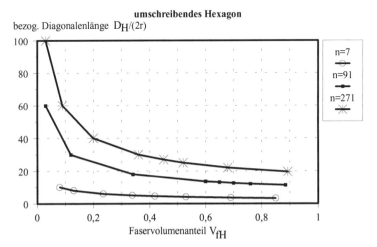

Bild 4.2.4.1-7 Das Volumenverhältnis der Fasern in Abhängigkeit von der Bündelgröße, die mit D_H und n bestimmt ist.

In Bild 4.2.4.1-7 ist in Abhängigkeit der Bündelgröße, d.h. der Drahtanzahl n, die direkte Zuordnung zwischen der Diagonalenlänge D_H und der Faser-Volumendichte V_{fH} aufgetragen. Die kleinste mögliche Diagonalenlänge ist natürlich dann erreicht, wenn die Fasern in Kontakt sind. Mit der abgeschätzten bzw. gemessenen Diagonalenlänge, die in einem Horizontalschnitt des Vergußraumes vorhanden ist, kann unmittelbar die Faservolumendichte abgelesen werden.

4.2.4.2 Der flächengleiche Kreis

Da auch Bündelzugglieder in der Regel in rotationssymmetrischen Vergußräumen verankert werden, soll für eine anschließende analytische Behandlung der Bündelbesen als rotationssymmetrischer Konus idealisiert werden. Damit muß die Bedingung erfüllt werden, daß die-

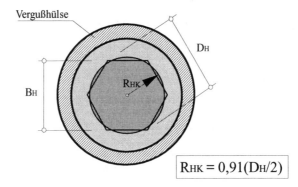

Bild 4.2.4.2-1 Wird das umschreibende Hexagon ersetzt durch einen Kreis mit gleichem Flächeninhalt, ergibt sich der „Vergußring" als Kreisring mit dem Innenradius R_{HK}.

ser Körper den gleichen Querschnitts-Flächeninhalt A_H und damit den gleichen Faser-Volumenanteil V_{fH} wie der real existierende Bündelbesen besitzt. Es ist also der Radius R_{HK} des flächengleichen Kreises zu ermitteln. Mit der Kreisfläche A_{HK}, der umschreibenden Hexagon-Fläche A_H (Gleichung 4.2.4.1-11) und der Hexagon-Diagonalen D_H (Gleichung 4.2.4.1-8) ergibt sich der gesuchte Radius R_{HK} zu

mit und

$$A_{HK} = \pi R_{HK}^2 \qquad \pi R_{HK}^2 = \frac{6\sqrt{3}}{4}\left(\frac{D_H}{2}\right)^2 \qquad (4.2.4.2\text{-}1)$$

wird

$$R_{HK} = \sqrt{\frac{6\sqrt{3}}{4\pi}}\left(\frac{D_H}{2}\right) = 0{,}91\left(\frac{D_H}{2}\right) \qquad (4.2.4.2\text{-}2)$$

4 Die Geometrie im Verankerungsraum

und mit Gleichung 4.2.4.1-8 ergibt sich

$$R_{HK} = \sqrt{\frac{6\sqrt{3}}{4\pi} \frac{1}{2}\left[2ms + (2r)(2m+1) + (2r)\left(\frac{1}{\cos 30^o} - 1\right)\right]} \quad (4.2.4.2\text{-}3)$$

Der Volumenanteil der Fasern V_{fHK} ergibt sich mit Gleichung (4.2.4.2-1) und Gleichung (4.2.4.1-4) in Abhängigkeit vom Radius R_{HK}, dem Faserdurchmesser $(2r)$ und der Drahtanzahl (n) zu

$$V_{fHK} = \frac{n(2r)^2}{(2R_{HK})^2} \quad (4.2.4.2\text{-}4)$$

und muß den gleichen Wert wie der reale Konus aufweisen, um die Konussteifigkeit daraus ermitteln zu können. Die somit zum Kreisring idealisierte Restfläche des Vergußraumes, der „Vergußring", kann aus dem berechneten Radius R_{HK} und dem Vergußraumradius R_K bzw. R_Z (vgl. Bild 4.3.1-1) ermittelt werden mit

$$A_{VR} = \pi(R_K^2 - R_{HK}^2) \quad (4.2.4.2\text{-}5)$$

4.2.5 Die konzentrische Faseranordnung

Sie beschreibt eine regelmäßige Anordnung, wobei die Mittelpunkte der Fasern jeder Lage auf konzentrischen Kreisen liegen (Bild 4.2.5-1).

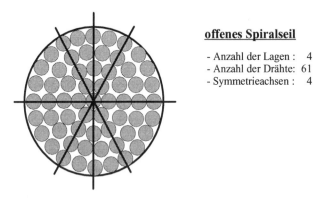

Bild 4.2.5-1 Die konzentrische Anordnung der Fasern mit gleichem Durchmesser im Querschnitt eines verseilten Zuggliedes in dichtester Packung. Hier als Beispiel der Querschnitt eines offenen Spiralseiles mit gleichen Drahtdurchmessern.

Wie schon in Kapitel 4.2.1 ausgeführt, liegen im Querschnitt des Vergußraumes die zu einem Seilbesen aufgefächerten Drähte der verseilten metallischen Zugglieder in keiner regelmäßigen Anordnung. Aber insbesondere im Bereich der Besenwurzel liegt weiterhin die konzentrische Anordnung der Drähte vor. Der hier vorhandene Zwischenfaserabstand ist u.a. dafür entscheidend, ob eine ausreichende Verfüllung mit Vergußwerkstoff in diesem Bereich möglich ist.

G.Rehm berichtet in /Rehm u. Franke, 1979/ von der Verankerung eines einzelnen Glasfaserverbundstabes in einem konischen Vergußraum. Dabei wurde der Verbundstab an seinem Ende in neun Teilstäbe aufgespalten, die mittels eines Abstandhalters nach außen gebogen und vergossen worden sind (Bild 4.2.5-2). Die Teilstäbe waren derart angeordnet, daß sie auf einem konzentrischen Kreis lagen.

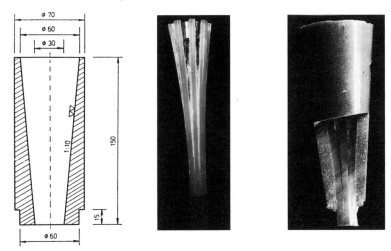

Bild 4.2.5-2 Die Verankerung eines am Ende in 9 Teile aufgespaltenen Glasfaserstabes in einem konischen Vergußraum. Die Teilstäbe beschrieben einen konzentrischen Kreis /Rehm u. Franke, 1979/

Werden Stabbündel aus mehreren Faserverbundstäben verankert, so müssen diese einen genügend großen Abstand untereinander aufweisen, so daß sie vom Vergußwerkstoff vollständig umgeben werden können. B.Kepp /Kepp, 1985/ untersuchte eine konische Verankerung für ein 8-stäbiges Bündel aus Glasfaserverbundstäben, die jeweils einen Durchmesser von 7.5 mm besaßen. Alle Stäbe waren parallel laufend und mit relativ großem Abstand zueinander im Bündel angeordnet und wurden auch in dieser Anordnung in den Vergußraum geführt (Bild 4.2.5-3). Dabei lagen die Stäbe im Querschnitt der Verankerung auf einer konzentrischen Kreislinie (Bild 4.2.5-4). Infolge der starken Schwindneigung der verwendeten Gießharze zeigte der Konus eine erhärtete Form, die nicht mehr der Hülsenform ähnlich war, wie dies auch von den metallischen Vergüssen bekannt ist (vgl. Kapitel 7). Die zu Beginn der Zuggliedbelastung daraus resultierenden starken Querpressungen am Einlauf der Stäbe in den Vergußraum waren nach /Kepp, 1985, Rehm u. Franke, 1979/ die Ursache für das Versagen der querdruckempfindlichen Zugglieder in diesem Bereich. Kepp variierte in eigenen Versuchen die Konusneigung und konnte damit eine Verbesserung erreichen, verfolgte diesen Ansatz aber nicht weiter. Ein Verankerungsverlust von ca. 30 % wird von Kepp /Kepp, 1985/ für diese konische Verankerung des Bündels aus 8 Glasfaserverbundstäben angegeben.

4 Die Geometrie im Verankerungsraum

Aufgrund der hohen Querdruckempfindlichkeit der Faser-Verbundwerkstoffe und nicht befriedigender Ergebnisse der untersuchten konischen Vergußverankerungen, schlagen mehrere Autoren /Kepp, 1958, Faoro, 1988, Dreeßen, 1988/ eine zylindrische Vergußraumgeometrie vor. Heutezutage werden Zugglieder aus Faserverbundstäben ausschließlich in zylindrischen Vergußräumen verankert. Dreeßen /Dreeßen, 1988/ verankerte in seinen Versuchen 5 bzw. 20 parallel verlaufende Glasfaser-Verbundstäbe (16 mm bzw. 7.5 mm Durchmesser), die ebenfalls auf einem bzw. auf zwei konzentrischen Kreisen in einem zylindrischen Vergußraum angeordnet waren (Bild 4.2.5-4). Die Abstände zwischen den Stäben und zur Vergußhülse sind aus den geometrischen Angaben von Kepp und Dreeßen ermittelt und in Bild 4.2.5-4 angegeben.

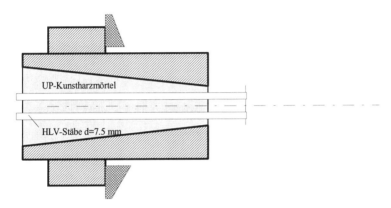

Bild 4.2.5-3 Die Verankerung eines 8-stäbigen Bündels aus parallel angeordneten Glasfaserstäben in einem konischen Vergußraum nach B.Kepp /Kepp, 1985/. Die Stäbe besitzen einen konstanten Abstand untereinander, liegen im Konusquerschnitt auf einer konzentrischen Kreislinie und laufen gerade in den Vergußraum ein.

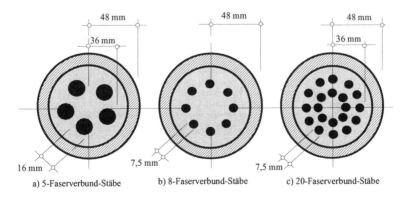

Bild 4.2.5-4 Typische konzentrische Anordnung der Faserverbundstäbe in einer zylindrischen Vergußverankerung; a) 5-stäbiges Bündel aus Glasfaserverbundstäben /Dreeßen, 1988/; b) 8-stäbiges Bündel /Kepp, 1985/; c) 20-stäbiges Bündel mit konzentrischer Faseranordnung in zwei Lagen im Vergußraum /Dreeßen, 1988/

Wird der kreisförmige Vergußquerschnitt mit der konzentrischen Anordnung der Fasern mit einer konstanten radialen Druckspannung belastet, werden sich die Fasern in Richtung ihres kleinsten Zwischenfaserabstandes, in der Regel ist dies die Ringrichtung, abstützen und einen steifen Ring bilden. Die Steifigkeit des Ringes wird um so größer, je kleiner der Faserabstand in Ringrichtung wird. Somit wird an weiter innen liegenden Drähten nur ein Teil der äußeren radialen Belastung wirken können. Th. Sippel /Sippel, 1989/ brachte mittels zweier Klemmplatten eine radiale Druckbeanspruchung auf eine vergleichbare Vergußhülse (Bild 4.2.5-5). Er ermittelte in einem Rechenmodell die Verteilung der radial gerichteten Spannungen über den Vergußquerschnitt und gibt eine rechnerisch ermittelte Abnahme der Radialpressungen von ca. 60 % am inneren Kern-Stab seiner Verankerung an. Aus diesem Grund wird in DIN 3092 eine gleichmäßig verteilte Anordnung der Drähte in einem Seilbesen vorgeschrieben (vgl. Kapitel 4.2.1).

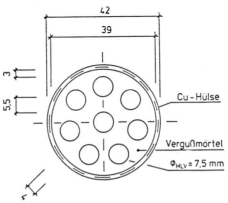

Bild 4.2.5-5 Th.Sippel /Sippel, 1989/ ermittelte mittels einer FE-Idealisierung seiner Klemmplatten-Verankerung, daß infolge der konzentrischen Anordnung der Glasfaserverbundstäbe nur noch ca. 60 % des äußeren radialen Druckes auf den Kerndraht wirken.

Die Anzahl der verankerten Verbundstäbe ist bislang noch auf kleine Bündel mit wenigen Stäben mit einer gesamten Traglast von ca. 1000 kN begrenzt. Im Fall der dynamischen Zugbelastung sind die Relativverschiebungen zwischen Stab und Vergußwerkstoff sehr groß und führen am Beginn der Verankerung zum Versagen der Verbundstäbe /Kepp, 1985, Dreeßen, 1987/.

Das in dieser Arbeit vorgestellte „Komposit-Modell" zur Erfassung des Tragverhaltens von Vergußverankerungen (vgl. Kapitel 5) kann auf die angesprochenen Verankerungen von Kepp, Dreeßen, Rehm und Franke und Sippel nicht angewendet werden. Die in Kapitel 5 als Vorbedingung für die Anwendung genannte Randbedingung, daß eine relativ große Anzahl von Fasern im Vergußquerschnitt angeordnet sind, ist hier nicht zutreffend. Wird aber von einer größeren Anzahl von Faserverbundstäben ausgegangen, die infolge eines evtl. geringeren Durchmessers ebenfalls fächerförmig in einen konusförmigen Vergußraum einlaufen, so kann mit der Modellvorstellung des Komposits die analytische Erfassung des Tragverhaltens erfolgen.

4 Die Geometrie im Verankerungsraum   45

4.2.5.1 Die analytische Beschreibung der konzentrischen Ordnung

In der hier betrachteten Anordnung sollen die Fasern gleiche kreisrunde Querschnitte besitzen und um einen „Kerndraht" angeordnet sein (Bild 4.2.5.1-1).

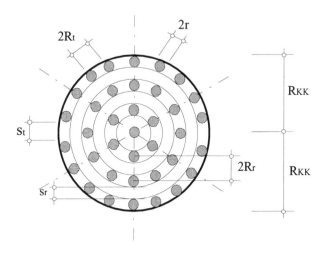

Bild 4.2.5.1-1 Konzentrische Anordnung von kreisrunden Fasern mit identischem Durchmesser. Im Zentrum des Querschnitts ist ein „Kerndraht" angeordnet.

Die Gesamtquerschnittsfläche der Fasern im Zugglied (Bild 4.2.5.1-1) ergibt sich analog Gleichung (4.2.4.1-4). Die radialen Zwischenfaserabstände (s_r) der einzelnen Lagen sind in der konzentrischen Faseranordnung nicht mit den Faserabständen (s_t) in Umfangsrichtung identisch. Setzt man voraus, daß die radialen Faserabstände (s_r) zwischen den Faser-Lagen gleich sind, ergibt sich der Radius des umschreibenden Kreises R_{KK} mit dem Abstand der Faser-Mittelpunkte ($2R_r$) in radialer Richtung zu

$$R_{KK} = m(2R_r) + r \qquad (4.2.5.1\text{-}1)$$

Man erhält damit die umschreibende Kreisfläche A_{KK} zu

$$A_{KK} = \pi R_{KK}^2 = \pi\left[m(2R_r) + r\right]^2 \qquad (4.2.5.1\text{-}2)$$

wobei für den Fall der dichtest möglichen Faserpackung der doppelte Radius R_{KK} mit dem Nenndurchmesser der Spiralseile übereinstimmt. Der Füllfaktor bzw. hier der Volumenanteil V_{fK} der Fasern, ergibt sich demnach zu

$$V_{fK} = \frac{A_f}{A_{KK}} = n\left(\frac{r}{R_{KK}}\right)^2 = \frac{nr^2}{\left[m(2R_r) + r\right]^2} \qquad (4.2.5.1\text{-}3)$$

In Abhängigkeit vom Volumenanteil der Fasern V_{fK} ergibt sich der radiale Faserabstand (s_r) aus Gleichung 4.2.5.1-3 und Gleichung (4.2.5.1-1)

$$s_r = \frac{1}{m}\left[\sqrt{\frac{n}{V_{fK}}} - 2m - 1\right]r \qquad (4.2.5.1\text{-}4)$$

Ist aber die Faservolumendichte in einem Querschnitt nicht bekannt, so ergibt sich mit dem Radius R_{KK} des umschreibenden Kreises (Gleichung 4.2.5.1-1) und der Nummer der äußersten Faserlage (m) der lichte radiale Faserabstand (s_r) zu

$$s_r = \frac{R_{KK} - m(2r) - r}{m} \qquad (4.2.5.1\text{-}5)$$

Bild 4.2.5.1-2 zeigt die lineare Abhängigkeit des auf den Faserdurchmesser bezogenen radialen Zwischenfaserabstandes (s_r) von dem ebenfalls auf ($2r$) bezogenen Radius des umschreibenden Kreises. Aus dem meist meßbaren Radius R_{KK} des Zuggliedes bzw. des Seilbesens läßt sich aus Bild 4.2.5.1-2 leicht der bezogene lichte Abstand der Fasern (s_r) ablesen, der als Eingangsgröße für Bild 4.2.5.1-3 benötigt wird. Vergleichbar ist die Auftragung mit Bild 4.2.4.1-6 für die hexagonale Ordnung. Zu beachten ist, daß hier nur der radiale Faserabstand betrachtet wird, während in der hexagonalen Ordnung alle Faserabstände untereinander gleich groß sind. Weiterhin darf der doppelte Radius R_{KK} mit der einfachen Diagonalenlänge D_H verglichen werden.

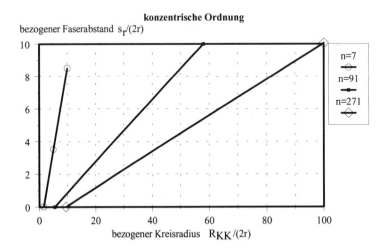

Bild 4.2.5.1-2 Der Radius R_{KK} des umschreibenden Kreises als Variable zur Bestimmung des radialen Zwischenfaserabstandes (s_r) im Querschnitt mit konzentrischer Faseranordnung. Die Koordinaten sind jeweils auf den Faserdurchmesser ($2r$) bezogen. Beispielhaft sind drei Spiralseile mit ihrer Drahtanzahl n angegeben.

4 Die Geometrie im Verankerungsraum

Bild 4.2.5.1-3 zeigt den Faser-Volumenanteil V_{fK} für die konzentrische Ordnung in Abhängigkeit von dem auf den Faserdurchmesser bezogenen lichten radialen Abstand der Fasern (s_r) für drei ausgewählte Spiralseile. Im Vergleich mit der analogen Auftragung für die hexagonale Ordnung in Bild 4.2.4.1-5 zeigt sich, daß bei kleiner werdendem Abstand (s_r) bzw. s der Faseranteil in der konzentrischen Ordnung überlinear zunimmt. Dies bedeutet, daß bei gleicher äußerer Besenform der Faseranteil im Querschnitt des Vergußkonus für das offene Spiralseil wesentlich größer ist. Ab einem Zugglied mit vier Drahtlagen ($m = 4$) ist der Unterschied zu größeren Zuggliedern vernachlässigbar. Die Auftragung der 7-drähtigen Litze ist mit Bild 4.2.4.1-5 für die hexagonale Ordnung identisch.

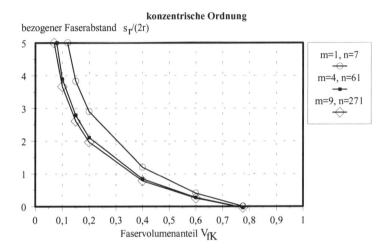

Bild 4.2.5.1-3 Der Faser-Volumenanteil V_{fK} der konzentrischen Faseranordnung in Abhängigkeit vom lichten radialen Faserabstand (s_r). Der radiale Zwischenfaserabstand ist auf den Faserdurchmesser ($2r$) bezogen. Gezeigt sind beispielhaft die 7-drähtige Litze und zwei offene Spiralseile in Standardverseilung.

Die lichten Abstände (s_t) in tangentialer Richtung innerhalb einer Lage werden ebenfalls als gleich groß angenommen. Sie können näherungsweise aus dem Umfang (exakt: aus dem Mittelpunkts-Vieleck) und der Drahtanzahl n_L der Lagen bestimmt werden. Mit dem Radius des Mittelpunkt-Kreises der äußersten Drahtlage R_M

$$R_M = m(2R_r)$$
$$= m(s_r + 2r)$$
(4.2.5.1-6)

und der Drahtanzahl (n_L) in der Faserlage (m), die für Spiralseile bei Verwendung konstanter Drahtdurchmesser analog Gleichung 4.2.4.2-2 zu

$$n_L = 1+(6m); \quad m = 0,1,2,3,...$$

bestimmt wird und dem Umfang des Mittelpunkt-Kreises U_M

$$U_M = 2\pi R_M$$
$$= 2\pi m(s_r + 2r) \tag{4.2.5.1-7}$$

ergibt sich mit Gleichung 4.2.5.1-6 schließlich der tangentiale Zwischenfaserabstand (s_t) näherungsweise zu

$$s_t = (2r)\left[2\pi\left(\frac{m}{n_L}\right) - 1\right] + 2\pi\left(\frac{m}{n_L}\right)s_r \tag{4.2.5.1-8}$$

Bild 4.2.5.1-4 zeigt, daß der tangentiale lichte Faserabstand (s_t) linear von dem radialen lichten Faserabstand (s_r) für jeweils eine vorgegebene mögliche Kombination von (m) und (n_L), welche die Zuggliedgröße angibt, abhängt. Für Spiralseile mit einer Lagenanzahl größer $n_L = 4$ ergeben sich keine Unterschiede mehr. Die Ermittlung der Faserabstände im Bereich der Besenwurzel des aufgefächerten Seilbesens sind zur Beurteilung des möglichen Verfüllungsgrades wichtig. Ist die Partikelgröße des verwendeten Füllwerkstoffes bekannt (vgl. Kapitel 6), kann die Ausdehnung des nicht mehr mit den Füllerpartikeln verfüllten Verankerungsbereiches ermittelt werden.

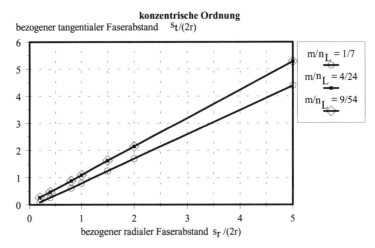

Bild 4.2.5.1-4 Die lineare Abhängigkeit der Zwischenfaserabstände in radialer (s_r) und tangentialer (s_t) Richtung, jeweils bezogen auf den Faserdurchmesser $(2r)$

Im kreisförmigen Querschnitt des üblicherweise achsialsymmetrischen Vergußraumes kann die Größe des Vergußrings leicht aus dem den Seilbesen umschreibenden Kreisdurchmesser $(2R_{KK})$ und dem Konusdurchmesser $(2R_K)$ ermittelt werden. In Gleichung 4.2.4.2-1 wird dann der Radius R_{HK} durch den Radius R_K des umschreibenden Kreises ersetzt. Die Querschnittsfläche des Vergußrings ergibt sich dann analog Gleichung 4.2.4.2-5 zu

4 Die Geometrie im Verankerungsraum 49

$$A_{VR} = \pi(R_K^2 - R_{KK}^2)$$

Werden unterschiedliche Drahtdurchmesser bzw. Profildrähte zu einem Zugglied zusammengefaßt, sind die oben angegebenen Gleichungen nur noch näherungsweise gültig. In den entsprechenden Normen (DIN 3051, Blatt 3) der metallischen Zugglieder sind die Gesamtquerschnittsfläche der Fasern (entspricht der metallischen Querschnittsfläche), der Seilnenndurchmesser (entspricht $2R_{KK}$) und der Füllfaktor (entspricht der Faservolumendichte V_{fK}) des Zuggliedes angegeben. Diese Werte beschreiben den geometrischen Aufbau der Zugglieder in ihrer dichtest möglichen Faserpackung. Für den aufgespreizten Seilbesen in dem Verankerungsraum können die Werte mit den oben angegebenen Gleichungen ermittelt werden.

4.3 Die Geometrieverhältnisse im Längsschnitt des Vergußraumes

Bisherige Beschreibungen der Geometrieverhältnisse im Verankerungsraum bezogen sich auf eine Querschnittsbetrachtung in einem beliebigen horizontalen Schnitt durch den Vergußraum. Im Längsschnitt der Verankerung (Bild 4.3-1) ist erkennbar, daß in Abhängigkeit von der Besenform, dem Maß der Auffächerung der Drähte und der vorliegenden Vergußraumgeometrie sich in jedem Horizontalschnitt der Anteil der Fasern am Gesamtquerschnitt des Konus als anderer Wert ergibt. Die Dicke des Vergußringes kann ebenfalls über die Konushöhe variabel sein. In zylindrischen Vergußräumen bleibt die Querschnittsgeometrie über die Verankerungslänge konstant. Der zylindrische Vergußraum kann somit als Sonderfall des Konus (Wandneigungswinkel = 0°) angesehen werden.

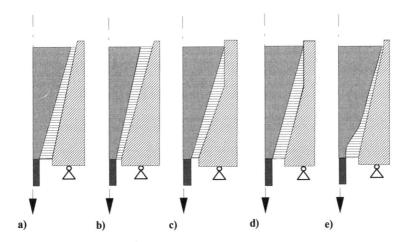

Bild 4.3-1 Verschiedene Möglichkeiten der Besen- und Konusgeometrie im Vergußraum der Verankerung. Parallel zur Hülseninnenwand verlaufende Drähte und zylindrische Vergußräume sind als Sonderfall der gezeigten Geometrien möglich; a) bis d) ein sich stetig verringernder bzw. vergrößernder Vergußring; e) ein im größten Teil des Vergußraumes der Konusform angepaßter Besen

Bei der Verankerung von parallelen Drahtbündeln aus relativ dicken Drähten sollte versucht werden, eine Biegebeanspruchung der Bündeldrähte bei der Auffächerung möglichst gering zu halten. Die Konusform des Bündel-Besens, die aus dem Grad der Verdrillung der semiparallelen Bündel resultiert (vgl. Kapitel 4.2.2) sollte aus diesem Grund im Vergußraum nicht mehr verändert werden. Die dicken Drähte laufen somit gerade in den Vergußraum ein. Da eine möglichst starke Auffächerung des Bündelbesens angestrebt wird, berühren die Drähte der äußeren Lage lediglich am Konusende die Hülseninnenwand (Bild 4.3-1 c,d). Die Neigung der Hülsenwand im Vergußraum stimmt für die heute verwendeten Seilhülsen in der Regel nicht mit der Neigung des „Bündelfächers", die von der Schlagzahl des Bündels bestimmt wird, überein.

Werden die in Bild 4.3-1 vorgegebenen Geometrien des Bündelbesens angenommen, ergibt sich ein über die Höhe der Verankerung stetig verringernder bzw. vergrößernder Abstand zur Hülseninnenwand und damit eine veränderliche Dicke des Vergußrings. Der Abstand des Zuggliedes von der Hülse am Zuggliedeinlauf der Verankerung bestimmt die Veränderung des Vergußringes, wenn eine konstante äußere Besensteigung vorausgesetzt wird.

Für die verseilten Zugglieder der Fördertechnik mit der großen Anzahl von dünnen Drähten stellt sich beim „Aufdrehen" aufgrund der Spiralform der Drähte eine „bauchige" Besenform ein (Bild 4.3-1e). Eine dem Konus perfekt ähnliche Besenform wird auch hier nicht erreicht. Die metallischen Fasern des Seilbesens der dickdrähtigen Spiralseile spreizen sich so stark auf, daß sie manuell zurückgebogen werden müssen, um eine statistisch verteilte Anordnung der Drähte über den Querschnitt und einen im Durchmesser kleineren Besen zu erhalten. Die bauchige Form des Seilbesens ist für die verseilten metallischen Zugglieder typisch (Bild 4.3-1e).

Es kommt vor, daß der Seilbesen im Umfang etwas größer als der Konusraum gefertigt wird, so daß nach dem Hereinziehen des Seilbesens die äußeren Drähte in einem größeren Bereich an der Konuswand anliegen. Eine dadurch hervorgerufene Verdichtung der Drähte am Besenrand muß vermieden werden (DIN 3092). Der Ansatz des Vergußringes, bestehend aus reinem Vergußwerkstoff, ist in diesem Fall nicht mehr angebracht. Der Vergußkern, also der als Komposit idealisierte Vergußkörper, füllt in diesem Fall den Vergußraum vollständig aus.

4.3.1 Die analytische Beschreibung der Konusgeometrie

Aufgrund der spiralförmigen Verseilung der metallischen Seile laufen die Drähte spiralförmig in den Vergußraum ein. Werden Spirallitzen-Konstruktionen zu einem Seilbesen aufgefächert, so sind die einzelnen Drähte ihrerseits zusätzlich spiralförmig geformt. Zur analytischen Beschreibung der Geometrie von Faserbesen und Vergußraum wird im folgenden das spiralförmige Einlaufen der Drähte in den Vergußraum vernachlässigt. Bild 4.3.1-1 zeigt eine Hälfte des Längsschnittes durch eine rotationssymmetrische konische Verankerung. Die geometrischen Größen zur Beschreibung des Zuggliedbesens sowie des Vergußraumes sind angegeben. Die Hülse besitzt eine im konischen Abschnitt konstante Wandneigung α und daran anschließend einen zylindrischen Teil. Die äußerste Faserlage wird zunächst mit einer konstanten Steigung ($\tan \beta$) über die gesamte Vergußraumlänge $L_K + L_Z$ angenommen. Die Konus-

4 Die Geometrie im Verankerungsraum

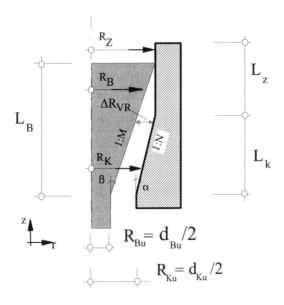

Bild 4.3.1-1 Die geometrischen Größen zur Beschreibung des Besens, des Vergußrings und des Vergußraumes, wenn von konstanten Steigungen der Hülseninnenwand und der äußeren Besenberandung ausgegangen wird

länge L_K wird in Abhängigkeit des Besen-Durchmessers d_{Bu} am Beginn der Verankerung angegeben. Für verseilte Zugglieder ist dieser identisch mit dem Seilnenndurchmesser und entspricht damit der üblichen Bezeichnung nach DIN 18800. Für Bündelzugglieder, die eine hexagonale Querschnittsform besitzen und deren Drähte in der Regel schon am Einlauf in die Hülse aufgespreizt sind, wird der Durchmesser ($2R_{HK}$) des flächengleichen Kreises (vgl. Kapitel 4.2.4.2) in den folgenden Betrachtungen anstelle d_{Bu} eingesetzt.

Die Besenwurzel und der Konusbeginn müssen nicht zwangsläufig zusammenfallen. Im folgenden wird allerdings zunächst von dieser vereinfachten Situation ausgegangen. Mit dem kleinsten Besen-Radius R_{Bu} am Beginn der Verankerung, der Besen-Neigung ($1/M = \tan \beta$) und der variablen Besenlänge L_B gilt für den variablen Besen-Radius R_B

mit wird

$$L_B = b d_{Bu} \qquad R_B = R_{Bu} + \left(\frac{1}{M}\right) L_B = d_{Bu}\left[\frac{1}{2} + \frac{1}{M}b\right]$$

$$R_{Bu} = \frac{d_{Bu}}{2}$$

(4.3.1-1)

Für den Konus-Radius R_K gilt mit der Konuswandneigung ($1/N = \tan \alpha$), dem kleinsten Konusradius R_{Ku} und der Konuslänge L_K analog

mit   wird

$$L_K = k d_{Ku} \qquad R_K = R_{Ku} + \left(\frac{1}{N}\right) L_K = d_{Ku} \left[\frac{1}{2} + \frac{1}{N} k\right]$$

$$R_{Ku} = \frac{d_{Ku}}{2}$$

(4.3.1-2)

Bild 4.3.1-2 zeigt die lineare Abhängigkeit des Konusradius R_K von der Konussteigung ($1/N$) und der Konuslänge L_K. Beide Koordinatenachsen sind auf den kleinsten Konusdurchmesser (d_{Ku}) bezogen. Die Konuslänge L_K kann mit dem Faktor k beschrieben werden. Die angegebenen Werte für die Steigung der Konuswand können als Grenzwerte der Vergußverankerungen angenommen werden. Eine Steigung ($1/N$) von 1/10 bis 1/12 und eine konische Verankerungslänge von dem 5-fachen Seilnenndurchmesser ($k=5$) ist in /DIN 18800/ vorgeschrieben, wenn kein genauerer Nachweis über die Tragfähigkeit erbracht wird.

Die Querschnittsfläche des vergossenen konischen Hülseninnenraumes ergibt sich in Abhängigkeit von der konischen Neigung ($1/N$), dem kleinsten Konus-Radius R_{Ku} und der Konuslänge L_K. Es berechnet sich die Querschnittsfläche mit Gleichung (4.3.1-2) zu

$$A_K = \pi R_K^2 = \pi \left[R_{Ku} + \left(\frac{1}{N}\right) L_K\right]^2$$

(4.3.1-3)

Wird L_K als Vielfaches des kleinsten Konusdurchmessers angesetzt (vgl. Gleichung 4.3.1-2), läßt sich die Abhängigkeit in dimensionsloser Form darstellen

$$\frac{A_K}{d_{Ku}^2} = \pi \left[\frac{1}{2} + \left(\frac{1}{N}\right) k\right]^2$$

(4.3.1-4)

Werden die entsprechenden Größen des Zuggliedbesens nach Gleichung (4.3.1-1) eingesetzt, so wird die Fläche des Verguß-Komposits ermittelt.

In Bild 4.3.1-3 erkennt man die quadratische Zunahme der Querschnittsfläche A_K mit wachsender Konuslänge L_K. Die Auftragung zeigt dies insbesondere für eine Konusneigung von (1/10), die heute für Verguß-Verankerungen von hochfesten Zuggliedern üblich ist.

Die Gesamt-Querschnittsfläche der Fasern des Zuggliedes bleibt in allen horizontalen Schnitten des Vergußkonus konstant. Der Volumenanteil V_f der Fasern an der Gesamtquerschnittsfläche des Vergußkonus, der zur Ermittlung der mechanischen Kenngrößen von Bedeutung ist, ist also von der Besen- und Konusgeometrie abhängig.

4 Die Geometrie im Verankerungsraum 53

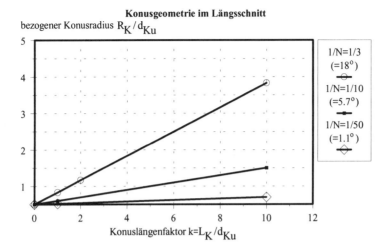

Bild 4.3.1-2 Die Abhängigkeit des Konusradius R_K von der Konusneigung (1/N) und der Konuslänge L_K. Die Koordinatenachsen sind auf den kleinsten Konus-Durchmesser d_{Ku} bezogen. Die Konuslänge wird daher nur mit dem Faktor k beschrieben. Die Zuordnungen gelten ebenso für den Seilbesen, wenn die entsprechenden Größen aus Gleichung (4.3.1-1) eingesetzt werden.

Es kann der Faser-Volumenanteil V_f im Faserbesen mit Hilfe des Gesamtquerschnitts der Fasern (Gleichungen 4.2.4.1-4) und der Kreisquerschnittsfläche A_B des Besens ermittelt werden. In Abhängigkeit von der Besenlänge L_B, der Besen-Neigung (1/M) und dem kleinsten Besenradius R_{Bu} ergibt sich

$$V_f = \frac{A_f}{A_B} = \frac{n(2r)^2}{4R_B^2} = \frac{n(2r)^2}{4\left[R_{Bu} + \frac{1}{M}L_B\right]^2} \qquad (4.3.1\text{-}5)$$

Wird die Besenlänge L_B ausgedrückt als ein Vielfaches des kleinsten Besendurchmessers d_{Bu}, ergibt sich

$$V_f = \frac{n}{4\left(\frac{d_{Bu}}{2r}\right)^2\left(\frac{1}{2} + \frac{1}{M}b\right)^2} \qquad (4.3.1\text{-}6)$$

In Bild 4.3.1-4 ist für ein Bündel aus 61 Drähten mit einem Faserdurchmesser (2r) von 7.0 mm, für unterschiedliche Besenneigungen (1/M) die Abhängigkeit des Faservolumenanteils V_f von dem Abstand zur Besenwurzel L_B nach Gleichung (4.3.1-5) aufgetragen. Die Besenlänge wird mit dem Faktor b ausgedrückt. Für ein vergleichbares Spiralseil mit 61 Rund-

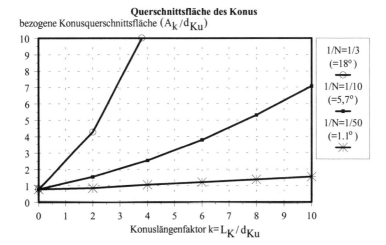

Bild 4.3.1-3 Die Abhängigkeit der Querschnittsfläche eines konischen Körpers von seiner Konuslänge, hier ausgedrückt mit dem Faktor k und dem kleinsten Konusdurchmesser d_{Ku} für verschiedene Konusneigungen. Die Auftragung gilt mit den entsprechenden Größen ebenso für einen konischen Seilbesen.

drähten gleichen Durchmessers (7.0 mm) ergibt sich nur ein geringer für alle b-Faktoren konstanter Unterschied, der aus der unterschiedlichen Packungsgeometrie resultiert. Man erkennt, daß für die heute übliche Besensteigung $1/M = 1/10$ die Aufspreizung zum Faserbesen schon bei einer Besenlänge des einfachen Zuggliedurchmessers eine Reduzierung des Faseranteils um ca. 30% bedingt. Bei einem b-Faktor von 4 ist nur noch ein geringer Faseranteil von ca. 0.25% vorhanden. Die Reduzierung der Vergußkonussteifigkeit über die Konuslänge ist damit direkt ablesbar. Für größere Konusneigungswinkel haben die Drähte lediglich zu Beginn der Verankerung einen maßgebenden Einfluß auf die Konussteifigkeit in radialer Richtung.

Aus der Differenz der Beziehungen (4.3.1-1) und (4.3.1-2) ergibt sich die Dicke des Vergußringes ΔR_{VR} in Abhängigkeit von der Z-Koordinate, welche die Lage des Horizontalschnittes durch den Konus angibt, von der Steigung des Besenumrisses ($1/M$) und des Innenkonus ($1/N$), von dem kleinsten Radius R_{Bu} des Zuggliedes und von der kleinsten Konusbohrung R_{Ku} am Beginn des Vergußraumes:

für wird

$$L_K = L_B = Z \qquad \Delta R_{VR} = (R_{Ku} - R_{Bu}) + \left(\frac{1}{N} - \frac{1}{M}\right)Z \qquad (4.3.1\text{-}7)$$

Betrachtet man einen horizontalen Schnitt durch den Vergußraum, so sind die konischen Längen L_K und L_B identisch. Führt man weiterhin das Verhältnis von kleinstem Konus- und

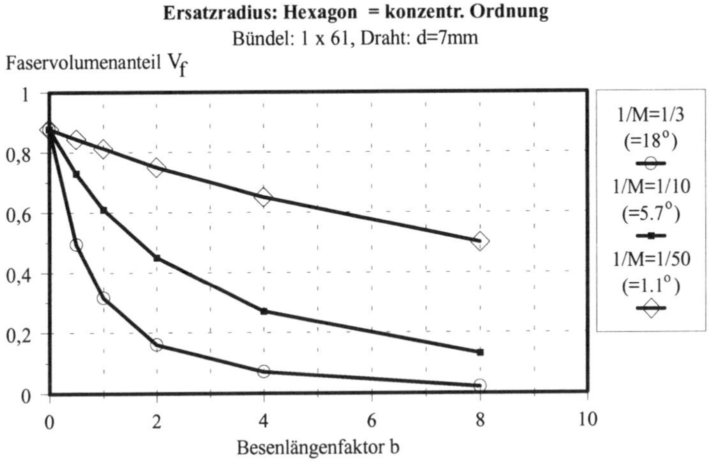

4 *Die Geometrie im Verankerungsraum* 55

Ersatzradius: Hexagon = konzentr. Ordnung
Bündel: 1 x 61, Draht: d=7mm

Faservolumenanteil V_f

[Diagramm: V_f über Besenlängenfaktor b für 1/M=1/3 (=18°), 1/M=1/10 (=5.7°), 1/M=1/50 (=1.1°)]

Bild 4.3.1-4 Faseranteil V_f im Besen eines Drahtbündels mit 61 Drähten (Drahtdurchmesser 7.0 mm) für drei Besensteigungen 1/M abhängig vom Abstand zur Wurzel. Die Auftragung gilt näherungsweise ebenfalls für ein offenes Spiralseil mit 61 Drähten.

Besendurchmesser ein ($2R_{Ku}/2R_{Bu}$), so wird die Vergußringdicke in folgender bezogener Darstellung erhalten:

$$\frac{\Delta R_{VR}}{d_{Bu}} = \frac{1}{2}\left(\frac{2R_{Ku}}{d_{Bu}} - 1\right) + \left(\frac{1}{N} - \frac{1}{M}\right)b \tag{4.3.1-8}$$

Ist die Differenz der Steigungen in Gleichung (4.3.1-8) negativ, so verringert sich die Vergußringdicke entsprechend Bild 4.3.1-1 und dem Verlauf in Bild 4.3.1-5 bis ein Kontakt mit der Hülsenwand erfolgt, d.h. $\Delta R_{VR}/d_{Bu} = 0$ ist. Bild 4.3.1-5 zeigt in einer auf den kleinsten Besendurchmesser d_{Bu} bezogenen Darstellung die Abhängigkeit der Vergußringdicke ΔR_{VR} von den Neigungen des Besens (1/M) und des Konus (1/N) über die konische Vergußlänge. Die Konuslänge ist als Vielfaches des kleinsten Besen-Durchmessers d_{Bu} ausgedrückt. Als weiterer Parameter muß am Zuggliedeinlauf der Abstand des Zuggliedes von der Hülse (r/d) festgelegt werden. Die Querschnittsfläche des Vergußringes ist nun sowohl von den Parametern der Zugglied-Besenform, als auch von der Geometrie des Vergußraumes abhängig. Beispielhaft sind in den Bildern 4.3.1-5 und 4.3.1-6 einige Geometrieverhältnisse explizit dargestellt.

Die Beziehung für die Querschnittsfläche A_{VR} des Vergußringes ergibt sich mit den vorhandenen Steigungen und dem kleinsten Konus- bzw. Besen-Radius zu

$$A_{VR} = \pi\left[\left(R_{Ku} + \frac{1}{N}Z\right)^2 - \left(R_{Bu} + \frac{1}{M}Z\right)^2\right] \tag{4.3.1-9}$$

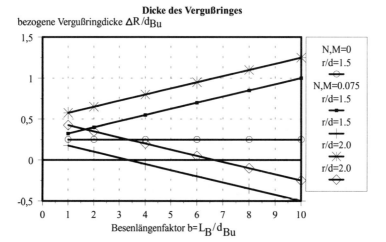

Bild 4.3.1-5 Die auf den kleinsten Besendurchmesser (d_{Bu}) bezogene Darstellung der Abhängigkeit der Vergußring-Dicke ΔR_{VR} über die konische Vergußlänge. Sie ist von den Neigungen des Besens (1/M) und des Konus (1/N) und dem Zuggliedabstand von der Hülse am Verankerungsbeginn (r/d) abhängig. Die Konuslänge ist als Vielfaches des kleinsten Besen-Durchmessers d_{Bu} ausgedrückt.

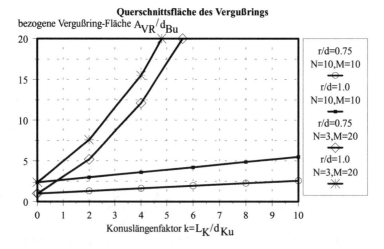

Bild 4.3.1-6 Dimensionslose Auftragung der Querschnittsfläche A_{VR} des Vergußringes abhängig von den Konusneigungen von Besen (1/M) und Hülseninnenwand (1/N), dem Anfangsabstand von Zugglied und Hülse zu Beginn der Verankerung (r/d) und der Konushöhe, die mit dem Faktor (k) ausgedrückt wird.

4 Die Geometrie im Verankerungsraum

Nach Ersatz von Z als Vielfaches des Zuggliederdurchmessers d_{Bu} erhält man eine dimensionslose Darstellung in Form von

$$\frac{A_{VR}}{d_{Bu}^2} = \pi \left[\left[\frac{1}{2}\left(\frac{2R_{Ku}}{d_{Bu}}\right) + \frac{1}{N}k \right]^2 - \left[\frac{1}{2} + \frac{1}{M}k \right]^2 \right] \qquad (4.3.1\text{-}10)$$

Bild 4.3.1-6 zeigt in dimensionsloser Darstellung die Veränderung der Querschnittsfläche des Vergußringes über die Konushöhe in Abhängigkeit von der Dicke des Vergußringes am Einlauf des Zuggliedes in die Verankerung (r/d) und von dem Verhältnis der Konusneigungen von Besen ($1/M$) und Hülseninnenwand ($1/N$).

4.3.2 Die Geometrie des Zuggliedeinganges und die Problematik der Besenwurzel

Mit der Aufspreizung des Zuggliedes an seinem Ende zu einem Seilbesen bzw. der Einhaltung eines großen Zwischenabstandes von parallel verlaufenden Fasern wird sowohl eine vollständige Einbettung der einzelnen Fasern in die Vergußmatrix als auch die konische Form zur „Verkeilung" des Konus angestrebt.

Die heute verwendeten Vergußverankerungen für Faserverbundstäbe aus Glas- bzw. Aramidfasern sehen nur eine geringe Aufspreizung der einzelnen Verbundstäbe vor, die schon weit vor dem Vergußraum beginnt und somit eine Biegebeanspruchung weitgehend vermeidet. Es wird ein relativ großen Zwischenabstand der Verbundstäbe untereinander und zur Verankerungshülse vorgesehen (vgl. Bild 4.2.5-4 und Bild 4.2.5-5).

Bei verdrillten Bündeln aus dicken Drähten (7.0 mm) beginnt die Aufspreizung zu einem „Bündel-Besen" ebenfalls weit vor der Verankerungshülse, wenn ohne Biegeverformung der Drähte ein bestimmter Besendurchmesser erreicht werden soll (vgl. Bild 4.2.2-3). Am Einlauf in den Vergußraum sind somit die Drahtabstände relativ groß. Somit ist bereits beim Eintritt eine vollständige Einbettung der Drähte im Vergußmaterial möglich.

Bei metallischen Seilkonstruktionen wird der Drahtverband bis in den Verankerungsraum beibehalten. Erst hier werden die Drähte unter großer plastischer Umformung zum Seilbesen aufgefächert (vgl. Bild 4.2.1-5). In der Besenwurzel ist der Drahtabstand äußerst gering, am Verankerungsbeginn stehen die Drähte sogar miteinander in Kontakt. Das Vergußmaterial sollte daher dünnflüssig und penetrierfähig sein, um auch kleinste Zwischenräume zwischen den Fasern füllen zu können. Metallische Drähte müssen darüber hinaus genügend hoch vorgewärmt werden, um ein vorzeitiges Erstarren des metallischen Vergußmaterials in den Drahtzwischenräumen zu verhindern (vgl. Kapitel 7.3.3). Das Formfüllungsvermögen des Vergußwerkstoffes bestimmt somit die Mindest-Spaltbreite, in die der Verguß noch planmäßig vordringen kann und daher am Verankerungsbeginn mindestens eingehalten werden sollte, was

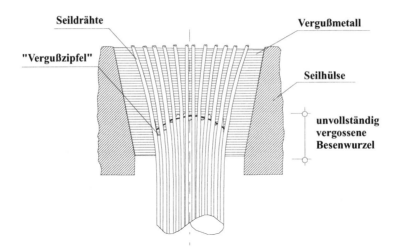

Bild 4.3.2-1 Sind die Faserabstände zu klein, wird die Besenwurzel nicht vollständig verfüllt. Aufgrund des Schwindens lösen sich evtl. die „Vergußzipfel" von den Drähten. Der aufgrund der Konusgeometrie mögliche Querdruck wird die innen liegenden Drähte nicht erreichen.

aber einen möglichst abrupten Übergang erfordert. Darauf wird aber bislang nicht planmäßig geachtet. In der Regel dringt der Vergußwerkstoff nur im Zwischenraum zwischen Besen und Vergußhülse bis zum geplanten Beginn der Verankerung ein und bildet dort den „Vergußring", der eine unvollständig verfüllte Besenwurzel umgibt. Der Konusdruck wird in diesem Bereich nur geringe Werte erreichen und lediglich den Vergußring belasten, die innen liegenden Drähte können der Beanspruchung ausweichen. Die in die Zwischenräume der Besenwurzel hineinragenden Verguß-„Zipfel" liegen nach dem Erstarren aufgrund ihrer Schwindverformung (vgl. Kapitel 7) vermutlich nicht mehr an den Drähten an /Patzak u. Nürnberger, 1978/. Damit ist aber der Verbund zu den Fasern zerstört und die Gefahr der Reibbeanspruchung bei dynamischer Beanspruchung gegeben (Bild 4.3.2-1).

Eine planmäßige Aufspreizung der Fasern von synthetischen Faserseilen ist nur schwer möglich. Gropper /Gropper, 1987/ faßte jeweils mehrere Fasern zu Strängen zusammen, die mittels Abstandhaltern in einer Fächeranordnung innerhalb des Verankerungsraumes gehalten wurden (Bild 4.2.1-2b). Die Faserabstände sind in den Fasersträngen und in der Besenwurzel äußerst klein. Dennoch zeigten die Versuche von H. Gropper in der Besenwurzel eine hohe Kapillarwirkung, so daß dieses zu einem Vollsaugen des Faserseiles mit dem verwendeten Gießharz sogar bis in den Bereich vor der Verankerungshülse führte. Dadurch wurde das Faserseil dort zu einem harten und spröden „Faser-Verbundstab" und versagte in diesem Bereich.

Metallische Vergußwerkstoffe werden heute in der Regel am größeren Konusende eingefüllt. Somit muß eine untere Abdichtung des Vergußraumes vorgesehen werden. Bei verseilten Zuggliedern liegen die Drähte noch unmittelbar vor dem Vergußraum in ihrem Seilverband. Hier wird üblicherweise eine Abdichtung des Zwischenraumes zur Hülse mit einer Vorsatzklemme und einer tonigen Dichtmasse vorgesehen, die nach dem Verguß wieder entfernt

4 *Die Geometrie im Verankerungsraum* 59

wird. Bei verdrillten Bündeln ist der Drahtabstand am Verankerungsbeginn wesentlich größer. Hier ist eine Abdichtung mittels einer Lochplatte, durch welche die einzelnen Runddrähte geführt werden, möglich. Es wird damit ein ebener horizontaler Abschluß des Vergußkonus erreicht. Um einen festen und dichten Sitz der Lochplatte zu erhalten, muß eine ca. 10 mm tiefe zylindrische Bohrung in der Hülse vorgesehen werden. Dies hat zur Folge, daß der Verguß bis unmittelbar an den Konusbeginn heranreicht (vgl. Bild 4.3.2-2 b). Bild 4.3.2-2 zeigt die prinzipiell möglichen Geometrien des Einlaufbereiches. Es wird im folgenden auf die Lage des lastabtragenden Vergußkonus zur Hülse eingegangen.

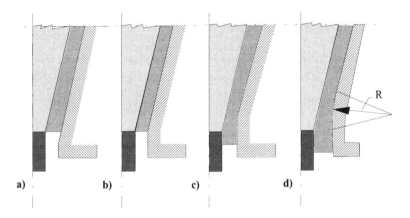

Bild 4.3.2-2 a) bis d) Verschiedene prinzipiell mögliche Geometrien für die Lage des Anfangsbereiches des lastabtragenden Vergusses und der Ausbildung des Hülseneingangs

In ausschließlich zylindrischen Vergußräumen muß die Lastausleitung mittels Haftung an der Faser bzw. Formschluß an der Hülseninnenwand (z.B. mit einem Innengewinde) erfolgen, so daß es hier keinen „Verankerungsschlupf", d.h. ein Hineinziehen des Vergußkörpers in die Hülse, geben kann. Ergebnisse von Ausziehversuchen und Dauerschwellversuchen zeigten aber auch hier, daß am Beginn der Verankerung Ablösungen des Vergußmaterials von der Faseroberfläche auftreten und die somit möglichen Relativverschiebungen und Reibbeanspruchungen für das vorzeitige Versagen verantwortlich sind /Kepp, 1985, Dreeßen, 1988, Rehm u. Franke, 1979, Arend, 1993/. Das Ablösen des Matrixwerkstoffes, unmittelbar am Einlauf des Stabes in das Vergußmaterial ist infolge der Querzugspannungen des umgebenden Werkstoffes bedingt, wie sich in der Vergangenheit bereits in vielen Ausziehversuchen bestätigte (Bild 4.3.2-3). Dieser Mechanismus tritt in der gleichen Weise auf, wenn entweder der Vergußwerkstoff in den vorderen zylindrischen Teil hineinreicht (Bild 4.3.2-2c) oder aufgrund des Verankerungsschlupfes sich aus dem Vergußraum hinausbewegt. Allein im Fall a) des Bildes 4.3.2-2, wenn der Verbleib des Konus im konischen Teil der Verankerung infolge eines erst weiter im Innern des Vergußraumes beginnenden Vergusses sichergestellt wird, kann aufgrund der Konusform ein Querdruck am Verankerungsbeginn des Zuggliedes aufgebaut werden, der ein Ablösen vom Zugglied verhindert und trotz einer möglichen starken Querkontraktion der Fasern weiterhin einen Druckspannungszustand in der Fasergrenzschicht erzeugen kann.

Der Verlauf der Hauptspannungen am Verankerungsbeginn zeigt aber, daß für die konische Form ein „Druckgewölbe" (Bild 4.3.2-3) sich ausbildet, wobei die maximalen Druckspannungen erst in einiger Entfernung vom Verankerungsbeginn auftreten. Eine Verbesserung ist denkbar, indem der Abschluß des Vergußkonus nicht horizontal, sondern als nach innen gewölbte Kalotte ausgebildet wird, so daß die weniger druckbeanspruchten Werkstoffbereiche ausgespart werden (Bild 4.3.2-3b). Dies könnte mit einem vorgeformten Abdichtungsteil realisiert werden, welches evtl. nach dem Verguß wieder entfernt werden kann.

Für die querdruckempfindlichen synthetischen Faserverbundstäbe ist eine möglichst gleichmäßige Querdruckbeanspruchung über ihre Verankerungslänge anzustreben. Eine örtliche Konzentration der Querpressungen am Zuggliedeingang führte in Versuchen zum vorzeitigen Versagen. Eine wesentliche Vergrößerung des Abstandes zur Hülse im Einlaufbereich als heute üblich läßt eine Verbesserung erwarten. Die Verformungsfähigkeit des in diesem Bereich vergrößerten Vergußringes steigt, so daß ebenfalls größere Längsverformungen mitgemacht werden können. Für metallische Bündelverankerungen sind mit dieser Veränderung bereits wesentliche Verbesserungen der dynamischen Dauerfestigkeit erzielt worden /Gabriel, 1990, Schumann, 1984/.

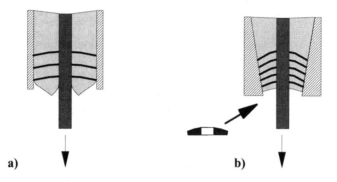

Bild 4.3.2-3 a) Unter Zugbelastung wird infolge wirkender Querzugspannungen der Verbund an der Faseroberfläche zerstört; b) auch im konischen Verguß wird erst in einiger Entfernung vom Vergußbeginn die maximale Druckbeanspruchung in der Grenzschicht der Faser erreicht. Mittels eines entsprechenden Abdichtungsteiles können die weniger beanspruchten Bereiche ausgespart werden.

Zur quantitativen Abschätzung der Höhe des unvollständig verfüllten Besenwurzel-Bereiches werden die geometrischen Beziehungen aus den vorigen Kapiteln herangezogen. Für die konzentrische Faseranordnung sind in der Regel die radialen Faserabstände (s_r) kleiner als die tangentialen Abstände (s_t) (Bild 4.2.5.1-1). Somit sind im Fall der konzentrischen Ordnung zur Berechnung einer kritischen Spaltbreite die radialen Abstände (s_r) und für den Fall der hexagonalen Ordnung die lichten Faserabstände (s) im Zuggliedbesen zu betrachten.

Der Radius R_{KK} des umschreibenden Kreises einer konzentrischen Ordnung (Bild 4.2.5.1-1) (Gleichung 4.2.5.1-1) entspricht der halben Diagonalen $D_H{}^*$ der hexagonalen Packung, welche die „Ecklänge" ΔD_H nicht berücksichtigt (Bild 4.2.4.1-3) (Gleichung 4.2.4.1-9). Es gilt

4 Die Geometrie im Verankerungsraum

$$R_{KK} = \frac{D_H^*}{2} = m(2R_r) + r \qquad (4.3.2\text{-}1)$$

Dieser Radius R_{KK} bzw. der Radius R_{HK} des flächengleichen Kreises der hexagonalen Anordnung (Gleichung 4.2.4.2-2) kann mit dem Besenradius R_B in Gleichung (4.3.1-1) im konischen Vergußraum gleichgesetzt werden. Als Voraussetzung der folgenden Betrachtung werden gleiche radiale Abstände (s_r) zwischen den Fasern angenommen. Es genügt daher die Festlegung der Steigung 1:M des äußeren Besen-Umrisses. Im Fall der hexagonalen Ordnung wird s anstelle (s_r) und R anstelle (R_r) eingesetzt.

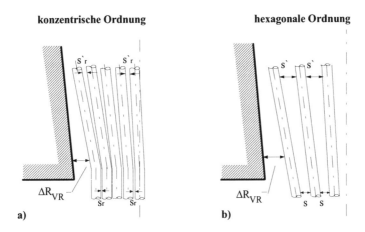

Bild 4.3.2-4 Darstellung der radialen Faserabstände einer konzentrischen Faseranordnung im Querschnitt des Vergußkonus am Einlauf in den Vergußwerkstoff. Für ein Bündel mit hexagonaler Faserordnung kann näherungsweise anstelle s_r der lichte Abstand s eingesetzt werden.

Man erhält den auf den Faserdurchmesser ($2r$) bezogenen radialen lichten Faserabstand (s bzw. s_r) in Abhängigkeit von der Zuggliedgröße, die mit der größten Lagen-Nummer (m) gegeben ist, von dem Radius ($d_{Bu}/2$), der am Beginn der Verankerung gegeben ist, von dem betrachteten Besenschnitt, der mit dem Faktor b ausgedrückt wird und von dem Maß der Aufspreizung, die mit der Besensteigung ($1/M$) gegeben ist.

$$\frac{s_r}{(2r)} = \left(\frac{d_{Bu}}{(2r)}\right) \frac{1}{m} \frac{1}{M} b \qquad (4.3.2\text{-}2)$$

Für die Zugglieder ist jeweils der am Einlauf in den konischen Vergußraum vorhandene Besendurchmesser einzusetzen. Für Verankerungen der parallelen Bündel und der verseilten Zugglieder kann für die üblichen heute verwendeten Konstruktionen der kleinste Besendurchmesser d_{BU} ersetzt werden, indem der lichte radiale Faserabstand im verseilten Zugglied zu

Beginn der Verankerung zu Null gesetzt wird. Somit ergibt sich der radiale lichte Faserabstand abhängig von der Besenhöhe

mit $\quad$ wird

$$s_r = 0, \quad \text{wenn } (2R) = (2r) \qquad \frac{s_r}{(2r)} = \frac{(2m+1)}{m}\frac{1}{M}b \qquad (4.3.2\text{-}3)$$

$$d_{Bu} = (2r)(2m+1)$$

In Bild 4.3.2-5 ist für die konzentrische Faseranordnung in einem Spiralseil der bezogene Faserabstand in Abhängigkeit der konischen Besengeometrie, ausgedrückt durch das Verhältnis (b/M), und der Lagen-Nummer (m), d.h. der gewählten Zuggliedgröße, aufgetragen. Für einen vorgegebenen kritischen lichten Faserabstand, für den eine vollständige Besenverfüllung angenommen werden kann, ist für ein gewähltes Zugglied die erforderliche Konusneigung bzw. die Konushöhe ermittelbar. Für größere Zugglieder ($m > 3$) unterscheiden sich die Abstände kaum noch. Bild 4.3.2-6 zeigt die Veränderung des bezogenen lichten Faserabstandes von der gewählten Besen-Steigung ($1/M$) und der Konushöhe, die mit dem Faktor b ausgedrückt wird.

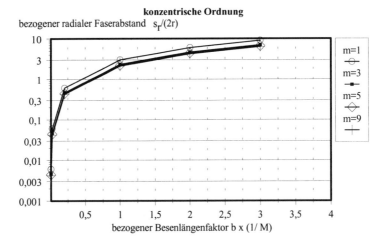

Bild 4.3.2-5 Der auf den Faserdurchmesser ($2r$) bezogene lichte Faserabstand in Abhängigkeit von der Besengeometrie, ausgedrückt mit dem Faktor b und der Besensteigung ($1/M$), und der Lagen-Nummer m des verwendeten Zuggliedes. Auftragung in doppelt-logarithmischem Maßstab zur besseren Ablesung der kleinsten Werte in der Besenwurzel.

4 Die Geometrie im Verankerungsraum

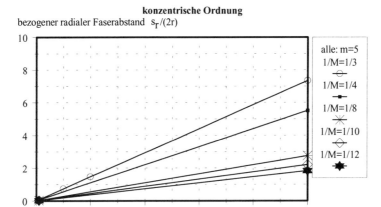

Bild 4.3.2-6 Die Veränderung des auf den Faserdurchmesser (2r) bezogenen lichten Faserabstandes (s_r) von der Besen-Steigung (1/M) und der Konushöhe (b) für ein offenes Spiralseil mit fünf Drahtlagen (m=5).

5 Die Idealisierung des Vergußkonus als unidirektionalen Verbundkörper

5.1 Einleitung

Der erhärtete Vergußkonus kann aufgrund seines hohen Faseranteils nicht mehr als homogener isotroper Körper angesehen werden. Er wird bei Zugbelastung des Zuggliedes in seiner Längsrichtung, d.h. näherungsweise parallel zu den Fasern, beansprucht und dabei in die konische Hülse hineingezogen. Dabei entsteht ein starker Querdruck orthogonal zur Richtung seiner Fasern.

Im folgenden werden die Voraussetzungen zur Ermittlung der elastischen mechanischen Eigenschaften für unidirektionale Verbundmaterialien aufgezeigt. Angewendet auf die üblichen Geometrieverhältnisse und die verwendeten Werkstoffe der Vergußverankerungen wird eine realistische Abschätzung der Steifigkeitsverhältnisse in der Verankerung möglich.

5.2 Das CCA-Modell für unidirektionale Faserverbundwerkstoffe

Zur Bestimmung der „effektiven", d.h. der über den Verbundquerschnitt gemittelten, elastischen Konstanten, ist es notwendig, zu Beginn ein geometrisches Modell des Verbundwerkstoffes mit seinen Komponenten festzulegen, um an Hand dieses Modells mit weiteren idealisierenden Annahmen mechanische Beziehungen aufstellen zu können /Hashin u. Rosen, 1964/. Diese Modellvorstellungen beinhalten Randbedingungen und Voraussetzungen, welche die reale Situation nur näherungsweise abbilden. Nur für wenige geometrische Modelle können geschlossene analytische Lösungen des Dehnungs- und Spannungszustandes gefunden werden. Ein bekanntes Modell, das eine geschlossene mathematische Lösung für die Berechnung der elastischen Konstanten liefert, soll hier angewendet werden. Es wird als „CCA-Modell" (composite cylinder assemblage model) bezeichnet (Bild 5.2-1). Bezüglich der Anordnung der Fasern im CCA-Modell können zwei Fälle unterschieden werden:

Fall 1

Die eingebetteten Fasern des Zuggliedes werden selbst als Hohlzylinder angenommen. Sie besitzen alle die gleiche Querschnittsform und -größe. Sie sind im Querschnitt hexagonal angeordnet und liegen in Längsrichtung parallel (Bild 5.2-2). Die Fasern sind jeweils von einem konzentrischen Zylinder, bestehend aus Matrixmaterial, umgeben /Rosen/. Für die hexagonale Faserordnung ergibt sich als äußere Form des Verbundkörpers ein hexagonales Prisma (vgl. Kapitel 4.2.4).

Fall 2

Die Fasern werden ebenfalls als Hohlzylinder idealisiert, besitzen aber unterschiedliche Durchmesser. Das Verhältnis von ihrem äußeren zu ihrem inneren Durchmesser soll aber gleich bleiben /Rosen/. Weiterhin werden die Fasern als ungleichmäßig über den Querschnitt verteilt vorausgesetzt (Bild 5.2-1). Da die Radien der Zylinder beliebige Werte annehmen dürfen, kann die „Restfläche" in den Zwickeln des Komposits, das nun mit äußerer zylindrischer Form angenommen wird, vernachlässigt werden. Im Grenzfall, in dem die „Restfläche" gegen Null strebt, ist die Rechnung direkt mit den Annahmen eines homogenen Komposit-Zylinders durchzuführen.

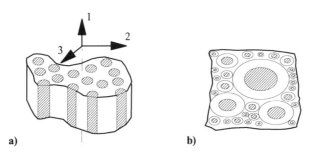

Bild 5.2-1 Das CCA-Modell (composite cylinder assemblage model) zur näherungsweisen Beschreibung der geometrischen Anordnung und Größe der Fasern im Verbundquerschnitt und zur Bestimmung der effektiven elastischen Konstanten des unidirektionalen Verbundkörpers ; a) zeigt das Komposit mit den eingebetteten Fasern gleichen Querschnitts; b) im CCA-Modell ist jede Faser von einem Zylinder aus Matrixmaterial umhüllt.

Es kann a priori nicht entschieden werden, welche Modellvorstellung die realen Eigenschaften eines Komposit Materials am besten wiedergibt. Die mathematische Vorhersage der mechanischen Eigenschaften ist mittels Beobachtung an realen Werkstoffen bzw. in Versuchen zu überprüfen. Obwohl die analytische Lösung der hexagonalen Faser-Anordnung (Fall 1) in geschlossener Form gefunden wird, wird kein reales Material die dabei vorausgesetzten Bedingungen vollständig erfüllen. Die Zugglieder aus Faserverbundstäben bzw. aus metallischen Drähten besitzen eine sehr regelmäßige Faserordnung über den Querschnitt. Im Vergußraum aber werden bisher ausschließlich dickdrähtige Bündel bzw. Verbundstäbe planmäßig in einer festgelegten Ordnung gehalten (vgl. Kapitel 4.2.2). Die unregelmäßige, statistisch verteilte Anordnung gibt in vielen Fällen die wahre Verteilung der Fasern besser wieder, wobei aber die dazugehörigen mathematischen Lösungen nur Näherungen darstellen. Insbesondere für Zugglieder mit vielen dünnen Fasern lassen sich die geometrischen Verhältnisse im Vergußkonus mit diesem Modell besser beschreiben. Für die Kombination von Fasern mit unterschiedlichem Durchmesser, wie dies für die „laufenden Seile" üblich ist, werden damit realistische Annahmen getroffen. Die analytischen Beziehungen sind auch für andere Faseranordnungen als erste Näherung zu verwenden. Aufgrund ihrer Einfachheit sind sie außerdem für den praktischen Gebrauch leichter zu handhaben.

hexagonale Anordnung   **statistisch verteilte Anordnung**

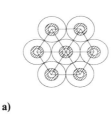
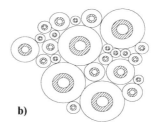

a)   b)

Bild 5.2-2 Im CCA-Modell werden die Fasern als Hohlzylinder idealisiert und sind ihrerseits von einem Zylinder aus Matrixwerkstoff umgeben; a) für eine hexagonale Ordnung verbleiben Restflächen, die vernachlässigt werden; b) liegen die Fasern in statistischer Verteilung vor, so können die Zwickel mit kleineren Zylindern gefüllt werden. Das Radienverhältnis von äußerem zu innerem Zylinder soll dabei gleich bleiben.

5.3 Weitere Ansätze zur Ermittlung der effektiven Konstanten des Komposits

Das unterschiedliche Querkontraktionsverhalten des Matrix- und des Faserwerkstoffes, ruft Spannungen hervor, die in einem vereinfachten Ansatz nicht mehr berücksichtigt werden sollen. Die einfache Betrachtungsweise läßt mitunter das Tragverhalten eines Komposits leichter begreifbar werden und ist oft für eine grobe Abschätzung genau genug. Vergleiche mit einer großen Anzahl von Testergebnissen lieferten für Faserverbundwerkstoffe aus Glasfasern bzw. synthetischen Fasern zusammen mit Kunstharzmatrizen für einige der Elastizitätskonstanten eine für den Ingenieurbereich genügend genaue Übereinstimmung /Hashin, 1962, Hashin u. Rosen, 1964/. In den nachfolgenden Kapiteln wird jeweils ein vereinfachter Ansatz, der auf dem ebenen Modell eines unidirektionalen Verbundwerkstoffes aufbaut, angegeben und die Lösungen mit den nach dem CCA-Modell ermittelten „exakten" Lösung verglichen. Die Bezeichnung „exakt" wird hier zur Unterscheidung von der vereinfachten Betrachtungsweise benutzt.

Eine weitere Möglichkeit, die komplexen Zusammenhänge zu erfassen, sind die in vielen Laborversuchen empirisch ermittelten Faktoren, die für die Ermittlung der Elastizitätskonstanten herangezogen werden (vgl. /Hollaway, 1990, Hull, 1981, Halpin, 1967/). Die dargestellten theoretischen Ansätze zeigen eine gute Übereinstimmung in den Aussagen über das qualitative Verhalten eines Verbundwerkstoffes. Mittels der empirisch ermittelten Faktoren soll eine bessere quantitative Übereinstimmung erreicht werden. Dabei ist allerdings zu beachten, daß diese in den meisten Fällen nur für einen begrenzten Anwendungsbereich, d.h. nur für bestimmte Werkstoffe und Beanspruchungen gültig sind. Insbesondere für die metallischen Drähte und die metallischen Vergußwerkstoffe sind dem Autor keine Versuchsergebnisse bekannt, die zur Überprüfung der theoretischen Ansätze herangezogen werden können.

5.4 Diskussion der Anwendbarkeit auf Verankerungskonstruktionen

In beiden bereits angeführten Modellvorstellungen ist der gesamte Komposit-Zylinder als makroskopisch homogen und isotrop anzusehen /Hashin/Rosen, 1964, Rosen/Hashin/. Die Spannungen und Dehnungen sind damit jeweils nur über den Querschnitt des Komposits gemittelte Werte. Sie sollen an jeder Stelle im Komposit gelten, so daß ein „repräsentatives Volumenelement" (RVE), z.B. ein einzelner Komposit-Zylinder, betrachtet werden darf. Dies gilt nach /Hashin u. Rosen/ nur dann, wenn ein genügend großer Körper mit einer Vielzahl von Fasern, die eine gleichmäßige Verteilung über seinen Querschnitt besitzen, betrachtet wird. Sind diese Bedingungen erfüllt, hat das unidirektionale Komposit orthotrope Eigenschaften und somit 5 unabhängige „effektive" elastische Konstanten, die aus den Eigenschaften seiner Bestandteile gefunden werden müssen.

Zur Bestimmung dieser Kennwerte werden für ein „repräsentatives Volumenelement" (RVE) Randbedingungen in Form von Verschiebungen bzw. Belastungen definiert, die jeweils einen homogenen Spannungs- bzw. Dehnungszustand bedingen. Sind die Randbedingungen vorgegeben, müssen die Verschiebungsfelder und die Spannungsfelder mit den Beziehungen der Elastizitätstheorie sowohl für die Matrix als auch für die Fasern derart ermittelt werden, daß die Kontinuitätsbedingungen in der Grenzschicht zwischen Matrix und Faser erfüllt sind. Damit müssen nachfolgende Voraussetzungen von dem betrachteten unidirektionalen Verbundkörper erfüllt werden:

— Die Komponenten des Komposits müssen ihrerseits aus linear elastischen homogenen und isotropen Werkstoffen bestehen.
— Die Faserlängen müssen im Verhältnis zu ihrem Durchmesser daher sehr groß sein.
— St. Venant'sche Störbereiche am Ende der Fasern sollen für die Betrachtungen ausgeschlossen werden. Die Beziehungen gelten nur für den mittleren Teil eines relativ langen Komposit-Körpers und die Fasern dürfen nicht unterbrochen sein, sondern müssen über die gesamte Länge des Verbundkörpers durchlaufen.
— Es wird ein idealer, d.h. vollständiger Verbund von Matrix- und Faserwerkstoff in ihrer Grenzschicht vorausgesetzt.
— Insbesondere für die sehr dünnen synthetischen Fasern, die in einer Kunststoffmatrix als Faserverbundstäbe zusammengesetzt werden, wurden die analytischen Ansätze der Komposit-Mechanik in vielen Versuchen bereits bestätigt. Die Randbedingungen innerhalb der Verankerung sind ähnlich. Die hochfesten Fasern reichen vom Beginn bis zum Ende des Vergußraumes und sind mit einem Vielfachen ihres Durchmessers dort eingebettet. Wird für die sehr dünnen Fasern auch im Verankerungsraum eine gleichmäßige Verteilung im Querschnitt erreicht, ist ebenfalls eine Verifizierung des analytischen Modells zu erwarten. Die verwendeten Vergußwerkstoffe entsprechen den Matrixwerkstoffen der Faserverbundstäbe, so daß daher ebenfalls zufriedenstellende Ergebnisse für die Verankerung erwartet werden dürfen.

Für die heute verwendeten Verankerungen von relativ dicken Faserverbundstäben (vgl. Kapitel 4.2.5) kann der Vergußkörper nicht als Komposit idealisiert werden, da bislang nur sehr wenige und relativ dicke Stäbe in einem Vergußraum verankert werden. Erst dann, wenn eine größere Anzahl von hochfesten Stäben, diese evtl. mit kleineren Durchmessern, in einem

Vergußraum angeordnet werden, wird die Komposit-Idealisierung zutreffendere Ergebnisse erwarten lassen. Für eine Weiterentwicklung der Verankerungen von Faserverbundstäben erscheint es dem Autor dennoch sinnvoll, die Verankerung dieser Faserverbunde hier ebenfalls zu behandeln.

Mit der meist sehr großen Anzahl relativ dünner Drähte in den verseilten metallischen Zuggliedern dagegen werden die angeführten Forderungen näherungsweise erfüllt. Lediglich die verseilten und gebündelten Zugglieder der „stehenden Seile" mit relativ wenigen und relativ dicken Drähten werden nur grob erfaßt. Für die heute eingesetzten metallischen Vergußwerkstoffe und die Werkstoffe der metallischen Drähte sind bis heute keine verbundmechanischen Untersuchungen durchgeführt worden, die eine Aussage über die Güte der Näherung des Komposit-Modells zulassen. Metallische Verbundmaterialien werden in der Regel mit wesentlich kleineren metallischen Einschlüssen, wie z.B. äußerst dünnen Fasern mit Durchmessern von nur wenigen Mikrometern, zur Verstärkung meist weicherer Matrixmaterialien auf Kunststoffbasis untersucht (vgl. /Tsai, 1971, Broutman, 1974/).

Die Forderung nach einem vollständigen Verbund in der Grenzschicht von Faser und Matrix wird mit Ausnahme des Einlaufbereiches in den Vergußraum von allen Verankerungskonstruktionen weitgehend erfüllt. Erst mit steigender Zuggliedbelastung wird dort die Verbundfestigkeit zwischen der Matrix und den Fasern überschritten. Das Versagen beginnt im Einlaufbereich der Faser in die Matrix und setzt sich mit steigender oder wiederholter Belastung in den Vergußraum fort /Kepp, 1985, Patzak u. Nürnberger,1978/. Für den jeweils restlichen Verankerungsbereich kann ein vollständiger Verbund angenommen werden.

5.5 Vergleichende Betrachtungen verschiedener Werkstoffkombinationen

Im folgenden werden die mittels des CCA-Modells aufgestellten analytischen Beziehungen angegeben und beispielhaft auf die Werkstoffe, die heute zur Verankerung hochfester Zugglieder eingesetzt werden, angewendet. Vereinfachte Lösungsansätze werden den „exakten" Beziehungen gegenübergestellt. Dazu werden drei Faser-Vergußwerkstoff-Kombinationen, die repräsentativ für die heute eingesetzten hochfesten Fasern und deren Verankerung sind, untersucht. Es werden Seildrähte betrachtet, die in einer Zinklegierung (ZnAl6Cu1) oder in einem UP-Harz, welches mit quarzitischen Füllstoffen angereichert ist, vergossen sind und Glasfasern untersucht, die mit einem reinen EP-Harz vergossen sind. Einzelne Glasfasern werden zur Zeit nicht in konischen Vergußräumen verankert. Mit der angegebenen Werkstoffkombination werden aber Glasfaserverbundstäbe gefertigt (vgl. Kapitel 3.2.1), so daß diese Werkstoffe ebenfalls zur Verankerung eingesetzt werden könnten (vgl. /Rehm u. Franke, 1977, Kepp, 1985/). Zugglieder aus einzelnen freien synthetischen Fasern (z.B. Aramidfasern) wurden bereits von H.Gropper /Gropper, 1987/ und werden von /Twaron/ in konischen Vergußräumen vergossen (vgl. Kapitel 4.2.1). Da Aramid- und Carbonfasern aufgrund ihrer chemischen Struktur anisotrope Werkstoffe darstellen, werden zum direkten Vergleich der synthetischen mit den metallischen Fasern ausschließlich Glasfasern betrachtet. Mit den modifizierten Gleichungen der Verbundmechanik (vgl. Kapitel 6.6.9) ist das Komposit-Modell ebenfalls auf die Verankerung der orthotropen Werkstoffe anwendbar.

5 Die Idealisierung als unidirektionalen Verbundkörper

Die benötigten Werkstoffkennwerte der Fasern bzw. der Vergußwerkstoffe sind in Tabelle 5.5-1 zusammengestellt. Die zur Auswertung der analytischen Beziehungen benötigten Verhältniswerte der elastischen Konstanten sind in Tabelle 5.5-2 angegeben.

Tabelle 5.5-1 Einige wesentliche Werkstoffkennwerte der beispielhaft untersuchten Faser-Vergußwerkstoff-Kombinationen. Angegeben sind die Kennwerte, wie sie in der Literatur angegeben sind.

aus: 1) Hashin 2) Gabriel		Seildraht 2)	Glasfaser 1)	Zamak 2)	EP-Harz ungefüllt 1)	UP-Harz gefüllt 1)
E-Modul (Zug)	N/mm²	195 000	72 300	90 700	2 700	12 000
Poisson-Zahl	(/)	0.285	0.20	0.27	0.35	0.30
Schubmodul	N/mm²	75 900	30 200	36 300	1020	4600
Kompressions-modul	N/mm²	151 200	40 200	60 500	3060	10 000
linearer Temp.-Ausdehn.-Koeff.	10^{-6}/K	12.0	6.0	29.0	60.0	70.0

Tabelle 5.5-2 Die aus den elastischen isotropen Konstanten der Komposit-Komponenten ermittelten Quotienten zur Auswertung der analytischen Beziehungen

nach: Tabelle 5.5-1	Seildraht - Zamak	Seildraht - gefülltes UP-Harz	Glasfaser - ungefülltes EP-Harz
E_f/E_m	2.15	16.25	26.25
v_f/v_m	1.14	0.95	0.57
α_f/α_m	0.414	0.17	0.0817
G_f/G_m	2.09	16.44	29.59
K_f/K_m	2.50	15.12	13.13
K_m/K_f	0.40	0.066	0.076
E_f/G_f	2.57	2.57	2.4
E_m/K_f	0.60	0.078	0.069
E_m/G_m	2.5	2.60	2.7
E_m/K_m	1.5	1.2	0.9
G_m/K_m	0.6	0.46	0.333
K_m/G_m	1.67	2.17	3.0

5.6 Die analytische Ermittlung der „effektiven" elastischen Komposit-Konstanten

5.6.1 Der analytische Ansatz nach dem CCA-Modell

Die von /Hashin u. Rosen, 1964/ angewandte Methode zur Bestimmung der „effektiven" elastischen Konstanten des unidirektionalen Verbundkörpers basiert auf den Energieprinzipien der Elasto-Mechanik. Mit den Bedingungen des Minimums der Formänderungsenergie bzw. der komplementären Formänderungsenergie werden jeweils Beanspruchungszustände des repräsentativen Volumenelements (RVE), hier eines „Komposit-Zylinders", definiert, die möglichst nur eine gesuchte „effektive" elastische Konstante im Energieausdruck erscheinen lassen. Da der Spannungs- bzw Dehnungszustand zwischen den Fasern und der Matrix des Komposits sehr komplex ist, werden nur gemittelte Spannungs- und Dehnungszustände betrachtet /Hashin u. Rosen, 1964/.

Die Herleitung der Gleichungen kann in /Hashin u. Rosen, 1964, Rosen u. Hashin, 1962/ nachvollzogen werden. Es werden hier insbesondere die Näherungslösungen nach Fall 2 (vgl. Kapitel 5.2) angegeben, da dies als Idealisierung der Verankerungsgeometrie der Zugglieder am sinnvollsten erscheint (vgl. Kapitel 4.2).

Die im Volumenelement (RVE) des Verbundkörpers gespeicherte „Dehnungsenergie" oder spezifische Formänderungsenergie ist unter Anwendung des linear elastischen Hookeschen Gesetzes gegeben mit /Bufler, 1980/:

$$W = \frac{1}{2} \sum_i \sum_j \sigma_{ij} \varepsilon_{ij} \qquad \text{mit: } i,j = 1,2,......6 \qquad (5.6.1\text{-}1)$$

Wird als Beanspruchung eine Verformung aufgebracht, kann der Energieausdruck wie folgt angeschrieben werden

$$W^\varepsilon = \frac{1}{2} \sum_i \sum_j S_{ij} \varepsilon_{ij}^2 \qquad \text{mit: } i,j = 1,2,.....6 \qquad (5.6.1\text{-}2)$$

Wird dagegen ein Belastungszustand definiert, folgt nach /Hashin u. Rosen, 1964, Bufler, 1980/ entsprechend

$$W^\sigma = \frac{1}{2} \sum_i \sum_j C_{ij} \sigma_{ij}^2 \qquad \text{mit: } i,j = 1,2,.....6 \qquad (5.6.1\text{-}3)$$

In den Energieausdrücken sind C_{ij} bzw. S_{ij} die Steifigkeiten bzw. die Nachgiebigkeiten der linearen Elastizitätstheorie. Aus diesen Beziehungen können 5 unabhängige elastische Konstanten entsprechend den grundlegenden Beziehungen der Elastizitätstheorie der orthotropen Materialien wie folgt ermittelt werden /Hashin u. Rosen, 1964/

5 Die Idealisierung als unidirektionalen Verbundkörper

$$v_{12} = \sqrt{\frac{C_{11} - E_{11}}{4K_{23}}} = \quad = v_L$$

$$E_{11} = C_{11} - \frac{2C_{12}^2}{C_{22} + C_{23}} = \quad = E_L$$

$$G_{12} = \frac{1}{2}(C_{11} - C_{12}) = C_{44} = C_{55} = G_L$$

$$G_{23} = \frac{1}{2}(C_{22} - C_{23}) = C_{66} \quad = G_T \quad\quad (5.6.1\text{-}4)$$

$$K_{23} = \frac{1}{2}(C_{22} + C_{23}) \quad = K_T$$

In den Gleichungen bezeichnen K_{23} ($= K_T$) bzw. G_{23} ($= G_T$) den effektiven Kompressionsmodul bzw. den effektiven Schubmodul des Komposits, wenn nur ebene Deformationen in der zu den Fasern orthogonal liegenden 2,3-Ebene (transversale Ebene) zugelassen werden. G_{12} ($G_{12} = G_{13} = G_L$) definiert die effektiven Schubmoduli für Schubbeanspruchungen in Ebenen, die parallel zu den Fasern, also orthogonal zur 2,3-Ebene (Longitudinalrichtung) liegen. E_{11} ($E_{11} = E_L$) bezeichnet den Elastizitätsmodul für Beanspruchungen in Faserrichtung. C_{11} ist die Steifigkeit, die zu Spannungen in 1-Richtung wirkend zugehörig ist, während Querdeformationen in der 2,3-Ebene nicht zugelassen werden /Hashin u. Rosen, 1964/.

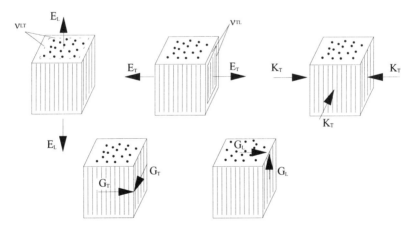

Bild 5.6.1-1 Die „effektiven" elastischen Konstanten eines unidirektionalen Komposits. Die Indizes L bzw. T bezeichnen die Längsrichtung (parallel den Fasern) bzw. die Transversalrichtung (orthogonal zu den Fasern).

In /Hashin u. Rosen, 1964/ wird zunächst eine hexagonale Anordnung der Fasern im Verbundquerschnitt angenommen (Fall 1 in Kapitel 5.2). Wird das Randwertproblem nun unter Zugrundelegung dieser Geometrie gelöst, erhält man aus dem Minimum der Formänderungsenergie unter einem definierten Dehnungszustand eine obere Grenze für die gesuchte „effektive" elastische Konstante. Eine untere Grenze wird aus der komplementären Formänderungsenergie mit der Definition eines homogenen Spannungszustandes ermittelt.

Aufgrund des vorausgesetzten immer gleich bleibenden Radienverhältnisses für den Fall 2 liefert die Lösung für die hexagonale Geometrie eine Näherung, wenn dort das Zwickelvolumen vernachlässigt wird.

5.6.2 Der „effektive" Kompressionsmodul K_{23} (= K_T)

Zur Ermittlung einer oberen Grenze des „ebenen" Kompressionsmoduls K_T wird als Randbedingung eines einzelnen repräsentativen Komposit-Zylinders ein homogener ebener Dehnungszustand angenommen. Mit einem vorgegebenen homogenen Spannungszustand läßt sich ein unterer Grenzwert für den K_T-Modul finden. Folgende Dehnungs- und Spannungszustände werden gegeben:

$$\varepsilon_{11} = 0$$
$$\varepsilon_{22} = \varepsilon_{33} = \varepsilon \qquad (5.6.2\text{-}1) \qquad \sigma_{11} = \sigma_{22} = \sigma_{33} = \sigma \qquad (5.6.2\text{-}2)$$
$$\gamma_{12} = \gamma_{13} = \gamma_{23} = 0 \qquad\qquad\qquad \tau_{12} = \tau_{13} = \tau_{23} = 0$$

Es liegt für beide Beanspruchungszustände des Komposit-Zylinders ein axial-symmetrisches ebenes Randwertproblem vor. Die Energieausdrücke lassen sich anschreiben

$$W^\varepsilon = 2K_{23}\varepsilon^2 \qquad (5.6.2\text{-}3) \qquad W^\sigma = \frac{\sigma^2}{2K_{23}} \qquad (5.6.2\text{-}4)$$

Es ergibt sich der „ebene" Kompressionsmodul K_T bei Annahme einer statistischen Verteilung von unterschiedlichen großen Fasern und damit als Näherungslösung der exakten hexagonalen Packung zu

$$K_T = K_{23} = \frac{K_m(K_f + G_m)V_m + K_f(K_m + G_m)V_f}{(K_f + G_m)V_m + (K_m + G_m)V_f} \qquad (5.6.2\text{-}5)$$

Hierbei bezeichnen die Indizes f bzw. m den Faser- bzw. den Matrixwerkstoff. K_m und K_f bzw. G_m und G_f sind die elastischen Moduli der homogenen und isotropen Faser bzw. Matrixwerkstoffe. Der Volumenanteil der Fasern V_f bzw. der Matrix V_m im Querschnitt des Verbundkörpers wird ausgedrückt mit dem Gesamtvolumen des Verbundkörpers V_{gesamt} mit

5 Die Idealisierung als unidirektionalen Verbundkörper

$$V_f = \frac{V_{Faser}}{V_{gesamt}} \qquad V_m = \frac{V_{Matrix}}{V_{gesamt}} \qquad (5.6.2\text{-}6)$$

Für eine parallele Faseranordnung mit innerhalb des Verbundkörpers nicht unterbrochenen Fasern entspricht der Faser-Volumenanteil V_f dem Faser-Querschnittsanteil A_f des Verbundkörpers.

Die Beziehung 5.6.2-5 wurde zur dimensionslosen Darstellung der Abhängigkeit des K_T-Moduls vom Faservolumenanteil V_f auf den isotropen Kompressionsmodul K_m bezogen. Dadurch müssen lediglich die Verhältniswerte K_f/K_m und G_m/K_m der betrachteten Werkstoffe bekannt sein. Somit sind die in den folgenden Diagrammen gezeigten Zusammenhänge für mehrere Werkstoffe, die untereinander die gleichen Steifigkeitsunterschiede aufweisen, gültig. Die umgeformten Gleichungen, die alle elastischen Konstanten der Komponenten nur als Quotienten erscheinen lassen, werden hier nicht wiedergegeben. Die Darstellung in den Diagrammen wurde für alle „effektiven" Konstanten in der bezogenen Form berechnet.

Für die beispielhaft ausgewählten Faser- und Vergußwerkstoffe, die in der Praxis heute angewendet werden, zeigt Bild 5.6.2-1, die Abhängigkeit des Kompressionsmoduls vom Faservolumengehalt des Verbundkörpers.

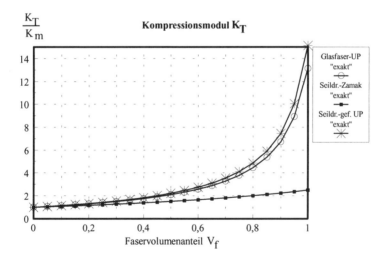

Bild 5.6.2-1 Die Darstellung der Abhängigkeit des effektiven Kompressionsmoduls K_T von dem Faservolumenanteil des Komposits. Der Modul K_T wird auf seinen entsprechenden Matrixmodul K_m bezogen. Beispielhaft sind die Abhängigkeiten für drei Faser-Verguß-Kombinationen dargestellt.

In Bild 5.6.2-1 nimmt der Kompressionsmodul K_T mit steigendem V_f überproportional zu. Der Kurvenverlauf wird von dem Steifigkeitsverhältnis von Faserwerkstoff und Matrixwerkstoff, d.h. deren E-Moduli und deren Querkontraktionszahl, bestimmt. Alle übrigen Größen der isotropen Komponenten sind voneinander abhängig, d.h. daraus ableitbar. In den

Komponenten-Moduli ist das Querkontraktionsverhalten mit der Poisson-Konstante v enthalten und taucht in der Beziehung 5.6.2-5 nicht explizit auf. So zeigt die Seildraht-Zamak-Mischung die kleinsten E_f/E_m-Verhältniswerte (Tabelle 5.5-2) und in Bild 5.6.2-1 einen fast linearen Verlauf des Kompressionsmoduls für alle Faserfüllgrade. Aber schon das Seildraht-(gefülltes UP-Harz)-Beispiel zeigt einen ausgeprägten nicht-linearen Verlauf, der für den Steifigkeitsunterschied der Glasfasern zusammen mit einem EP-Harz ähnlich ist. Im Vergleich untereinander nehmen ab ca. 60 Vol-% Faseranteil die Unterschiede der gezeigten Faser-Verguß-Kombinationen rasch zu. Das Verhältnis der Querkontraktionszahlen von Faser und Matrix zeigen im Gegensatz dazu, wie auch das G_m/K_m-Verhältnis kaum Unterschiede (Tabelle 5.5-2), so daß sie für den Funktionenverlauf nur eine untergeordnete Rolle spielen.

5.6.3 Der „effektive" Schubmodul G_{23} ($= G_T$)

Zur Berechnung des Schubmoduls G_T werden folgende Dehnungs- und Spannungszustände definiert

$$\varepsilon_{11} = \varepsilon_{22} = 0$$
$$\gamma_{12} = \gamma_{13} = 0 \qquad (5.6.3\text{-}1)$$
$$\gamma_{23} \neq 0$$

$$\sigma_{11} = \sigma_{22} = \sigma_{33} = 0$$
$$\tau_{12} = \tau_{13} = 0 \qquad (5.6.3\text{-}2)$$
$$\tau_{23} \neq 0$$

Dies entspricht einem reinen Schubspannungszustand in der 2,3-Ebene. Für die makroskopische Betrachtung des Komposits ergeben sich die Energieausdrücke für den definierten Dehnungszustand (obere Grenze) und für den definierten Spannungszustand (untere Grenze)

$$W^\varepsilon = \frac{1}{2} G_{23} \gamma_{23}^2 \qquad (5.6.3\text{-}3) \qquad W^\sigma = \frac{\tau_{23}^2}{2 G_{23}} \qquad (5.6.3\text{-}4)$$

Das CCA-Modell liefert für den Schubmodul lediglich Schranken, die nicht aufeinanderfallen. Von L.Nielsen /Nielsen, 1967/ wird die obere Grenze des Schubmoduls in der folgenden Form angegeben, die auch hier zur Auswertung herangezogen wird:

$$G_T = G_m \frac{2G_f(K_m + G_m)V_f + 2G_m G_f V_m + K_m(G_m + G_f)V_m}{2G_m(K_m + G_m)V_f + 2G_m G_f V_m + K_m(G_m + G_f)V_m} \qquad (5.6.3\text{-}5)$$

Da im Querschnitt orthogonal zur Faserrichtung der Komposit-Körper für eine Schubbeanspruchung in dieser Ebene keine bevorzugten Richtungen aufweist, kann der effektive Schubmodul G_T unter Vernachlässigung der dritten Richtung auch nach folgender Beziehung ermittelt werden.

$$G_T = \frac{E_T}{2(1+v_T)} \qquad (5.6.3\text{-}6)$$

5 Die Idealisierung als unidirektionalen Verbundkörper 75

Hierbei müssen aber bereits die effektiven Konstanten E_T und ν_T bekannt sein.

Nach Umformung der Beziehung 5.6.3-5, so daß G_T in dimensionsloser Form erhalten wird und ausschließlich die Quotienten der Komponenten-Moduli auftreten, ist der Schubmodul G_T in Abhängigkeit des Faservolumenanteils V_f in Bild 5.6.3-2 dargestellt. Als Parameter erhält man nach der Umformung die Modul-Quotienten (K_m/G_m) und (G_f/G_m), in denen wiederum das Querkontraktionsverhalten der Werkstoffe enthalten ist. Wiederum zeigt die Werkstoff-Kombination mit dem kleinsten E_f/E_m-Verhältnis eine nahezu lineare Abhängigkeit vom Faseranteil.

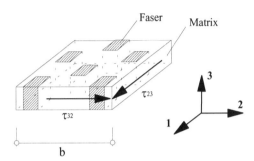

Bild 5.6.3-1 Die ebene Betrachtung eines unidirektionalen Komposits in der 2,3-Ebene, welche die Fasern rechtwinklig schneidet. Im Bild sind rechteckige Fasern angenommen, die statistisch über den Querschnitt verteilt sein sollen.

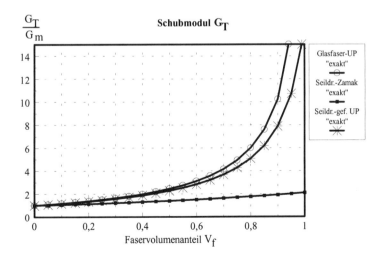

Bild 5.6.3-2 Die Darstellung der Abhängigkeit des effektiven Schubmoduls G_T von dem Faservolumenanteil des Komposits. Der Modul G_T wird auf seinen entsprechenden Matrixmodul G_m bezogen. Beispielhaft sind die Abhängigkeiten für drei Faser-Verguß-Kombinationen dargestellt.

Für achsialsymmetrische Vergußverankerungen gibt es für die in der Regel ebenfalls achsialsymmetrischen Belastungen des Vergußkonus keine Schubbeanspruchungen im horizontalen Querschnitt (in der 2,3-Ebene), so daß der Modul G_T dann zur Erfassung der Beanspruchungen in der Verankerung nicht benötigt wird. Die Kombinationen der metallischen Faser bzw. der Glasfaser mit den Gießharzen zeigt wiederum die starke Nichtlinearität des Moduls in Abhängigkeit vom Faservolumengehalt. Die infolge des Füllerwerkstoffes erhöhten Moduli des gefüllten UP-Harzes bedingen keine wesentlichen Unterschiede im Vergleich mit dem ungefüllten Harz.

5.6.4 Der effektive Schubmodul G_{12} ($= G_L$)

Es wird ein Dehnungs- bzw Spannungszustand definiert, der einer reinen Schubbeanspruchung in der 1,2-Ebene bzw. 1,3-Ebene entspricht /Hashin u.Rosen, 1964/

$$\varepsilon_{11} = \varepsilon_{22} = \varepsilon_{33} = 0$$
$$\gamma_{23} = 0 \qquad (5.6.4\text{-}1)$$
$$\gamma_{12} \neq 0$$

$$\tau_{12} = \tau$$
$$\tau_{23} = 0 \qquad (5.6.4\text{-}2)$$
$$\sigma_{11} = \sigma_{22} = \sigma_{33} = 0$$

Damit ergibt sich für die Energieausdrücke

$$W^\varepsilon = \frac{1}{2} G_L \gamma_{12}^2 \qquad (5.6.4\text{-}3) \qquad W^\sigma = \frac{\tau_{12}^2}{2 G_L} \qquad (5.6.4\text{-}4)$$

wobei wiederum mit der Festlegung des Dehnungszustandes ein oberer Grenzwert für den Schubmodul G_L erhalten wird. Für die gegebenen Randbedingungen wurde von Hashin und Rosen eine geschlossene Lösung entwickelt. Die beiden Schranken des Schubmoduls G_L fallen zusammen, wenn die Modellvorstellung „Fall 2" (statistisch verteilte Faseranordnung) als Näherung des Komposits angenommen wird. Der Modul G_L ergibt sich dann nach /Hashin u. Rosen, 1964/ zu

$$G_L = G_{12} = G_m \times \left[\frac{G_m V_m + G_f (1 + V_f)}{G_m (1 + V_f) + G_f V_m} \right] \qquad (5.6.4\text{-}5)$$

5.6.4.1 Ermittlung des Schubmoduls G_L mit einem vereinfachten Ansatz

Unter einer gleichförmigen ebenen Schubbeanspruchung τ_{12} (Bild 5.6.4.1-1) bzw. unter der Voraussetzung, daß die Schubspannungen sowohl in der Faser als auch in der Matrix wirken, ergibt sich analog der Herleitung für E_{22} der Schubmodul G_L (vgl. Kapitel 5.6.7.1) /Hollaway, 1990/

5 Die Idealisierung als unidirektionalen Verbundkörper

$$G_L = G_{12} = \frac{G_f G_m}{G_m V_f + G_f V_m}$$ (5.6.4.1-1)

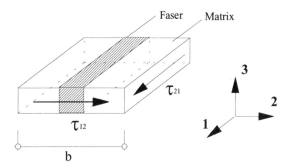

Bild 5.6.4.1-1 Die ebene Betrachtung eines unidirektionalen Komposit-Körpers unter einer für Matrix und Faser gleichgroßen Schubbelastung in der Ebene, in der die Fasern eingebettet sind.

Die mittels der ebenen Betrachtung erhaltene Beziehung (5.6.4.1-1) bringt aber keinen größeren Vorteil, da als Parameter das Verhältnis der Schubmoduli von Faser- und Matrixwerkstoff hier gleichfalls benötigt wird. Die Gleichung zeigt allerdings deutlicher, daß bei einer Schubbelastung parallel der Fasern sich die Schubsteifigkeiten der Werkstoff-Komponenten im Sinne einer „Reihenschaltung" addieren.

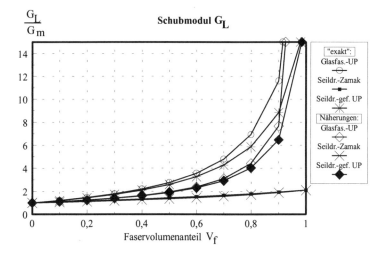

Bild 5.6.4.1-2 Die Darstellung der Abhängigkeit des effektiven Schubmoduls G_L von dem Faservolumenanteil des Komposits. Der Modul G_L wird auf seinen entsprechenden Matrixmodul G_m bezogen. Beispielhaft sind die Abhängigkeiten für drei Faser-Verguß-Kombinationen dargestellt.

Bild 5.6.4.1-2 zeigt die Abhängigkeit des auf den Schubmodul G_m der Matrix bezogenen effektiven Moduls G_L von dem Faservolumenanteil V_f. Auch hier zeigt sich wiederum ein mit den vorher berechneten Moduli vergleichbarer Funktionenverlauf, der abhängig von dem G_f/G_m-Verhältnis der Werkstoffe, das in der gleichen Größenordnung wie die E_f/E_m-Quotienten liegt, ist. Der Unterschied der Querkontraktionszahlen ist von untergeordneter Bedeutung. Für sehr kleine Steifigkeitsunterschiede, wie sie für den metallischen Verguß vorliegen, kann hier ebenfalls ein fast linearer Verlauf angenommen werden. In Bild 5.6.4.1-2 ist im Vergleich zur „exakten" Lösung der Gleichung (5.6.4-5) jeweils die Näherung mit Gleichung (5.6.4.1-1) eingetragen, die für die meisten Werkstoffkombinationen ab 70 Vol-% Faseranteil erhebliche Unterschiede aufweist und daher nur für die metallische Verguß-Kombination empfohlen wird.

Aufgrund der hohen Zugbelastung des Vergußkonus in Faserrichtung, der konischen Wandneigung und des Reibungsanteils infolge der rauhen Hülseninnenwand, werden auf der Basis eines rechtwinkligen Koordinatensystems große Spannungskomponenten für eine Schubbelastung parallel der Fasern erhalten. Zur Ermittlung der Beanspruchungen des Komposit-Körpers stellt daher der Modul G_L ein wichtiger Werkstoffkennwert dar.

5.6.5 Der „effektive" E-Modul E_L ($= E_{12}$)

Für den von /Hashin u. Rosen, 1964/ definierten Dehnungs- bzw. Spannungszustand

$$\varepsilon_{11} = \varepsilon \neq 0$$
$$\varepsilon_{22} = -\varepsilon_{11}\nu_{12}$$
$$\varepsilon_{33} = -\varepsilon_{11}\nu_{13} \qquad (5.6.5\text{-}1)$$
$$\gamma_{12} = \gamma_{13} = \gamma_{23} = 0$$

$$\sigma_{11} \neq 0$$
$$\sigma_{22} = \sigma_{33} = 0 \qquad (5.6.5\text{-}2)$$
$$\tau_{12} = \tau_{13} = \tau_{23} = 0$$

ergeben sich die Energieausdrücke zu

$$W^\varepsilon = \frac{1}{2}E_{11}\varepsilon^2 \qquad (5.6.5\text{-}3) \qquad W^\sigma = \frac{\sigma_{11}^2}{2E_{11}} \qquad (5.6.5\text{-}4)$$

Für das Modell der unregelmäßigen Faseranordnung (Fall 2 in Kapitel 5.2) fallen auch hier bei Vernachlässigung des Restzwischenraumes (Zwickel) die obere und untere Schranke für eine im Querschnitt hexagonale Faseranordnung zusammen und ergeben für den Elastizitätsmodul E_L

$$E_L = E_{11} = E_m V_m + E_f V_f + \frac{4(\nu_f - \nu_m)^2 V_m V_f}{\left(\dfrac{V_m}{K_f}\right) + \left(\dfrac{V_f}{K_m}\right) + \left(\dfrac{1}{G_m}\right)} \qquad (5.6.5\text{-}5)$$

5 Die Idealisierung als unidirektionalen Verbundkörper

5.6.5.1 Bestimmung des E_L-Moduls mit einem vereinfachten Ansatz

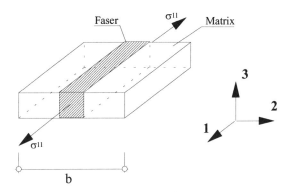

Bild 5.6.5.1-1 Ein repräsentatives Verbundelement bestehend aus der Matrix und einer einzelnen eingebetteten Faser. Verbundelement und Faser besitzen eine rechteckige Querschnittsform.

Wird das Verbundelement parallel zu der Faser ausschließlich aufgrund einer Dehnung beansprucht, und werden unter der Voraussetzung eines idealen Verbundes und der linearen Elastizität der Werkstoffe die Dehnungen ε_m in der Matrix gleich denen der Fasern ε_f angesetzt, so gilt für die Spannungen in den Komponenten

mit   wird

$\varepsilon_1 = \varepsilon_f = \varepsilon_m$ $\sigma_{11} = E_{11}\varepsilon_{11}$

 $\sigma_f = E_f \varepsilon_f$ (5.6.5.1-1)

 $\sigma_m = E_m \varepsilon_m$

Die Spannungen in den Fasern sind demnach größer als in der Matrix, wenn der übliche Fall angenommen wird, daß die Fasern einen höheren isotropen E-Modul als der Matrixwerkstoff besitzen. Unter Hinzunahme der Flächen der Faserquerschnitte A_f und des Matrixquerschnitts A_m kann die Kraft P im Verbundelement bestimmt werden mit

$$P = \sigma_f A_f + \sigma_m A_m \quad (5.6.5.1\text{-}2)$$

Werden die Beziehungen der Gleichungen 5.6.5.1-1 und 5.6.5.1-2 eingesetzt und die Volumenanteile V_f bzw. V_m zum Gesamtquerschnitt V_{gesamt} des Komposits berücksichtigt,

$$V_f = \frac{A_f}{A_{gesamt}} \quad \text{bzw.} \quad V_m = \frac{A_m}{A_{gesamt}} \quad (5.6.5.1\text{-}3)$$

ergibt sich der effektive Elastizitätsmodul E_L parallel zur Faserrichtung zu

$$E_L = E_{11} = E_f V_f + E_m V_m \qquad (5.6.5.1\text{-}4)$$

Der Ausdruck entspricht der „Mischungsregel". Der Einfluß der Querdehnung wurde in der ebenen Betrachtung vernachlässigt. Nach /Rosen u. Hashin/ stellt sie eine sehr gute Näherungslösung für alle unidirektionalen Verbundmaterialien dar. Experimente bestätigten diese Regel für viele Faser-Kunstharz-Systeme, so z.B. für Glasfasern in einer Polyestermatrix mit einem Fehler unter 1 - 2 % /Hull, 1981/.

Die „Mischungsregel" beruht auf der Addition der Steifigkeiten der Komposit-Komponenten analog einer „Parallelschaltung". Dies bedeutet, daß eine Beanspruchung in Faserrichtung im wesentlichen in Abhängigkeit des E_f/E_m-Verhältnisses aufgeteilt wird und eine Behinderung aufgrund der Querkontraktion der Materialien einen vernachlässigbaren Einfluß hat. Die Querkontraktionszahl ist indirekt im Kompressions- und im Schubmodul von Faser- und Matrixwerkstoff im dritten Term der Gleichung 5.6.5-5 enthalten. Ein Vergleich der „exakten" mit der Näherungslösung in Bild 5.6.5.1-2 zeigt, daß für alle kombinierten Werkstoffe die lineare Beziehung der „Mischungsregel" eine sehr gute Näherung darstellt, was auch in der Literatur bestätigt wird /Hashin, 1964, Nielsen, 1967, Rehm u. Franke, 1977/. Der gewählte Maßstab in den Auftragungen darf nicht zu der falschen Annahme führen, daß die metallischen Vergußverankerungen eine konstante Längssteifigkeit besäßen. Immerhin steigt der E_L-Modul im Bereich von 20 bis 60 Vol-% Drahtanteil auf den 1.4fachen Wert an.

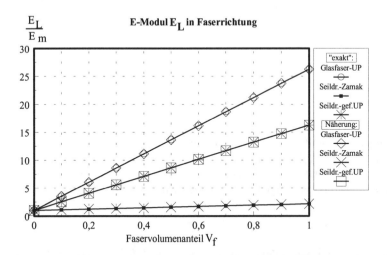

Bild 5.6.5.1-2 Die Darstellung der Abhängigkeit des effektiven Elastizitätsmoduls E_L in Faserrichtung von dem Faservolumenanteil des Komposits. Der Modul E_L wird auf seinen entsprechenden Matrixmodul E_m bezogen. Beispielhaft sind die Abhängigkeiten für drei Faser-Verguß-Kombinationen dargestellt. Zusätzlich sind zum Vergleich die Näherungslösungen eingetragen.

5 Die Idealisierung als unidirektionalen Verbundkörper

5.6.6 Die „effektive" Poissonzahl v_L ($= v_{12}$)

Sie kann nicht mittels direkter Vorgaben von Randbedingungen berechnet werden. Sie wird in Abhängigkeit von den bereits bekannten effektiven elastischen Konstanten bestimmt. Dazu ist es notwendig, zunächst den Modul C_{11} durch Lösung eines Randwertproblems zu ermitteln. Dazu wird ein homogener Dehnungs- und Spannungszustand definiert mit

$$\begin{aligned} \varepsilon_{11} &= \varepsilon & \sigma_{11} &= \sigma \\ \varepsilon_{22} &= \varepsilon_{33} = 0 & \sigma_{22} &= \sigma_{33} = 0 \\ \gamma_{12} &= \gamma_{23} = 0 & & \end{aligned} \qquad (5.6.6\text{-}1)$$

wobei vorausgesetzt wird, daß in der 2,3-Ebene keine Verformungen auftreten sollen (da diese z.B. aufgrund eines harten Einschlusses verhindert werden). Die Energiegleichungen ergeben sich analog der Berechnung zur Ermittlung der Konstanten E_L zu

$$W^\varepsilon = \frac{1}{2}C_{11}\varepsilon^2 \qquad W^\sigma = \frac{\sigma^2}{2C_{11}} \qquad (5.6.6\text{-}2)$$

Man erhält somit für den Modul C_{11} als Näherungslösung der unregelmäßigen Faseranordnung unter Berücksichtigung der bereits ermittelten Konstanten den folgenden Ausdruck

$$C_{11} = E_{11} + 4v_{12}^2 K_{23} \qquad (5.6.6\text{-}3)$$

Nach Einsetzen in die entsprechenden Gleichungen (5.6.1-4), erhält man für die Poisson-Konstante v_L /Rosen u. Hashin/

$$v_L = v_{12} = v_m V_m + v_f V_f + \frac{(v_f - v_m)(\frac{1}{K_m} - \frac{1}{K_f})V_m V_f}{\left(\frac{V_m}{K_f}\right)+\left(\frac{V_f}{K_m}\right)+\left(\frac{1}{G_m}\right)} \qquad (5.6.6\text{-}4)$$

5.6.6.1 Bestimmung von v_L mittels vereinfachtem Ansatz

Mit den für eine ebene Betrachtung schon früher erwähnten idealisierten Randbedingungen sei ein Ausdruck für die Querkontraktionszahl v_{12} gesucht. Sie entspricht dem Verhältnis der Querdehnung ε_{22} zur Dehnung in Faserrichtung ε_{11}, wenn eine Belastung parallel der Fasern wirkt. Der 1. Indize bezeichnet die Richtung der Belastung, der 2. Indize die Richtung der Querdehnung. Es gilt daher

$$v_{12} = \frac{-\varepsilon_{22}}{\varepsilon_{11}}; \quad v_{21} = \frac{-\varepsilon_{11}}{\varepsilon_{22}} \quad \text{und} \quad \frac{v_{12}}{E_{22}} = \frac{v_{21}}{E_{11}} \qquad (5.6.6.1\text{-}1)$$

Die Querdehnung ε_{22} setzt sich aus zwei Komponenten zusammen, dem Anteil der Faser ($-v_f \varepsilon_{11}$) und dem Anteil der Matrix ($-v_m \varepsilon_{11}$). Die Querdehnung ist abhängig von der Geometrie und der Querschnittsform der Faser. Wie Bild 5.6.5.1-1 zeigt, wird vorausgesetzt, daß die Faser einen rechteckigen Querschnitt besitzt und über die gesamte Höhe des Verbundelements reicht. Des weiteren sollen Querdehnungen in der dritten Richtung, d.h. orthogonal zur 1,2-Ebene als vernachlässigbar klein angenommen werden. Somit gilt mit der Breite b des Verbundelements und den Volumenanteilen V_f bzw. V_m für die Verschiebung des Verbundelements in Richtung 2

$$b\varepsilon_{22} = (-v_f \varepsilon_{11} V_f - v_m \varepsilon_{11} V_m) b \qquad (5.6.6.1\text{-}2)$$

und damit für die Querkontraktionszahl v_L

$$v_L = v_{12} = \frac{-\varepsilon_{22}}{\varepsilon_{11}} = (v_f V_f + v_m V_m) \qquad (5.6.6.1\text{-}3)$$

Die somit erhaltene Beziehung stellt wiederum eine „Mischungsregel" für die Querkontraktionszahl dar. Verglichen mit der „exakten "Lösung (5.6.6-4) ist dort der dritte Term vernachlässigt worden, der das räumliche Verhalten berücksichtigt.

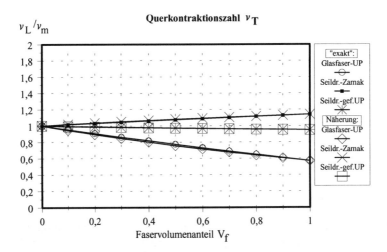

Bild 5.6.6.1-1 Die Darstellung der Abhängigkeit der effektiven Poisson-Konstante v_L in Faserrichtung von dem Faservolumenanteil des Komposits. Die Poisson-Konstante wird auf ihre entsprechende Querkontraktionszahl der Matrix v_m bezogen. Beispielhaft sind die Abhängigkeiten für drei Faser-Verguß-Kombinationen dargestellt. Die Näherungslösungen sind zum Vergleich zusätzlich eingetragen.

5 Die Idealisierung als unidirektionalen Verbundkörper

Die Auftragungen in Bild 5.6.6.1-1 zeigen ausnahmslos nahezu lineare Verläufe. Der Vergleich der exakten Lösung mit der Näherungslösung zeigt die dominierende Abhängigkeit der Poisson-Konstante v_L von dem v_f/v_m-Verhältnis, wohingegen der Einfluß der Elastizitätsmoduli im dritten Term der Gleichung 5.6.6-4 verschwindend gering ist. Für die aus der Literatur entnommenen Werte der Querkontraktionszahlen (Tabelle 5.5-1) geben für die in Zamak vergossenen Stahldrähte einen v_f/v_m-Quotienten größer als 1,0 an. Dementsprechend steigt der dazugehörige Funktionsverlauf mit steigendem Faservolumengehalt an. Je größer das Verhältnis der Querkontraktionszahlen ausfällt, desto höher wird die gegenseitige Behinderung der Querdehnungen der einzelnen Komposit-Komponenten sein. Somit sind unter der Annahme eines guten Verbundes zwischen Faser und Matrix hohe innere Spannungen im Verbundkörper zu erwarten.

5.6.7 Der „effektive" Elastizitätsmodul E_T ($= E_{23}$)

Aus der von /Hashin u. Rosen/ angegebenen Beziehung für den orthotropen Fall zwischen den effektiven elastischen Konstanten

$$\frac{4}{E_T} = \frac{1}{G_T} + \frac{1}{K_T} + \frac{4v_L^2}{E_L} \qquad (5.6.7\text{-}1)$$

ermittelt sich der gesuchte Modul E_T zu

$$E_T = E_2 = E_3 = \frac{4G_{23}K_{23}}{K_{23} + \psi G_{23}} \qquad \text{mit:} \quad \psi = 1 + \frac{4K_{23}n_{12}^2}{E_{11}} \qquad (5.6.7\text{-}2)$$

5.6.7.1 Bestimmung von E_T mittels vereinfachten Ansatzes

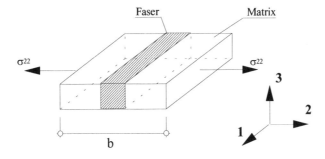

Bild 5.6.7.1-1 Ebene Betrachtung eines Verbundelementes mit einer einzelnen eingebetteten Faser und einer Zugbelastung orthogonal zur Faserrichtung.

Wird eine gleichförmige Spannung σ_{22} orthogonal zur Faserrichtung aufgebracht (Bild 5.6.7.1-1) und dabei vorausgesetzt, daß aufgrund des Gleichgewichts die Spannungen in der Matrix und der Faser identisch sein müssen, also

mit   wird

$$\sigma_{22} = \sigma_f = \sigma_m \qquad \varepsilon_{22} = \frac{\sigma_{22}}{E_{22}}; \quad \varepsilon_f = \frac{\sigma_f}{E_f}; \quad \varepsilon_m = \frac{\sigma_m}{E_m} \qquad (5.6.7.1\text{-}1)$$

ergibt sich unter Berücksichtigung der Volumenanteile V_f bzw V_m und unter Verwendung des Hookeschen Gesetzes für die über das Verbundelement gemittelten Größen für die Normaldehnung ε_{22} in Belastungsrichtung des Verbundelementes

$$\varepsilon_{22} = \varepsilon_f V_f + \varepsilon_m V_m = \frac{\sigma_2 V_f}{E_f} + \frac{\sigma_2 V_m}{E_m} \qquad (5.6.7.1\text{-}2)$$

Für den Elastizitätsmodul E_T ergibt sich somit bei Vernachlässigung der Querkontraktion

$$E_T = E_{22} = \frac{E_f E_m}{E_f V_m + E_m V_f} \qquad (5.6.7.1\text{-}3)$$

Diese Näherungslösung ist verglichen mit Testergebnissen von Verbundstäben bestehend aus Glasfasern und Polyestermatrix für die Änderung des E_T-Moduls in Abhängigkeit von dem Faser-Volumenanteil V_f relativ gut, die quantitativen Versuchsergebnisse wurden aber nicht erreicht. Die Gleichung liefert ab $V_f = 0.3$ zu geringe Werte /Hull, 1981/. Dies kann für einen Faservolumenanteil zwischen 0.2 bis 0.7 mit der Berücksichtigung der Querkontraktionszahl v_m verbessert werden, wenn in obiger Gleichung anstelle E_m jetzt der erweiterte Term E_m^* eingesetzt wird /Hull, 1981/

mit:

$$E_T = \frac{E_m E_f}{E_f(1-V_f) + E_m^* V_f} \qquad E^* = \frac{E_m}{1-v_m^2} \qquad (5.6.7.1\text{-}4)$$

In der von /Hashin, 1964/ angegebenen „exakten" Beziehung 5.6.7-2 werden die effektiven Komposit-Konstanten K_T, G_T, E_L und v_L benötigt. Werden die einzelnen effektiven Konstanten durch bezogene effektive Größen ersetzt und mit entsprechenden Quotienten der isotropen Moduli erweitert, läßt sich eine Form zur Berechnung des E_T-Modul herstellen, die ausschließlich von den Quotienten der isotropen Konstanten der Komposit-Komponenten abhängt. Dabei kann die Ermittlung von E_L und v_L mit den vereinfachten linearisierten Beziehungen 5.6.5.1-4 und 5.6.6.1-3 erfolgen.

5 Die Idealisierung als unidirektionalen Verbundkörper   85

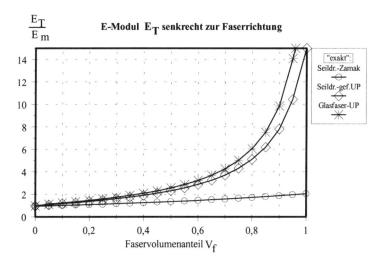

Bild 5.6.7.1-2 Die Darstellung der Abhängigkeit des effektiven Elastizitätsmoduls E_T orthogonal zur Faserrichtung von dem Faservolumenanteil des Komposits. Der Modul E_T wird auf seinen entsprechenden Matrixmodul E_m bezogen. Beispielhaft sind die Abhängigkeiten für drei Faser-Verguß-Kombinationen dargestellt.

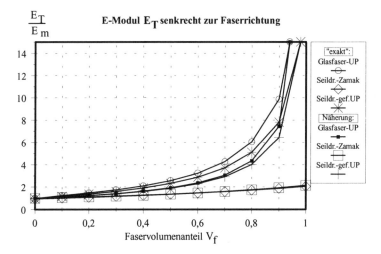

Bild 5.6.7.1-3 Die Darstellung der Abhängigkeit des effektiven Elastizitätsmoduls E_T orthogonal zur Faserrichtung von dem Faservolumenanteil des Komposits. Der Modul E_T wird auf seinen entsprechenden Matrixmodul E_m bezogen. Beispielhaft sind die Abhängigkeiten für drei Faser-Verguß-Kombinationen dargestellt. Die Näherungslösung ist zum Vergleich jeweils zusätzlich angegeben.

Die Bilder 5.6.7.1-2 und 5.6.7.1-3 zeigen wieder die Abhängigkeit des auf den entsprechenden Matrixmodul bezogenen Moduls von dem Faservolumengehalt V_f. Der schon bekannte typische nicht-lineare Verlauf in Abhängigkeit von den Quotienten der isotropen E-Moduli ist zu erkennen. Für sehr kleine Steifigkeitsunterschiede, wie sie für die metallische Verguß-kombination bestehen, bleibt die Funktion wiederum nahezu linear und kann sehr gut mit der vereinfachten Beziehung 5.6.7.1-3 analog einer „Reihenschaltung" der einzelnen Komponentensteifigkeiten beschrieben werden. Für die übrigen Werkstoffkombinationen gibt die Näherungslösung für alle V_f-Werte zu geringe E_T-Moduli an. Dies wird von /Hull, 1981, Rehm u. Franke, 1979/ für Faserverbundstäbe aus Glasfasern und EP-Harz in Versuchen bestätigt.

Zur Ermittlung der zwischen Verankerungshülse und Vergußkonus wirkenden Druckbeanspruchung ist in erster Linie die Quersteifigkeit des Vergußkonus maßgebend. Der Ermittlung des E_T-Moduls in Abhängigkeit vom Faservolumengehalt kommt daher besondere Bedeutung zu, so daß mit den angegebenen analytischen Beziehungen möglichst exakte Moduli bestimmt werden sollten. Selbst für die metallischen Drähte und Vergußwerkstoffe sollte die Näherungslösung lediglich für kleine Quotienten der Komponenten-Moduli angewendet werden.

5.6.8 Die „effektive" Poissonzahl ν_T ($=\nu_{23}$)

Analog den Überlegungen zur Ermittlung des E_T-Moduls in der Schnittebene orthogonal zur Faserrichtung, wird von /Hashin u. Rosen, 1964/ die Querkontraktionszahl ν_T aus einer Beziehung von bereits ermittelten unabhängigen effektiven Konstanten bestimmt zu

mit:

$$\nu_T = \nu_{23} = \frac{K_{23} - \psi G_{23}}{K_{23} + \psi G_{23}} \qquad \psi = 1 + \frac{4 K_{23} \cdot \nu_{12}^2}{E_{11}} \qquad (5.6.8\text{-}1)$$

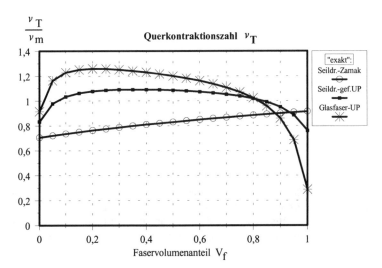

Bild 5.6.8-1 Die Darstellung der Abhängigkeit der effektiven Querkontraktionszahl ν_T orthogonal zur Faserrichtung von dem Faservolumenanteil des Komposits. Die Konstante ν_T wird auf ihren entsprechenden Matrixmodul ν_m bezogen. Beispielhaft sind die Abhängigkeiten für drei Faser-Verguß-Kombinationen dargestellt.

Bild 5.6.8-1 zeigt einen fast linearen Funktionenverlauf, wenn die Quotienten der isotropen Moduli relativ gering sind. In diesem Fall zeigen sowohl der effektive Schubmodul G_T (Bild 5.6.3-2) als auch der effektive E_T-Modul (Bild 5.6.7.1-2) eine nahezu lineare Abhängigkeit vom Faservolumengehalt V_f und dementsprechend ebenfalls die Poisson-Konstante v_T. Übereinstimmend mit in der Literatur angegebenen Versuchsergebnissen /Hashin, 1964/ für synthetische Fasern, die als unidirektionale Verbundstäbe in Kunstharzen vergossen wurden, zeigt sich der Verlauf der Querkontraktionszahl für die übrigen dargestellten Komposit-Kombinationen. Für kleine Faservolumenanteile wurde die anfängliche Zunahme der Querkontraktion v_T auch im Versuch bestätigt. Da in der Regel Faserverbundstäbe nur bis maximal 70 Vol-% Faseranteil hergestellt werden, ist der Funktionenverlauf für die sehr hohen V_f-Werte theoretisch. Für Vergußverankerungen sind die Faseranteile im Bereich von 20 bis 80 Vol-% interessant. Hier kann der Kurvenverlauf für alle untersuchten Komposit-Werkstoffe ohne großen Fehler linearisiert werden. Im Vergleich des metallischen mit dem synthetischen Verguß zeigt sich, daß natürlich mit steigendem Fasergehalt die Querkontraktionsfähigkeit des Komposits absinkt, wenn die Fasern kleinere Poisson-Konstanten als der Matrixwerkstoff aufweisen. In der meßtechnischen Erfassung von Querkontraktionszahlen zeigt sich in der Regel eine große Streubreite. Daher sind in Bild 5.6.8-1 die absoluten Werte mit Vorsicht zu betrachten.

5.6.9 Die Anwendung auf anisotrope Faserwerkstoffe

Die obigen Beziehungen für unidirektionale Komposit auf der Grundlage des CCA-Modells setzen Fasern und Matrixwerkstoffe voraus, die homogene und isotrope Eigenschaften besitzen. Sind die Fasern aber selbst anisotrop, so müssen nach /Hashin u. Rosen, 1964/ die nachfolgenden effektiven mechanischen Konstanten in den angegebenen Gleichungen ersetzt werden:

bei Ermittlung der effektiven Konstanten:	setze anstelle der isotropen Faserkennwerte die folgenden effektiven Größen der Fasern ein:	
K_{23}	$K_{23,f}$	Kompressionsmodul der Fasern
E_L, v_L	$E_{L,f}$	Modul der Fasern in Faserrichtung
	$v_{L,f}$	Querkontraktionszahl der Fasern
G_L	$G_{L,f}$	Schubmodul der Fasern
G_T	$G_{T,f}$	Schubmodul der Fasern

5.6.10 Die „effektiven" linearen Temperatur-Ausdehnungs-Koeffizienten α_L und α_T

Analog dem obigen Vorgehen kann das linear elastische Verhalten des unidirektionalen Verbundkörpers unter Temperaturbeanspruchung behandelt werden. Die linearen Temperaturausdehnungskoeffizienten geben die Ausdehnung eines Körpers unter einer Einheits-Temperaturänderung an, wobei dieser frei von Lasten ist und seine Ausdehnung nicht behindert ist.

Daraus folgt, daß er frei von Spannungen ist. Diese Folgerung gilt allerdings nicht für einen Verbundkörper. Innerhalb des Komposits sind aufgrund der gegenseitigen Verformungsbehinderungen der Fasern bzw. der Matrix Spannungen vorhanden. Die Verteilung und die Größe dieser Spannungen sind dabei nicht gleichmäßig über den Querschnitt verteilt. Sie können Größenordnungen erreichen, die sogar das Versagen des Komposits bewirken (vgl. Kapitel 5.8). In den meisten unidirektionalen Verbundwerkstoffen haben die Fasern einen wesentlich geringeren Temperaturausdehnungskoeffizienten als der Matrixwerkstoff (vgl. Anhang A). Daher werden in Richtung der Fasern nur sehr kleine temperaturbedingte Dehnungswerte auftreten. Die Fasern behindern die thermische Ausdehnung der Matrix. Im Gegensatz dazu werden die Fasern die wesentlich größeren thermischen Verformungen der Matrix in der radialen Richtung kaum behindern können. Die linearen Ausdehnungskoeffizienten können abhängig vom betrachteten Werkstoff ein positives oder negatives Vorzeichen besitzen. Carbon- und Graphitfasern besitzen selbst anisotropes Verhalten, d.h. sie zeigen im Gegensatz zur Längsrichtung nur sehr kleine Temperaturdehnungen quer zu den Fasern (vgl. Anhang A). Diese orthotrope Eigenschaft muß bei der Ermittlung von Komposit-Kennwerten beachtet werden (vgl. Kapitel 5.6.9).

5.6.10.1 Die Ermittlung der „effektiven" linearen Temperatur-Ausdehnungs-Koeffizienten mit dem CCA-Modell

Bei Annahme eines freien Komposit-Zylinders, welcher aufgrund einer homogenen Temperaturänderung ΔT beansprucht wird, setzt man in seinem Inneren eine gleichmäßige Temperaturverteilung voraus. In den Dehnungs-Beziehungen der Elastizitätstheorie orthotroper Materialien erscheint daher das Temperaturglied in allen drei Koordinatenrichtungen. Für den Fall eines zweikomponentigen Komposits, bestehend aus Faser und Matrix, ergeben sich nach /Rosen u. Hashin/, wenn sowohl Faser- als auch Matrixwerkstoff isotropes Verhalten zeigen, die effektiven linearen Temperaturausdehnungskoeffizienten zu

$$\alpha_L = \alpha_m + \frac{\alpha_f - \alpha_m}{\left(\frac{1}{K_f}\right) - \left(\frac{1}{K_m}\right)} \times \left[\frac{3(1-2\nu_L)}{E_L} - \frac{1}{K_m}\right] \qquad (5.6.10.1\text{-}1)$$

$$\alpha_T = \alpha_m + \frac{\alpha_f - \alpha_m}{\left(\frac{1}{K_f}\right) - \left(\frac{1}{K_m}\right)} \times \left[\frac{3}{2K_T} - \frac{3(1-2\nu_L)\nu_L}{E_L} - \frac{1}{K_m}\right] \qquad (5.6.10.1\text{-}2)$$

Dabei steht der effektive Koeffizient α_L für die Ausdehnung in Längsrichtung und α_T für die Ausdehnung in Querrichtung. Die Indizes m bzw f bezeichnen die isotropen Kennwerte des Faser- bzw der Matrixwerkstoffes. Neben den elastischen Konstanten der isotropen Werkstoff-Komponenten werden auch effektive elastische Konstanten ν_L, E_L und in Gleichung

5 Die Idealisierung als unidirektionalen Verbundkörper

5.6.10.1-2 zur Ermittlung von α_T der effektive Kompressionsmodul K_T des Komposits gefordert. Die angegebenen Beziehungen berücksichtigen damit die vorhandenen Steifigkeiten und die daraus resultierenden gegenseitigen Verformungsbehinderungen im Komposit. Die Beziehungen werden von Hashin und Rosen für Glas-Epoxy- oder Boron-Epoxy-Komposite empfohlen. Für anisotrope Faserwerkstoffe, wie z.B. Carbon- oder Graphitfasern, müssen die Gleichungen in modifizierter Form benutzt werden, wie sie in /Rosen u. Hashin/ angegeben werden.

Obwohl die linearen Temperatur-Ausdehnungs-Koeffizienten und die elastischen Moduli von Matrix und Faser Funktionen der herrschenden Temperatur sind, bleiben die beiden genannten Gleichungen näherungsweise gültig, wenn die elastischen Konstanten, die für eine voraussichtlich wirkende Endtemperatur gültig sind, benutzt werden. Für die Temperatur-Ausdehnungs-Koeffizienten der Komponenten können die Werte eingesetzt werden, die sich als Sekantenwerte zwischen der Endtemperatur und derjenigen Temperatur, an der die Spannungen null sind, eingesetzt werden /Rosen u. Hashin/. Hashin gibt am Beispiel einer hexagonalen Anordnung von Carbonfasern in einer Epoxidharzmatrix eine gute Übereinstimmung mit Versuchsergebnissen an /Rosen u. Hashin/. Für die Kombination von Stahldrähten in einem gefüllten UP-Harz und in einer metallischen Legierung sind bisher keine Versuche durchgeführt worden. Untersuchungen mit feinsten Metallfasern in einer Aluminium- /Nielsen, 1967/ oder auch in einer Kunststoffmatrix zeigten, daß die Komposit-Vorstellung in diesen Fällen ihre Gültigkeit behält.

5.6.10.2 Weitere Ansätze zur Ermittlung der linearen Temperatur-Ausdehnungs-Koeffizienten

R.A.Shapery /Shapery, 1968, Hull, 1981/ gibt für den Fall, daß die Poisson-Konstanten von Faser und Matrix identisch sind, eine Beziehung an, die näherungsweise auch für unterschiedliche Querkontraktionszahlen und insbesondere bei Faservolumenanteilen $V_f > 0.5$ angewendet werden dürfen. In den Gleichungen 5.6.10.1-1 und 5.6.10.1-2 wird der E_L-Modul mit der vereinfachten Beziehung, der „law of mixture" (Gleichung 5.6.5.1-4), eingesetzt. Für den Koeffizienten α_L in Richtung der Fasern ergibt sich somit

$$\alpha_L = \frac{E_f \alpha_f V_f + E_m \alpha_m (1 - V_f)}{E_f V_f + E_m (1 - V_f)} \quad (5.6.10.2\text{-}1)$$

Die einfache „Mischungsregel", die in der Literatur oft zu finden ist, lautet

$$\alpha_L = \alpha_f V_f + \alpha_m V_m \quad (5.6.10.2\text{-}1a)$$

Für den Koeffizienten α_T in der Querrichtung gibt Shapery eine Bestimmungsgleichung aus der Literatur wieder, die ebenfalls identische Poisson-Zahlen der Fasern und Matrix voraussetzt. Der damit errechenbare Wert liegt nach Shapery zwischen den von ihm selbst ermittelten Grenzwerten. In Gleichung 5.6.10.2-2 gehen die Komposit-Eigenschaften in Form der Poisson-Konstante v_L und des Temperatur-Koeffizienten α_L ein.

$$\alpha_T = \alpha_m + (\alpha_m - \alpha_L)\nu_L - (\alpha_m - \alpha_f)(1+\nu_f)\frac{\nu_m - \nu_L}{\nu_m - \nu_f} \quad (5.6.10.2\text{-}2)$$

Unter Verwendung der „Mischungsregel" für die Querkontraktionszahl ν_L des Komposits (Gleichung 5.6.6.1-3)

$$\nu_L = \nu_m V_m + \nu_f V_f \quad (5.6.10.2\text{-}3)$$

kann eine einfachere Form erreicht werden, die ohne Angabe von ν_L auskommt

$$\alpha_T = (1+\nu_m)\alpha_m(1-V_f) + (1+\nu_f)\alpha_f V_f - \alpha_L\left[\nu_f V_f + \nu_m(1-V_f)\right] \quad (5.6.10.2\text{-}4)$$

R.Shapery gibt in /Shapery, 1968/ zusätzlich eine analog der „Mischungsregel" abgeleitete vereinfachte Beziehung für α_T an. Für kleine Faser-Volumenanteile ist die Abweichung von der exakten Lösung zu groß, aber insbesondere für Faseranteile $V_f > 0.5$ wird seiner Meinung nach eine zufriedenstellende Näherung für synthetische Faserverbundstäbe erhalten.

$$\alpha_T = (1+\nu_m)\alpha_m V_m + \alpha_f V_f \quad (5.6.10.2\text{-}5)$$

In Bild 5.6.10.2-1 ist der lineare Temperatur-Ausdehnungs-Koeffizient α_L für die Werkstoffkombinationen aus Tabelle 5.5-1 in Abhängigkeit vom Faservolumengehalt nach Gleichung (5.6.10.1-1) dargestellt. Dabei wurde zur Berechnung von E_L und ν_L die vereinfachte Näherung der „Mischungsregel" verwendet.

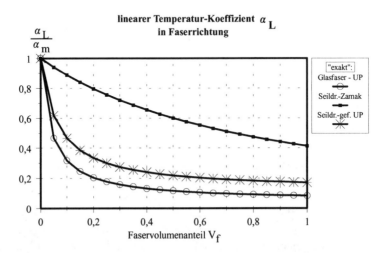

Bild 5.6.10.2-1 Die Darstellung der Abhängigkeit des effektiven linearen Temperatur-Ausdehnungs-Koeffizienten α_L in Faserrichtung von dem Faservolumenanteil des Komposits. Der Koeffizient α_L wird auf seinen entsprechenden Temperatur-Koeffizienten der Matrix α_m bezogen. Beispielhaft sind die Abhängigkeiten für drei Faser-Verguß-Kombinationen dargestellt.

Wird α_L auf den linearen Temperatur-Koeffizienten der Matrix α_m bezogen, ergibt sich in Gleichung (5.6.10.1-1) die Abhängigkeit der Quotienten der isotropen Konstanten α_f/α_m, K_m/K_f, E_f/E_m, E_m/G_m, ν_f/ν_m. Da mit den E-Moduli und den Poisson-Konstanten, bis auf die Temperatur-Koeffizienten, die übrigen Konstanten ermittelt werden können, wird der Funktionenverlauf letztlich durch die Steifigkeitsunterschiede der E-Moduli von Faser- und Vergußwerkstoff und dem Quotienten ihrer Temperatur-Koeffizienten bestimmt. Es zeigt sich wie schon bei den bereits ermittelten effektiven mechanischen Konstanten, daß die Verformungsbehinderung infolge hohen E_f/E_m-Verhältnisses groß ist. Mit größer werdendem Unterschied von α_f im Vergleich mit α_m wird die Abhängigkeit vom Faservolumengehalt kleiner, was sich in einem großen Bereich des Faseranteils mit fast konstantem α_L/α_m-Verhältnis äußert.

Dies zeigt sich insbesondere für die Seildrähte bzw. die Glasfasern, die mit gefüllten bzw. ungefüllten UP- bzw. EP-Harzen vergossen sind und nur sehr kleine Quotienten der Temperatur-Koeffizienten besitzen. Die Temperaturdehnungen in Faserrichtung werden also für kleine α_f/α_m-Verhältnisse und schon ab einem geringen Faservolumengehalt von 20 Vol-% von dem Temperaturverhalten des Faserwerkstoffes bestimmt.

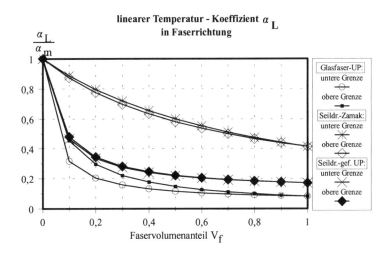

Bild 5.6.10.2-2 Die Darstellung der Abhängigkeit des linearen Temperatur-Ausdehnungs-Koeffizienten α_L in Faserrichtung in bezogener Darstellung von dem Faservolumenanteil des Komposits. Für die beispielhaft untersuchten Faser-Verguß-Kombinationen sind die Näherungslösungen ebenfalls angegeben.

Das Bild 5.6.10.2-2 zeigt, daß die von /Schapery, 1968/ angegebene Gleichung 5.6.10.2-1 eine gute Näherung darstellt. Die einfache „Mischungsregel" Gleichung (5.6.10.2-1a), die einen linearen Zusammenhang in Abhängigkeit des Temperatur-Koeffizienten vom Faseranteil zeigt und die Steifigkeiten von Faser und Matrix nicht berücksichtigt, stellt selbst für die gestreckte Kurve der metallischen Verguß-Kombination keine akzeptable Näherung dar.

In den Bildern 5.6.10.2-3 sind die Abhängigkeit des α_T-Koeffizienten vom Fasergehalt für die Faser-Verguß-Zusammenstellungen in Tabelle 5.5-1 nach Gleichung (5.6.10.1-2) von /Hashin u. Rosen, 1964/ und jeweils die einfache lineare „Mischungsregel" als untere Grenze und Gleichung (5.6.10.2-5) als obere Grenze angegeben. Die Neigung der über den gesamten Verlauf nahezu linear verlaufenden Funktionen ist vom Verhältnis der Temperatur-Koeffizienten α_f zu α_m abhängig. Die Berechnungen wurden auch hier mit den Vereinfachungen für E_L und v_L durchgeführt. Im Gegensatz zum linearen Temperatur-Koeffizienten α_L wird nun die effektive Konstante K_T des Komposits mit einbezogen. Für die hier beispielhaft ausgewählten Faser-Verguß-Kombinationen stellt die obere Grenze eine sehr gute Näherung an die theoretische „exakte" Lösung für einen Faseranteil von 10 bis 80 Vol-% dar. Für die geometrischen Verhältnisse in metallischen Vergußverankerungen ist lediglich der Bereich von 20-80 Vol-% Faseranteil von Bedeutung.

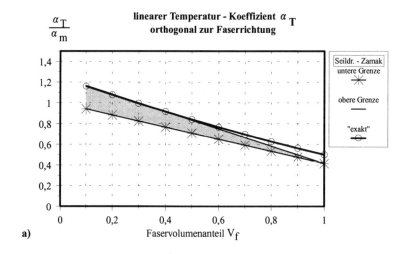

a)

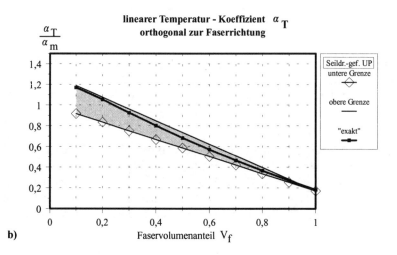

b)

5 Die Idealisierung als unidirektionalen Verbundkörper

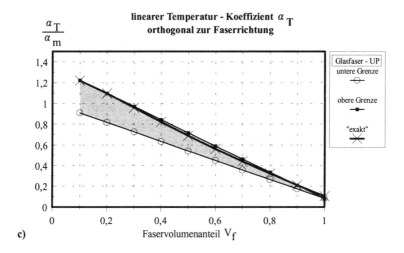

c)

Bild 5.6.10.2-3 Die Darstellung der Abhängigkeit des linearen Temperatur-Ausdehnungs-Koeffizienten α_T orthogonal zur Faserrichtung in bezogener Darstellung von dem Faservolumenanteil des Komposits. Für die beispielhaft untersuchten Faser-Verguß Kombinationen a) bis c) sind jeweils die Näherungslösungen als untere bzw. obere Schranken mit angegeben.

5.7 Die Richtungsabhängigkeit der „effektiven" elastischen Konstanten des unidirektionalen Komposits

Die angegebenen elastischen Beziehungen des unidirektionalen Komposits wurden unter der Voraussetzung ermittelt, daß Last- bzw. Verformungsbeanspruchungen in Richtung der Orthotropie-Achsen wirken, d.h. parallel und orthogonal zur Faserrichtung zeigen. Unter diesen Voraussetzungen können die Beanspruchungen auf Zug, Druck oder Schub unabhängig voneinander ermittelt werden. Sind aber Beanspruchungsrichtung und Hauptachsenrichtung in einem Winkel β zueinander verdreht, so sind die Beanspruchungen nicht mehr entkoppelt und es muß die Steifigkeits- bzw. die Nachgiebigkeitsmatrix mittels einer Koordinaten-Transformation in das gedrehte Achsensystem umgerechnet werden /Hull, 1981, Bufler, 1980/. Da in der 2,3-Ebene des unidirektionalen Komposits keine Richtungsabhängigkeit besteht (isotrope Ebene), wird die in Bild 5.7-1 gezeigte 1,2-Ebene des Verbundkörpers betrachtet.

Von Hull /Hull, 1981/ werden nach durchgeführter Koordinatentransformation folgende Beziehungen zur Berechnung der effektiven elastischen Konstanten in einem gedrehten Koordinatensystem in Abhängigkeit vom Drehwinkel β angegeben

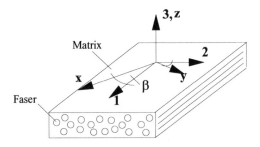

Bild 5.7-1 Das Bild zeigt einen horizontalen Ausschnitt eines unidirektionalen Verbundkörpers. Zur Bestimmung der Richtungsabhängigkeit der effektiven elastischen Konstanten wird in einer ebenen Betrachtung nur die orthotrope 1,2-Ebene untersucht.

$$\frac{1}{E_x} = \frac{1}{E_{11}}\cos^4\beta + \left(\frac{1}{G_{12}} - \frac{2v_{12}}{E_{11}}\right)\sin^2\beta\cos^2\beta + \frac{1}{E_{22}}\sin^4\beta$$

$$\frac{1}{E_y} = \frac{1}{E_{11}}\sin^4\beta + \left(\frac{1}{G_{12}} - \frac{2v_{12}}{E_{11}}\right)\sin^2\beta\cos^2\beta + \frac{1}{E_{22}}\cos^4\beta$$

$$\frac{1}{G_{xy}} = 2\left(\frac{2}{E_{11}} + \frac{2}{E_{22}} + \frac{4v_{12}}{E_{11}} - \frac{1}{G_{12}}\right)\sin^2\beta\cos^2\beta + \frac{1}{G_{12}}(\sin^4\beta + \cos^4\beta) \qquad (5.7\text{-}1)$$

$$v_{xy} = E_x\left[\frac{v_{12}}{E_{11}}(\sin^4\beta + \cos^4\beta) - \left(\frac{1}{E_{11}} + \frac{1}{E_{22}} - \frac{1}{G_{12}}\right)\sin^2\beta\cos^2\beta\right]$$

Im Vergußkonus einer Zuggliedverankerung werden die Fasern fächerförmig zu einem „Seilbesen" aufgespreizt (vgl. Kapitel 4.2.1). Damit liegen die Fasern nicht mehr parallel zur Hauptrichtung. Die Zugkraft des Zuggliedes wirkt parallel der Mittelachse des Vergußkonus. Die aufgrund der Konusform und der Reibkraftübertragung zwischen Vergußkonus und Verankerungshülse wirkende Druckbeanspruchung wirkt ebenfalls nicht exakt orthogonal zu allen Fasern des Zugliedbesens. Für kleinere Richtungsabweichungen der Fasern von der parallelen Anordnung, die Konus- bzw. Besenwinkel α bzw. β (vgl. Bild 4.3.1-1) liegen in der Regel im Bereich von 4° bis 9° /DIN 18800/, zeigt Bild 5.7-1 die Abweichung am Beispiel des effektiven elastischen E_x-Moduls, der mit Hilfe der Beziehungen (5.7-1) abgeschätzt wurde.

In der Auftragung ist die effektive Konstante im rechtwinkligen x,y-Koordinatensystem nach den Gleichungen (5.7-1) auf die entsprechende Konstante im Hauptachsensystem bezogen und in Abhängigkeit vom Richtungswinkel β aufgetragen. In Tabelle 5.7-1 sind die ermittelten effektiven Konstanten für einen Faservolumenanteil von $V_f = 0.8$ angegeben.

5 Die Idealisierung als unidirektionalen Verbundkörper

Tabelle 5.7-1 Die in den vorangegangenen Kapiteln ermittelten effektiven Konstanten für die drei untersuchten Faser-Verguß-Kombinationen. Die Rechenwerte wurden gerundet.

für: $V_f = 0.8$ (* = Näherung)		Seildraht - Zamak	Seildraht - gefülltes UP-Harz	Glasfaser - ungefülltes EP-Harz
E_L-Modul	(N/mm²)	174 100	158 400	58 400
E_T-Modul*	(N/mm²)	158 500	48 100	12 000
G_L-Modul	(N/mm²)	64 800	27 000	7070
G_T-Modul	(N/mm²)	64 400	25 300	6600
Poisson-Zahl v_L	(/)	0.3	0.288	0.228

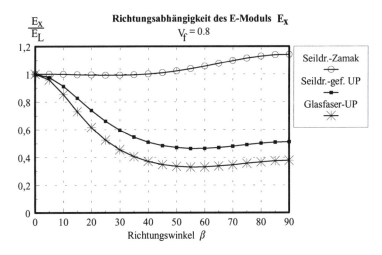

Bild 5.7-1 Der Elastizitätsmoduls E_x in x-Richtung des gedrehten x,y-Koordinatensystems, bezogen auf den E_L-Modul im Hauptachsensystem in Abhängigkeit von dem Drehwinkel β.

In Bild 5.7-3 ist für eine Winkelabweichung von 0 - 20° die Verminderung des E_x-Moduls in größerem Maßstab dargestellt. Wird für die heute üblichen Besengeometrien eine gemittelte Richtungsabweichung der Fasern von ca. 2° bis 6° angesetzt, so zeigt die Auftragung, daß der E_x-Modul für alle angegebenen Werkstoffe nicht unter 90 % des E_L-Modules absinkt. Für die anderen effektiven Größen der Beziehung (5.7-1) zeigt sich eine vergleichbare Reduzierung für kleine Winkel β.

In Bild 5.7-3 ist für den bezogenen E-Modul E_x/E_L der Faservolumenanteil V_f variiert. Auch hier sind für kleine Winkelabweichungen die Abminderungen des E-Moduls vernachlässigbar.

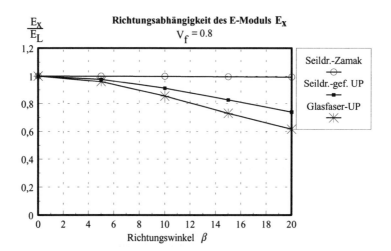

Bild 5.7-2 Gleiche Auftragung wie Bild 5.7-1 aber in einem Maßstab, der die Abweichungen für kleine Winkel deutlicher macht.

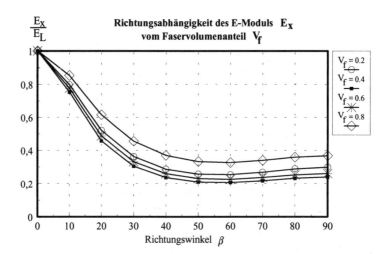

Bild 5.7-3 Der Elastizitätsmoduls E_x in x-Richtung des gedrehten x,y-Koordinatensystems, bezogen auf den E_L-Modul im Hauptachsensystem in Abhängigkeit von dem Drehwinkel β. Der Faservolumenanteil V_f wird variiert.

Zusammenfassend kann daher gefolgert werden, daß die geringe Richtungsabweichung der Fasern in den heute üblichen Vergußverankerungen vernachlässigt werden darf. Für den Verguß von Stahldrähten in einer metallischen Legierung ist auch für größere Richtungswinkel kaum ein Einfluß auf die effektiven elastischen Konstanten festzustellen, solange der elastische Bereich nicht überschritten wird.

5 Die Idealisierung als unidirektionalen Verbundkörper

5.8 Der Spannungszustand zwischen den Fasern im Komposit

Zur Verankerung der hochfesten Fasern in einem möglichst kurzen Vergußraum muß insbesondere am Einlauf der Fasern in den Vergußwerkstoff der innere Beanspruchungszustand zwischen den Fasern und in der Grenzschicht Faser-Matrix zur Abschätzung der Verbundfestigkeit und damit der Lasteinleitung in den Verguß betrachtet werden. Die Untersuchung dieser Beanspruchungen soll nicht das Hauptziel dieser Arbeit sein. Dennoch werden im folgenden einige Ergebnisse aus der Literatur angegeben, welche die Spannungsverteilung zwischen den Fasern im Matrixwerkstoff zum Gegenstand ihrer Untersuchungen hatten und welche direkt auf die Situation im Vergußraum der Verankerung übertragen werden können.

I.M.Daniel gibt in /Daniel, 1974/ einen Überblick über Literaturstellen zu dem Thema der Spannungsuntersuchungen mit analytischen und modelltechnischen, insbesondere spannungsoptischen, Methoden (s.a. /Müller, 1971/). Dreidimensionale Modelluntersuchungen und dynamische Verhaltensuntersuchungen wurden nur selten durchgeführt /Daniel, 1974/.

5.8.1 Der Spannungszustand infolge Schwindens bzw. Temperaturbeanspruchung

Noch bevor die Verankerung mit der Zuggliedlast beansprucht wird, ist im Vergußkonus bereits ein Eigenspannungszustand vorhanden. Dieser wird aufgrund der behinderten Verformungen während des Schwindprozesses verursacht (vgl. Kapitel 7).

Eine äußere Temperatureinwirkung bewirkt infolge der durch die Fasern behinderten Temperaturverformungen (vgl. Kapitel 5.6.10) ebenfalls Spannungen und hat somit eine Überlagerung mit dem Eigenspannungszustand im Konus-Komposit zur Folge.

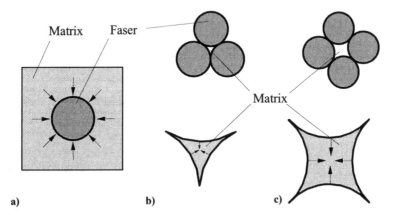

Bild 5.8.1-1 a) Ist der Schwindkoeffizient der Matrix größer als derjenige des Faserwerkstoffes, entstehen radial gerichtete Druckspannungen in der Grenzschicht von Faser und Verguß. Für die dichteste hexagonale (b) bzw. quadratische Packung (c) der Fasern entstehen in den „Zwickeln", d.h. im Matrixwerkstoff, Zugspannungen /Hull, 1981/

Nach Hull /Hull, 1981/ können die inneren Spannungen in synthetischen Verbundwerkstoffen so große Werte annehmen, daß sie verantwortlich für eine „Mikrorißbildung" in der Matrix und für das Überschreiten der Verbundfestigkeit in den Grenzschichten sind. Die Beanspruchungen infolge der Achsialbeanspruchung des Zuggliedes und der Druckbeanspruchung aus der Konusform addieren sich zu diesem Eigenspannungszustand.

Es soll zunächst eine einzelne Faser betrachtet werden, die in einer Matrix vollständig eingebettet ist. Der Faserwerkstoff soll eine geringere Schwindneigung als der Matrixwerkstoff besitzen, wie dies auch den üblichen Verhältnissen in der Vergußverankerung entspricht. Die aufgrund der steifen Fasern behinderte Schwindverformung führt somit im Matrixmaterial und in der Faser zu Druckspannungen, die in diesem rotationssymmetrischen Fall radial zur Fasermitte gerichtet sind (Bild 5.8.1-1).

Im Gegensatz dazu, sind nach dem Schwinden Zugspannungen in der Matrix und in der Fasergrenzschicht vorhanden, wenn mehrere Fasern in ihrer maximalen Packungsdichte in der Matrix eingebettet sind (Bild 5.8.1-1). Es ist dabei gleichgültig, ob eine hexagonale oder quadratische Faseranordnung im Querschnitt vorliegt. Im Querschnitt des Vergußkonus der Verankerung liegen die Fasern i.d.R. in einem größeren Abstand zueinander.

In den zweidimensionalen spannungsoptischen Untersuchungen von Koufoulos und Theocaris /Hull, 1981/ sind verschiedene E-Modul-Verhältnisse ($E_f/E_m = 2,4$ und $E_f/E_m = 11,4$) und drei unterschiedliche Faser-Volumenanteile ($V_f = 0.35$, 0.55 und 0.71) untersucht worden. Es wurde der Querschnitt eines Komposits mit quadratischer Faseranordnung betrachtet. Die Schwindverformungen des Matrixwerkstoffes wurden allein infolge der Fasereinschlüsse behindert. Es ergaben sich an verschiedenen Orten innerhalb der Matrix unterschiedlich hohe Spannungen. Bild 5.8.1-2 zeigt einen Ausschnitt der quadratischen Faseranordnung mit dem Zwischenfaserabstand (s), dem Faserradius (r) und den Orten (A,B,C,O), an denen eine Spannungsermittlung erfolgte.

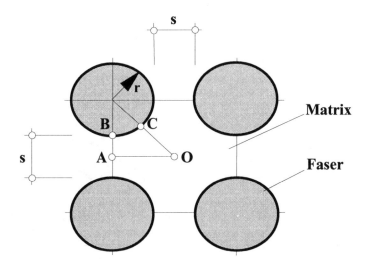

Bild 5.8.1-2 Ein Ausschnitt aus der quadratischen Faseranordnung mit den Punkten A,B,C und O, welche die Orte der Spannungsermittlung kennzeichnen /Hull, 1981/.

Im Punkt O, der zu allen umliegenden Fasern den gleichen Abstand besitzt, entstehen radial gerichtete Zugspannungen, es besteht ein hydrostatischer Zugspannungszustand. Zwischen den Orten A und B, also innerhalb des kürzesten Abstandes der steifen Einschlüsse, herrscht ein zum Mittelpunkt der nächstliegenden Fasern radial gerichteter Druckspannungszustand, dessen Wert bei Abnahme des Faserabstandes, d.h. bei Zunahme von V_f, zunimmt. Es stellt sich gewissermaßen eine „Abstützung" der Fasern in Richtung der kleinsten Faserabstände ein. Am gleichen Ort herrschen in bezug auf die Fasern in Ringrichtung Zugspannungen. Bei sehr kleinem Faserabstand und hohem Steifigkeitsunterschied (E_f/E_m) von Faser und Matrix ändert sich dieser Zustand in einen hydrostatischen Druckspannungszustand. Die Radialspannungen am Punkt C können ebenfalls positiv (Zug) oder negativ (Druck) sein, abhängig vom bezogenen Faserabstand ($s/2r$) und dem Verhältnis E_f/E_m. Für kleine Faservolumenanteile V_f und großem E_f/E_m-Verhältnis stellen sich Zugspannungen ein, die zur Grenzflächen-Ablösung (interface cracking) führen können.

Daniel gibt in /Daniel, 1974/ die Ergebnisse der drei-dimensionalen spannungsoptischen Modellstudien von Marloff und Daniel wieder (Bild 5.8.1-3). Sie untersuchten eine quadratische Faseranordung eines unidirektionalen Verbundkörpers mit einem Faservolumenanteil $V_f = 0.5$, wobei der lichte Faserabstand (s) die Hälfte des Faserradius (r) betrug. (Dies entspricht einem Quotienten von ($s/2r$) = 0.25.) In der Auswertung wurde der Einfluß der unterschiedlichen Querkontraktionszahlen nicht berücksichtigt.

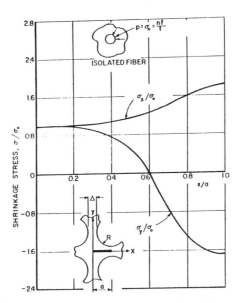

Bild 5.8.1-3 Die Verteilung der Spannungen σ_x und σ_y infolge Schwindens für eine quadratische Faseranordnung entlang der gekennzeichneten Mittellinie zwischen den Fasern. Die Spannungen sind auf den radialen Druckspannungswert σ_0 („Basis-Spannung") einer einzelnen eingebetteten Faser bezogen. Der Zwischenfaserabstand ($\Delta = s$) beträgt die Hälfte des Faserradius (r) ($s/2r = 0.25$).

Bild 5.8.1-3 zeigt die Verteilung der Spannungen σ_x und σ_y infolge Schwindens entlang der gekennzeichneten Mittellinie zwischen den Fasern. Die angegebenen Werte sind Mittelwerte zweier orthogonal zueinander stehender Mittellinien, von denen nur eine gezeichnet ist und im Idealfall jeweils dieselben Werte aufweisen müssen. Die dimensionslose Darstellung der Spannungen erhält man mittels Division der gemessenen Spannungskomponenten durch die radiale Druckspannung σ_0 („Basis-Spannung") einer einzelnen eingebetteten Faser infolge Matrixschwindens. Diese errechnet sich zu

$$\sigma_0 = \alpha\, E_m$$

Dabei bezeichnet α die Dehnungsdifferenz der sich aufgrund freien Schwindens einstellenden Dehnungen des Faser- und Matrixwerkstoffes und E_m den E-Modul der Matrix. Der Druckspannungszustand in der Matrix entspricht dem Spannungszustand eines steifen Stabes, der in einem zu kleinen Loch mittels Aufschrumpfen des umgebenden Materials gehalten wird (Bild 5.8.1-1). Dabei ist in bezug auf den kreisförmigen Einschluß die tangentiale Zugspannung im Betrag identisch mit der radialen Druckspannung.

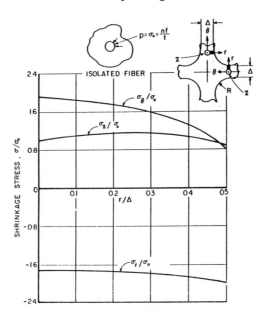

Bild 5.8.1-4 Die Verteilung der Radialspannungen σ_r und der Ringspannungen σ_φ infolge Schwindens für eine quadratische Faseranordnung zwischen den Fasern entlang der gekennzeichneten radialen Koordinate. Die Spannungen sind auf die „Basis-Spannung" σ_0 bezogen (vgl. Bild 5.8.1-3). Der Zwischenfaserabstand beträgt die Hälfte des Faserradius ($s/2r = 0.25$).

Bild 5.8.1-4 zeigt die Verteilung der Radialspannungen σ_r und der tangentialen Ringspannungen σ_φ infolge Schwindens entlang der gekennzeichneten radialen Richtung am Ort des geringsten Abstandes der Fasern. Die radialen Spannungen stehen orthogonal und die Umfangsspannungen liegen parallel zur Mittellinie in Bild 5.8.1-3. Die z-Richtung ist parallel zur Faserachse gerichtet. Der Verhältniswert $r/\Delta = 0.5$ bezeichnet die Lage der Grenzschicht von Faser und Matrix. In Bild 5.8.1-4 besitzen die Umfangsspannungen σ_φ ihren Maximalwert in der Mitte des kleinsten Faserabstandes. Sie verringern sich je näher zur Fasergrenzschicht gegangen wird. Im gleichen Schnitt wirken fast konstante radiale Druckspannungen, die nur an der Fasergrenzfläche leicht zunehmen (Bild 5.8.1-4). In Bild 5.8.1-3 ist zu erkennen, daß im Matrix-Zwickel ein hydrostatischer Zugspannungszustand besteht und die Druckspannungen σ_y im Schnitt des kleinsten Faserabstandes ($x/a = 1.0$) bei $x/a = 0.6$ in Zugspannungen übergehen. Die Längsspannungen σ_z parallel der Fasern sind Zugspannungen. In der Grenzschicht der Fasern sind sie betragsmäßig gleich den Umfangsspannungen.

Haener untersuchte in /Haener, 1967/ mittels eines analytischen Verfahrens die Spannungsverteilung in der Grenzschicht von Faser und Matrix in einem Glasfaser-Epoxi-Modell und bestätigte die oben angegebenen Versuchsergebnisse von Daniel auch für eine hexagonale Faseranordnung mit einem Zwischenfaserabstand von ($s/2r = 0.18$) (entspricht einem 0.36-fachen Faserradius). Er berücksichtigte dabei die achsiale Faserrichtung, untersuchte also ein 3-dimensionales Komposit-Modell.

In der Literatur über Vergußverankerungen /Schneider, 1949, Müller, 1971, Gabriel, 1991/ wird die Verteilung und das Vorzeichen dieser inneren Spannungen bislang nicht berücksichtigt. Es wird vielmehr von der Vorstellung einer einzelnen eingebetteten Faser ausgegangen, in deren Grenzschicht nach dem Schwinden der Matrix ein konstanter radialer Druckspannungszustand über den Faserumfang besteht. Die hier untersuchten Faseranteile sind im Besenwurzel-Bereich des Vergußkonus ebenfalls möglich.

In einem Längsschnitt des unidirektionalen Komposits wird die Schwindverformung der Matrix aufgrund der kleineren Schwindneigung und der höheren Steifigkeit der Fasern behindert. Es wird somit in achsialer Richtung eine Zugspannung in der Matrix erzeugt. In den Fasern ruft das Schwinden einen Druckspannungszustand hervor /Hull, 1981, Haener, 1967/, sie sind vorgespannt. Über den Umfang variiert diese Achsialspannung in ihrem Betrag um fast den doppelten Wert.

In der Literatur sind u.a in /Hull, 1981, Bloom, 1967, Haener, 1967, Daniel, 1974/ die Spannungszustände aufgrund einer achsialen bzw. eindimensionalen orthogonal zur Faserrichtung gerichteten äußeren Belastung untersucht worden. Es zeigt sich wiederum die starke Abhängigkeit der Spannungsverteilung und ihres Betrages sowie des Vorzeichens von dem Faserabstand, also dem Faservolumenanteil V_f, und dem Verhältnis der elastischen Konstanten der Komposit-Komponenten.

6 Die Idealisierung des „gefüllten" Vergußmaterials als Komposit-Werkstoff

Insbesondere aufgrund der hohen Druckbeanspruchung des Konus im Verankerungsraum werden Vergußwerkstoffe mit hoher Steifigkeit und hohen Festigkeitswerten angestrebt. Steifere Werkstoffe zeigen in der Regel hohe Dauerstandfestigkeiten, geringe Kriechwerte und eine hohe Temperaturstabilität. Die relativ „weichen" polymeren Vergußwerkstoffe sollten daher mit „Füllstoffen" modifiziert werden, um ihre Steifigkeit zu erhöhen. Abhängig von der Art des verwendeten „Füllers" und seinem Anteil am Gesamtvolumen, können die Eigenschaften der Vergußmassen in weiten Grenzen gezielt beeinflußt werden /Gropper, 1987, Nielsen, 1967/. Es werden in der Regel folgende Veränderungen erreicht /Hashin, 1962, Nielsen, 1967/:

– Erhöhung der Steifigkeits- und Festigkeitswerte der Matrixmaterialien
– Erhöhung der Temperaturbeständigkeit
– Verringerung des Temperatur-Ausdehnungskoeffizienten
– Verringerung des Schwindwertes
– Reduzierung der Kriechneigung

Der Füller sollte in dem anzureichernden Grundwerkstoff, der Matrix, gleichmäßig verteilt und jedes Füllerpartikel vollständig von dem Matrixmaterial umgeben sein. In der Grenzschicht des Füller-Partikels zur umgebenden Grundsubstanz sollte ein möglichst fester Verbund vorhanden sein. Die einzubringenden Füllwerkstoffe können als unregelmäßige Körner, in Kugelform, als dünne Plättchen oder als kurze Fasern vorliegen. Die Partikelgestalt stellt dabei einen wichtigen Parameter dar, der die Eigenschaften des angereicherten Materials beeinflußt /Hashin, 1962, Nielsen, 1967/.

Zur Erhöhung der Steifigkeiten und Festigkeiten des Matrixwerkstoffes werden Füller benutzt, die wesentlich steifer sind als die Werkstoffe, in die sie eingebettet werden. Es zeigte sich, daß die elastischen Moduli zunehmen, wenn der Anteil des Füllermaterials steigt, insbesondere dann, wenn eine ausreichende Haftung zwischen Partikel und Matrixwerkstoff vorliegt. Im Gegensatz dazu wird beobachtet, daß eine dramatische Erniedrigung der Bruchdehnung des Matrixmaterials mit der Zugabe von Füllern einhergeht. Die Spannungs-Dehnungs-Beziehung hängt in starkem Maße vom Volumenanteil (Füllgrad) des gefüllten Werkstoffes ab. Im allgemeinen bedeutet eine Erhöhung des Partikel-Volumenanteils eine Erhöhung der Zugfestigkeit. Werden aber aufgrund eines schlechten bzw. während der Belastung zerstörten Verbundes Risse, Spalte und Hohlräume erzeugt, sinkt daraufhin die Zugfestigkeit drastisch ab. Es zeigt sich eine starke Abhängigkeit der mechanischen Eigenschaften eines gefüllten Materials von der Größe der Partikel.

6 *Die Idealisierung des „gefüllten" Vergußmaterials als Komposit-Werkstoff*

6.1 Modell zur Ermittlung der „effektiven" elastischen Konstanten von mit sphärischen Einschlüssen gefüllten Vergußsystemen

Analog der Betrachtungsweise in Kapitel 5 für Faserverbundwerkstoffe wird hier angenommen, daß das elastische Verhalten eines Werkstoffes mit globulären Einschlüssen mit Hilfe von „effektiven" elastischen Konstanten beschrieben werden kann, die mit Hilfe der Elastizitätstheorie ermittelt werden können. Grundlage sind hierbei die angegebenen elastischen Konstanten des als elastisch, homogen und isotrop vorausgesetzten Matrixwerkstoffes bzw. des verwendeten Füllers. Hierbei werden die Füller-Partikel als in der Matrix regelmäßig verteilt angenommen, so daß makroskopisch von einem quasi-isotropen und quasi-homogenen Komposit-Werkstoff gesprochen werden kann. Die effektiven Konstanten geben also wiederum nur das über den Verbundkörper gemittelte Verhalten wieder. Über einen Beanspruchungszustand zwischen bzw. in den Füllerpartikeln kann somit keine Aussage gemacht werden.

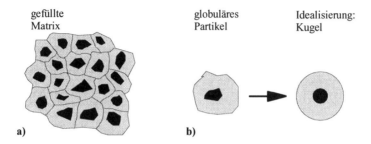

Bild 6.1-1 Die Modellvorstellung eines globulären Komposits. Jeder Füllerpartikel wird als Kugel angenommen und ist von einer Schale aus Matrixwerkstoff umgeben.

In /Hashin, 1962/ sind analytische Ansätze und ausführliche Literaturangaben enthalten. Dabei beziehen sich die Betrachtungen entweder ausschließlich auf sehr niedrige oder sehr hohe Füllerkonzentrationen. In dieser Arbeit soll analog den Ansätzen für niedrige Partikel-Konzentrationen zur Idealisierung der eingesetzten gefüllten Vergußwerkstoffe eine kugelige Partikel-Gestalt angenommen werden. Das globuläre Partikel und die es umgebende Matrixschale bilden ein sogenanntes „Komposit-Element" (Bild 6.1-1).

Die Größe der Partikel kann in dem nachfolgend beschriebenen Modell beliebig gewählt werden, wobei aber das Verhältnis von Partikelvolumen zum Komposit-Element-Volumen konstant bleiben soll. Es ist damit eine Grenzbetrachtung möglich, die eine vollständige Ausfüllung des Verbundkörpers mit Komposit-Elementen vorsieht. Die noch verbleibenden infinitesimalen Zwischenräume werden hierbei als vernachlässigbar klein angenommen. Für nicht kugelige Partikel liefert diese Modellvorstellung eine Näherungslösung, die aber für den praktischen Gebrauch nach Hashin ausreichend genau ist /Hashin, 1962/.

Werden Beanspruchungen in Form von Lasten oder Verschiebungen entlang der Oberfläche des Komposit-Elementes aufgebracht, so wird unter Annahme eines idealen Verbundes vorausgesetzt, daß diese Beanspruchungen in der gleichen Weise auf den globulären Einschluß wirken. Mit Hilfe des Prinzips der virtuellen Verrückungen bzw. der virtuellen Kräfte kann die im Komposit-Element gespeicherte spezifische Formänderungsenergie ermittelt werden: Analog dem Vorgehen für Faserverbundwerkstoffe (vgl. Kapitel 5) werden die gesuchten „effektiven" elastischen Konstanten des Komposits ermittelt. Die Energieausdrücke liefern wieder die oberen bzw. unteren Grenzwerte der Konstanten. Für die Betrachtung des Grenzfalles einer vollständigen Ausfüllung des Verbundquerschnitts fallen die Grenzwerte zusammen, so daß eine Näherungslösung erhalten wird. Im folgenden werden die Lösungen nach Z.Hashin bzw. L.Nielsen /Hashin, 1962, Nielsen, 1967/ im Überblick kurz wiedergegeben. Die Herleitung der Bestimmungsgleichungen kann in /Hashin, 1962/ nachvollzogen werden.

In der Literatur sind Vergleiche der analytisch ermittelten mit experimentellen Ergebnissen verschiedener Komposit-Werkstoffe, insbesondere gefüllte Gießharze auf EP- oder UP-Basis, zu finden, wobei nach Hashin eine sehr gute Übereinstimmung zwischen den errechneten und den gemessenen Werten erreicht wird. Für metallische Vergußwerkstoffe mit relativ großen Füller-Partikeln (z.B. Stahlkügelchen) liegen keine Versuchsergebnisse vor. Lawrence E. Nielsen /Nielsen,1967/ gibt einen umfassenden Überblick über die bestehenden Ansätze zur Ermittlung der Kenngrößen von Komposit-Werkstoffen mit sphärischen Füller-Partikeln. Im folgenden werden diejenigen Bestimmungsgleichungen, die seiner Meinung nach mit Versuchsergebnissen am besten übereinstimmen, wiedergegeben.

6.2 Gegenüberstellung der „effektiven" elastischen Konstanten für unterschiedlich gefüllte Vergußmassen

Für eine vergleichende Gegenüberstellung werden vier aus verschiedenen Komponenten zusammengesetzte gefüllte Vergußwerkstoffe, die heute in der Verankerungstechnik angewendet werden, beispielhaft ausgewählt. So werden im folgenden zwei Gießharze mit quarzitischen Füllstoffen (Bezeichnungen: EP1 und UP4), ein mit Stahlkugeln gefülltes Epoxidharz (Kugel-EP-Gemisch) und eine mit Stahlkugeln gefüllte Zinklegierung (Kugel-Zamak-Gemisch) gegenübergestellt. Den kunststoffgebundenen Mörteln ähnliche Gemische wurden von Kepp, Dreeßen und Faoro /Kepp, 1985, Dreeßen, 1988, Faoro, 1988/ zur Verankerung von Glasfaserstäben und von Gropper /Gropper, 1987/ zur Verankerung von metallischen Drähten eingesetzt. Das untersuchte Kugel-Kunststoff-Gemisch ist mit der Vergußmasse der „HIAM"-Verankerung vergleichbar, nur wird hier der Einfluß des beigemischten Zinkstaubes vernachlässigt /Andrä, 1969/. Die Kugel-Zamak-Mischung wurde von Patzak und Nürnberger /Patzak u. Nürnberger, 1978/ im Laborversuch zur Verankerung eines Drahtbündels erfolgreich eingesetzt.

Die aus der Literatur entnommenen Werkstoffkennwerte und die mit den Beziehungen für isotrope Werkstoffe ermittelten Elastizitätskonstanten der Gemisch-Komponenten sind in den Tabellen 6.2-1 und 6.2-2 wiedergegeben.

Tabelle 6.2-1 Mechanische und physikalische Kennwerte der Füller- und Matrixwerkstoffe der kunstharzgebundenen Vergußmassen, wie sie den verschiedenen Literaturstellen entnommen werden konnten. Die fehlenden Angaben wurden unter der Annahme der Isotropie der Werkstoffe ermittelt.

aus: Rehm u. Franke **Füllerwerkstoff**			**EP1-Beton** **Quarzmehl** (0/0.09 mm) **Rheinsand** (0/2.0 mm) **Rheinkiessand** (2/8 mm)	**UP4-Mörtel** **Quarzmehl** (0/0.09 mm) **Rheinsand** (0/2.0 mm)
spezifische Dichte		kg/dm³	2.63	2.63
E-Modul	E_P	N/mm²	ca. 60 000	ca. 60 000
Poisson-Zahl	ν_P	(/)	0.17	0.17
Schubmodul	G_P	N/mm²	25 600	25 600
Kompressionsmodul	K_P	N/mm²	30 300	30 300
Temp.-Ausdehn.-Koeff.	α_P	10^{-6} 1/K	10	10
Matrixwerkstoff			**Epoxidharz (EP)**	**ungesätt. Polyesterharz (UP)**
spezifische Dichte		kg/dm³	1.2	1.2
E-Modul	E_m	N/mm²	3800	3100
Poisson-Zahl	ν_m	(/)	0.4	0.4
Schubmodul	G_m	N/mm²	1300	1100
Kompressionsmodul	K_m	N/mm²	6300	5200
Temp.-Ausdehn.-Koeff.	α_m	10^{-6} 1/K	60	200
Mischungsverhältnis Harz: Füller		Gew.-Teile	1 : 7	1 : 2.7
Volumenanteil Füller (mit Poren)	V_P	Vol-%	73.5	52.4

Tabelle 6.2-2 Mechanische und physikalische Kennwerte der Füller- und Matrixwerkstoffe der mit Stahlkugeln gefüllten Vergußmassen, wie sie den verschiedenen Literaturstellen entnommen werden konnten. Die fehlenden Angaben wurden unter der Annahme der Isotropie der Werkstoffe ermittelt.

aus: 1) Andrä 2) Patzak			Kugel-(EP-Harz) Gemisch 1)	Kugel-Zamak Gemisch 2)
Füllerwerkstoff			Stahlkugeln (d = 1.25 - 2.0 mm)	Stahlschrot (d = 1.5 mm)
spezifische Dichte		kg/dm³	7.5	7.7
E- Modul	E_p	N/mm²	210 000	210 000
Poisson-Zahl	v_p	(/)	0.29	0.29
Schubmodul	G_p	N/mm²	81 400	81 400
Kompress.-modul	K_p	N/mm²	166 700	166 700
Temp.-Ausd.-Koeff.	α_p	10^{-6} 1/K	12.0	12.0
Matrixwerkstoff			EP-Harz ("Araldit")	Zinklegierung (ZnAl6Cu1)
spezifische Dichte		kg/dm³	1.2	7.26
E-Modul	E_m	N/mm²	3800	90 700
Poisson-Zahl	v_m	(/)	0.4	0.27
Schubmodul	G_p	N/mm²	1350	35 700
Kompress.-Modul	K_p	N/mm²	6330	65 700
Temp.-Ausd.-Koeff.	α_m	10^{-6} 1/K	60	29
Schüttgewicht		kg/dm³	4.60	5.4
theor. Filleranteil	V_p	Vol-%	61.3	70.1

6.2.1 Der „effektive" Kompressionsmodul K_G

Zur Ermittlung eines unteren Grenzwertes des effektiven räumlichen Kompressionsmoduls K_G wird im kugeligen Komposit-Element ein hydrostatischer Spannungszustand und zur Bestimmung der oberen Grenze ein hydrostatischer Dehnungszustand vorgegeben. Nach Hashin /Hashin, 1962/ fallen beide Schranken zusammen. Der Kompressionsmodul ergibt sich zu

$$K_G = K_m + (K_p - K_m)\frac{(4G_m + 3K_m)V_p}{4G_m + 3K_p + 3(K_m - K_p)V_p} \qquad (6.2.1\text{-}1)$$

Dabei bezeichnen die Indizes m bzw. p den Matrix- bzw. den Füllerwerkstoff und der Index G steht für die effektiven Komposit-Moduli, wenn globuläre Füller-Partikel betrachtet werden. L.Nielsen /Nielsen, 1967/ gibt Gleichungen bei Verwendung von Füllern an, die keine kugelige Form besitzen. Mit V_p ist der Volumenanteil der Partikel am Gesamtvolumen des Komposit-Elementes bestimmt. Die angegebenen Beziehungen gelten, wenn Füllerpartikel der gleichen Art und Form vorausgesetzt werden.

Ist der Unterschied der Elastizitäts-Moduli der Partikel zu denen der Matrix sehr klein, reduziert sich obige Gleichung (6.2.1-1) und es kann die „Mischungsregel" zur näherungsweisen Bestimmung von K_G benutzt werden

$$K_G = K_m(1-V_p) + K_p V_p \qquad (6.2.1-2)$$

Zur dimensionslosen Darstellung der analytischen Beziehungen sind in den folgenden Bildern die effektiven Moduli auf die isotropen Konstanten des Matrixwerkstoffes bezogen. Die versteifende Wirkung der Zuschlagstoffe wird somit für mehrere Komposit-Werkstoffe deutlich. Nach Umformung der Gleichung (6.2.1-1) erhält man die Abhängigkeit des effektiven bezogenen Kompressionsmoduls K_G von dem Partikelvolumengehalt V_p und von den Quotienten der isotropen Moduli K_f/K_m und G_m/G_K der isotropen Komponenten. Dabei können wiederum alle isotropen Konstanten in Abhängigkeit zweier elastischer Größen, z.B. dem Elastizitätsmodul und der Querkontraktionszahl, ausgedrückt werden. Das Komposit mit dem größten Unterschied im E-Modul-Quotienten von Zuschlag und Matrix, das mit Stahlkugeln angereicherte Epoxidharz, zeigt die stärkste Nichtlinearität in Abhängigkeit vom Zuschlaganteil. Für die Kombination der metallischen Kugeln mit der metallischen Zinklegierung ergibt sich im elastischen Bereich ein nahezu linearer Verlauf. Die ausgewählten Kunstharzbetone bzw. -mörtel liegen in ihrem Verlauf zwischen den beiden Extrema. Ein Vergleich mit

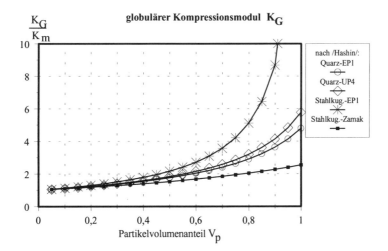

Bild 6.2.1-1 Der Kompressionsmodul K_G des globulären Komposits in Abhängigkeit vom Partikel-Volumengehalt V_p. K_G ist auf den isotropen Kompressionsmodul K_m des Matrixwerkstoffes bezogen.

der von /Hashin, 1962/ vorgeschlagenen Näherungslösung, der einfachen „Mischungsregel", zeigt, daß selbst für das Stahlkugel-Zamak-Gemisch größere Abweichungen auftreten. Die Näherungslösung sollte daher nicht angewendet werden.

6.2.2 Der „effektive" Schubmodul G_G

Zur Ermittlung der oberen und unteren Grenzwerte des effektiven Schubmoduls G_G wird als Randbedingung im Komposit-Element eine reine Schubbeanspruchung vorgegeben und die Randwertaufgabe für den Dehnungs- und Spannungszustand gelöst. Die Grenzwerte fallen nicht zusammen /Hashin, 1962/. Hashin gibt eine Näherungslösung an, die zwischen diesen Grenzen liegt. Diese Beziehung wird auch von Kerner in /Nielsen, 1967/ erwähnt und zeigt nach Nielsen eine gute Übereinstimmung mit den Versuchsergebnissen verschiedenster Komposit-Materialien. Mit den bekannten elastischen Konstanten von Füller- bzw. Matrixwerkstoff ergibt sich damit der effektive Schubmodul G_G zu /Hashin, 1962, Nielsen, 1967/

$$G_G = G_m \frac{\left[\left(\dfrac{V_p G_p}{(7-5v_m)G_m + (8-10v_m)G_p}\right) + \left(\dfrac{V_m}{15(1-v_m)}\right)\right]}{\left[\left(\dfrac{V_p G_m}{(7-5v_m)G_m + (8-10v_m)G_p}\right) + \left(\dfrac{V_m}{15(1-v_m)}\right)\right]} \qquad (6.2.2\text{-}1)$$

Für die weitaus meisten praxisrelevanten Fälle sind die Füllerpartikel wesentlich härter als der Matrixwerkstoff. In diesem Fall vereinfacht sich nach Nielsen die Gleichung (6.2.2-1) und es ergibt sich als Näherung

$$G_G = G_m \left[1 + \frac{V_p}{V_m}\left\{\frac{15(1-v_m)}{(8-10v_m)}\right\}\right] \qquad (6.2.2\text{-}2)$$

Ist der Steifigkeitsunterschied zwischen den Komponenten nur sehr klein, wird von Hashin die „Mischungsregel" für den Schubmodul als brauchbare Näherungslösung angegeben

$$G_G = G_m(1-V_p) + G_p V_p \qquad (6.2.2\text{-}3)$$

Für die Auftragung der Gleichung (6.2.2-2) in Bild 6.2.2-1 ist wieder eine dimensionslose Darstellung gewählt worden. Die Funktionsverläufe der Verguß-Gemische zeigen prinzipiell das gleiche Verhalten wie schon für den Kompressionsmodul, mit der Ausnahme, daß infolge des gleichen E_m/G_m-Verhältnisses der Kunstharzmatrizen die Kurven dieser Vergußmassen näher zusammenliegen.

Ein Vergleich mit der angegebenen Näherungslösung nach /Nielsen, 1967/ und der Mischungsregel zeigt, daß die „Mischungsregel" nur für extrem kleine Steifigkeitsunterschiede, hier für die metallischen Vergüsse, eine befriedigende Näherung darstellen kann. Mit der Beziehung nach Nielsen wird der Schubmodul etwas zu steif ermittelt.

6 Die Idealisierung des „gefüllten" Vergußmaterials als Komposit-Werkstoff 109

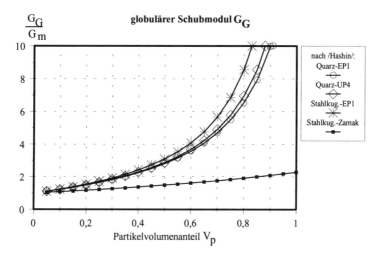

Bild 6.2.2-1 Der Schubmodul G_G des globulären Komposits in Abhängigkeit von dem Partikel-Volumengehalt V_P. G_G ist auf den isotropen Schubmodul G_m des Matrixwerkstoffes bezogen.

6.2.3 Der „effektive" Elastizitätsmodul E_G und die effektive Querkontraktionszahl v_G

Der Komposit-Körper mit gleichmäßig verteilten globulären Füllern stellt einen quasi-homogenen und quasi-isotropen Körper dar. Im Fall der Isotropie sind zur Beschreibung der Dehnungs- bzw. Spannungszustände lediglich zwei unabhängige elastische Konstanten notwendig. Somit können der effektive Elastizitätsmodul E_G und die effektive Querkontraktionszahl v_G mit den Beziehungen für den isotropen Fall berechnet werden. Sie ergeben sich, wenn die bereits ermittelten effektiven Konstanten K_G und G_G eingesetzt werden /Nielsen, 1967/ zu

$$E_G = \frac{9K_G G_G}{3K_G + G_G} \quad (6.2.3\text{-}1) \qquad v_G = \frac{3K_G - 2G_G}{2(3K_G + G_G)} \quad (6.2.3\text{-}2)$$

6.2.3.1 Der Ansatz nach G.Rehm und L.Franke

Von /Rehm u. Franke, 1978/ wird ein ebenes „Strukturmodell" zur rechnerischen Abschätzung des Elastizitätsmoduls von Kunstharzmörteln und -betonen angegeben (Bild 6.2.3.1-1).

In einer ebenen Betrachtung werden die Steifigkeitsanteile des „harten" Zuschlags (Füller) und der Matrix an der Gesamtsteifigkeit des Komposits ermittelt. Der sich steifigkeitserhöhend auswirkende Einfluß einer behinderten Querverformung im Innern des Komposits wird mit einem Faktor K_v berücksichtigt. Im Strukturmodell wird dazu ein eigener fiktiver Anteil mit erhöhter Steifigkeit eingeführt. Mittels der Beziehung (6.2.3.1-1) wird der effektive E-Modul E_G in Abhängigkeit von den Volumenanteilen der Komponenten und dem Verhältnis der isotropen E-Moduli der Komponenten ermittelt.

$$E_G = E_m\left[1-V_p^{2/3}\right]\left[\frac{\left(\dfrac{E_p}{E_m}\right)\left(\dfrac{V_p^{1/3}}{\left[1-V_p^{2/3}\right]}\right)}{\left(1+\dfrac{E_p}{E_m}K_v\left(\dfrac{1}{V_p^{1/3}}-1\right)\right)}\right]$$

mit:

$$K_n = 1 - \frac{2n_m^2}{(1-n_m)}$$

oder näherungsweise:

$$K_n = \frac{1}{(1+0.9V_p^3)} \qquad (6.2.3.1\text{-}1)$$

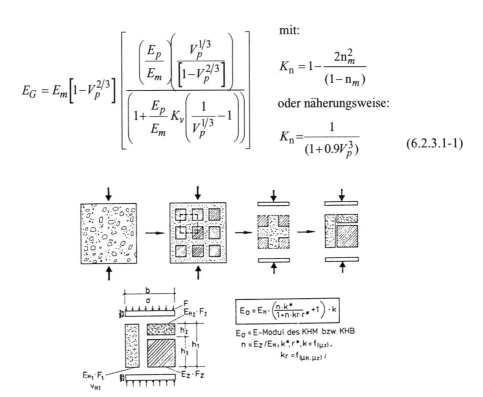

Bild 6.2.3.1-1 Strukturmodell nach /Rehm u. Franke, 1978/ zur Abschätzung des Elastizitätsmoduls E_G von kunstharzgebundenen Mörteln und Betonen

Da eine vollständige Behinderung der Querdehnung der Matrix in der Praxis kaum erreicht wird, geben Rehm und Franke eine empirisch ermittelte Näherungsgleichung für den Faktor K_v an, so daß der Einfluß der Querkontraktionszahl für kleine Partikel-Volumenanteile vernachlässigbar wird. Im Vergleich mit Meßergebnissen an Versuchskörpern wird mit Gleichung (6.2.3.1-1) eine zu hohe Steifigkeit des Komposit-Werkstoffes ermittelt. Rehm und Franke berücksichtigen daher einen steifigkeitsmindernden Einfluß des mittels gravimetrischer Messung bestimmbaren Luftporengehaltes des Verbundwerkstoffes. Dazu wird ein dem Luftporengehalt entsprechend verminderter Fülleranteil und eine entsprechend verminderte Matrixsteifigkeit ermittelt und in obige Beziehung eingesetzt. Der Luftporengehalt liegt für Kunstharzmörtel nach /Rehm u. Franke, 1978/ zwischen 1 - 5 % des Komposit-Volumens. Die damit ermittelten E-Moduli zeigten im Vergleich mit Meßergebnissen eine gute Übereinstimmung. Zur Bestimmung der Querkontraktionszahl v_G des Komposits schlagen Rehm und Franke die einfache „Mischungsregel" als ausreichend genaue Näherungslösung vor (vgl. Gleichung 5.6.6.1-3).

Wird in den angegebenen Beziehungen wiederum auf den Matrix-Modul bezogen, zeigt sich der Einfluß der Quotienten K_G/K_m und G_G/G_m auf den E_G-Modulus. Die typischen Funk-

6 Die Idealisierung des „gefüllten" Verußmaterials als Komposit-Werkstoff

tionenverläufe in Abhängigkeit vom Steifigkeitsunterschied der Partikel- und Matrixwerkstoffe zeigen sich hier ebenfalls.

Die Bilder 6.2.3.1-2 und 6.2.3.1-3 zeigen einen Kunstharz-Mörtel als Verußwerkstoff im Vergleich der Beziehungen nach /Rehm u. Franke, 1978/, nach /Hashin, 1962/ und nach der „Mischungsregel" aufgetragen. Dabei wurde für die Auswertung nach Rehm und Franke ein Porenvolumen für die kunstharzgebundenen Mörtel vorgesehen, für die metallische Legierung allerdings nicht berücksichtigt. Die Beziehung nach /Hashin, 1962/ wurde ohne Berücksichtigung einer verminderten Matrix-Steifigkeit aufgrund eines angenommenen Poren-

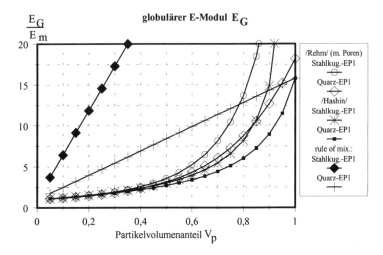

Bild 6.2.3.1-2 Der Elastizitätsmodul E_G des globulären Komposits in Abhängigkeit von dem Partikel-Volumengehalt V_p. E_G ist auf den isotropen Schubmodul E_m des Matrixwerkstoffes bezogen. Zusätzlich ist beispielhaft für die Verguß-Gemische die „Mischungsregel" angegeben.

volumens ausgewertet. Es zeigte sich, daß nach Rehm für die kunstharzgebundenen Verußmassen trotz eines angenommenen Luftporenvolumens der E_G-Modul mit höheren Werten ermittelt wird als nach den Beziehungen von Hashin. Die von Rehm und Franke angegebenen Meßergebnisse des Elastizitätsmoduls für die hier untersuchten Kunstharzmörtel für die in Tabelle 6.2-1 angegebenen Partikelvolumenanteile von 0.725 bzw 0.55 liegen zwischen den gezeigten Kurvenverläufen. Von beiden analytischen Ansätzen wird der gemessene Wert um ca. 9 % verfehlt. Für die stark nichtlinearen Kurven dieser Werkstoffe ist die Näherung mittels „Mischungsregel" nicht brauchbar (Bild 6.2.3.1-3). Lediglich das rein metallische Verguß-Gemisch zeigt eine fast lineare Abhängigkeit vom Partikelanteil. Hier ist das Verhältnis der E-Moduli Ep/E_m sehr klein, und es werden mit den Beziehungen nach Hashin, Rehm und der „Mischungsregel" fast identische Kurvenverläufe ermittelt. Für diese Werkstoffkombination liegen bisher keine Versuchsmessungen vor, die einen Vergleich mit analytischen Größen möglich machen.

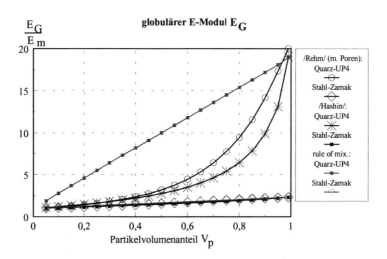

Bild 6.2.3.1-3 Der Elastizitätsmodul E_G des globulären Komposits in Abhängigkeit von dem Partikel-Volumengehalt V_P. E_G ist auf den isotropen Schubmodul E_m des Matrixwerkstoffes bezogen.

Bild 6.2.3.1-4 zeigt die Beziehung für die effektive Querkontraktionszahl ν_G in dimensionsloser Form. Obwohl die Quotienten der isotropen Poisson-Zahlen von Füller- und Matrixwerkstoff für die ausgewählten Kombinationen im Vergleich zueinander in etwa die gleiche Differenz aufweisen, zeigen die Vergußwerkstoffe abhängig von ihrem ν_f/ν_m-Verhältnis unterschiedliche Funktionsverläufe. Je kleiner der Unterschied der isotropen Querkontraktionszahlen der Komponenten wird, desto geradliniger wird die Abhängigkeit vom Partikelvolumen-

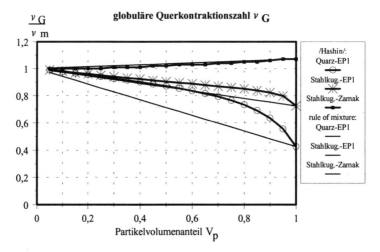

Bild 6.2.3.1-4 Die Querkontraktionszahl ν_G des globulären Komposits in Abhängigkeit vom Partikel-Volumengehalt V_P. ν_G ist auf den isotropen Schubmodul ν_m des Matrixwerkstoffes bezogen. Zusätzlich ist beispielhaft für die Verguß-Gemische die Abhängigkeit nach der „Mischungsregel" angegeben.

gehalt. So ergibt die ausgewertete metallische Vergußmasse einen nahezu linearen Verlauf für alle Füllgrade. Die Vergußmasse aus Stahlkugeln und einem Epoxidharz zeigt bis zu einem Partikelvolumenanteil von ca. 0.9 ebenfalls einen fast linearen Verlauf, während die Vergußmasse aus quarzitischem Füller mit einem UP-Harz nur bis zu 70 Vol-% Partikelanteil als linear verlaufend beschrieben werden kann. Zum Vergleich ist die „Mischungsregel" nur für die Vergußmasse mit quarzitischem Füller als Näherung brauchbar.

6.2.4 Der „effektive" lineare Temperatur-Ausdehnungs-Koeffizient α_G

Shapery ermittelt in /Shapery,1968/ mit Hilfe von Betrachtungen zur Formänderungsenergie obere und untere Grenzen der effektiven Temperatur-Koeffizienten. Nielsen gibt in /Nielsen, 1967/ unter anderem eine Bestimmungsgleichung nach Kerner an, welche die Abhängigkeit von dem Partikelanteil V_p und den elastischen Konstanten K_i, G_i und α_i der Komposit-Komponenten zeigt.

$$\alpha_G = \alpha_m V_m + \alpha_p V_p - (\alpha_m - \alpha_p)V_m V_p \times \left[\frac{\left(\frac{1}{K_m}\right) - \left(\frac{1}{K_p}\right)}{\left(\frac{V_m}{K_p}\right) + \left(\frac{V_p}{K_m}\right) + \left(\frac{3}{4G_m}\right)} \right] \qquad (6.2.4\text{-}1)$$

Nach Nielsen ergibt sich mit dem angegebenen Zusammenhang für gefüllte polymere Werkstoffe in Versuchen eine gute Übereinstimmung mit den analytisch bestimmten Werten.

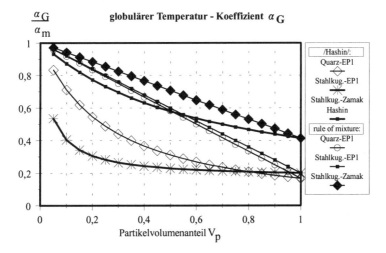

Bild 6.2.4-1 Der Temperatur-Ausdehnungs-Koeffizient α_G des globulären Komposits in Abhängigkeit vom Partikel-Voumengehalt V_p. α_G ist auf den isotropen Schubmodul α_m des Matrixwerkstoffes bezogen. Zusätzlich ist die Abhängigkeit nach der „Mischungsregel" angegeben.

Das Bild 6.2.4-1 zeigt für die ausgewählten Verguß-Gemische die bezogene Darstellung des effektiven elastischen Temperatur-Koeffizienten α_G. Ähnlich den ermittelten Funktionenverläufen der Querkontraktionszahl v_G ist der gestreckte Verlauf der rein metallischen Vergußmasse und der über weite Bereiche des Partikelvolumenanteils fast lineare Verlauf des Stahlkugel-(EP-Harz) Gemisches augenfällig. Die Kunstharzmörtel zeigen jeweils einen stark nicht-lineare Abhängigkeit vom Partikelanteil der Vergußmasse. Wird auch hier wieder die „Mischungsregel", die unter anderem in /Rehm u. Franke, 1978/ für die kunstharzgebundenen Mörtel vorgeschlagen wird, zum Vergleich aufgetragen, zeigt sich, daß sich selbst für die rein metallische Vergußmasse eine größere Abweichung ergibt.

In der angeführten Modellvorstellung des Komposit-Elementes wurde eine kugelige Gestalt der Füllerteilchen angenommen. In der Regel werden aber z.B. die quarzitischen Füller der Kunstharzmörtel bzw. -betone mit Kornabstufungen entsprechend einer Sieblinie eingesetzt. Die Korngrößen liegen dabei von 0.09-8.0 mm Korndurchmesser /Rehm u. Franke, 1978/. Um eine noch gute Gießfähigkeit zu behalten, wurden für Verankerungen von Kepp, Dreeßen, Gropper und Rehm Mischungsverhältnisse von Harz zum Füllstoff von 1:2 bis 1:8 Gewichtsteilen eingesetzt.

Die Volumenanteile sind bei Kenntnis der spezifischen Dichte ϱ aus dem Schüttgewicht des Füllers bestimmbar mit

$$V_p = \frac{1}{\left[\dfrac{G_m}{G_p}\dfrac{\varrho_p}{\varrho_m}+1\right]} \qquad (6.2.4\text{-}2)$$

Rehm und Franke untersuchten für die Verankerung von Glasfaserstäben Mischungen mit ca. 60 % Füllstoffanteil, während Kepp und auch Dreeßen nur ca. 54 % Feststoffanteil einbrachten.

Andrä berichtet in /Andrä, 1969/ über ein Schüttgewicht der für den Kugel-Kunststoff-Verguß eingesetzten, in ihrer Form sehr unregelmäßigen Stahlkugeln (d = 1.23-2.0 mm) von 4.6 kg/dm3, was einem Feststoffvolumenanteil von 61.5 % entspricht. Bei Verwendung sehr großer Partikel im Vergußraum einer Verankerung werden die kleinsten Zwischenräume zwischen den Fasern, insbesondere in der Besenwurzel, lediglich von dem Matrixwerkstoff ausgefüllt werden können. Die regelmäßige Kugelpackung wird darüber hinaus aufgrund der zylindrischen Fasern und des konischen Vergußraumes gestört, so daß nur kleinere Füllstoffanteile eingebracht werden können. Dies wird von Andrä bestätigt, da in Versuchen trotz eines an der Vergußhülse angebrachten Außenrüttlers, kein höherer Kugelanteil in der Vergußmasse als im Mittel von 56 % erreicht werden konnte. Die Schüttdichte des Füllermaterials (Stahlkugeln) war höher.

Zur Ermittlung der Packungsdichte des Füllers in der Verankerung und damit verbunden die Steifigkeit des Konus, ist die Abschätzung des prozentualen Anteils der nicht mehr von den Partikeln verfüllbaren „Zwickelbereiche" in der Besenwurzel notwendig. Kann der Volumenunterschied zwischen Schüttdichte und eingebrachter Füllstoffmenge allein mit den Zwickelbereichen erklärt werden, bedeutet dies, daß in dem restlichen Vergußraum die Schüttdichte des Füllermaterials erreicht wird, die Partikel also miteinander in Kontakt stehen. Damit ist aber die Voraussetzung der vollständig von dem Matrixwerkstoff umhüllten Partikel für dieses Vergußmaterial nicht mehr gegeben und somit die Idealisierung als Komposit-Werkstoff nicht mehr zulässig.

7 Zum Schwinden des Vergußkörpers in der Verankerung

Es ist bekannt, daß bei metallischen Vergußverankerungen die nach dem Vergießen eintretenden radialen Schwindverformungen des vergossenen Zuggliedbesens entlang der Konuslänge nicht formtreu sind /Patzak u. Nürnberger, 1978, Gabriel, 1981, Gropper, 1987/. Die Abweichung der äußeren Geometrie des Vergußkörpers nach dem Schwindvorgang von der konischen Form des Vergußraumes beeinflußt die Größe des anliegenden Kontaktbereiches von Konus und Hülse und damit die Höhe und Verteilung der Druckbeanspruchung in dieser Grenzschicht.

Von M.Patzak und U.Nürnberger wurde in /Patzak u. Nürnberger,1978/ erstmals der Versuch unternommen, eine analytische Abschätzung der Schwindverformungen der metallischen Vergußkoni zu beschreiben. Unter Vernachlässigung einer Temperaturverformung der vergossenen Stahldrähte wurde für den gesamten Konus ohne Berücksichtigung des sich verändernden Drahtanteils im Konus ein konstantes lineares Schwindmaß des Vergußwerkstoffs angenommen. Damit wurde unter Berücksichtigung der unterschiedlichen Durchmesser des Konus die radiale Geometrieänderung des Vergusses abgeschätzt. Von ihnen wird zwar eine in Versuchen qualitativ festgestellte „Birnenform" beschrieben, die aber in ihrem Berechnungsansatz nicht berücksichtigt wurde. In /Gabriel, 1990, Schumann, 1984/ ist zur Abschätzung der Schwindverformungen zusätzlich der Einfluß einer linearen Temperaturverformung der Stahldrähte und der Stahlhülse berücksichtigt. Mit einem neu definierten „Schwindmaß", welches zusätzlich zur Schwind-Verformung eine lineare Temperatur-Verformung des Vergußwerkstoffes beinhaltet, wurde der Versuch unternommen, die radialen Geometrieänderungen zu ermitteln. Der Ansatz der zusätzlichen Temperaturverformungen muß aber als nicht zutreffend beurteilt werden, da das verwendete Schwindmaß des Vergußwerkstoffes bereits die Festkörperschwindung während der Abkühlung bis auf Raumtemperatur bereits beinhaltet (vgl. Kapitel 7.1)

Für Vergußwerkstoffe auf Kunststoffbasis wird von /Kepp, 1985, Andrä, 1974/ der Einfluß des Schwindens als vernachlässigbar beurteilt, wenn mit Zuschlägen angereicherte Vergußmassen eingesetzt werden. Von Gropper /Gropper, 1985/ wird allerdings für ein gefülltes UP-Harz der Einfluß der Schwindverformung in der gleichen Weise wie für metallische Vergüsse angegeben (vgl. Tabelle A.4.2-1).

7.1 Das Schwinden metallischer Vergußwerkstoffe

Die Volumenänderungen während der Erstarrung und Abkühlung eines metallischen Werkstoffes aus der Schmelze sind nach /Brunhuber, 1978/ auf mehrere Ursachen zurückzuführen. Die Bildung der metallischen Kristallstruktur bedeutet im Vergleich zur flüssigen Schmelze eine engere Packung der Metallatome und damit eine größere Dichte des bereits erhärteten Gießgutes. Zum anderen zeigen metallische Legierungen für jede ihrer Legierungsphasen Veränderungen in ihrem Kristallgefüge, so daß daraus unterschiedliche spezifische Dichteverhältnisse resultieren. Sind die Umwandlungsvorgänge in der metallischen Schmelze abgeschlossen und ist bereits eine Kristallbildung erfolgt, so hat die fortschreitende Abkühlung der erkalteten Legierung weiterhin Phasenumwandlungen zur Folge, die eine weitere Volumenverringerung bedeuten (vgl. die Umwandlung der Gitterstruktur der Eisenlegierung (Kapitel A.1.1)). Der kleinere Teil der Volumenänderung beruht auf der Verringerung der Atombewegungen auf ihren festgelegten Gitterplätzen. Dieser Anteil wird bei einer Erwärmung, die noch keine Phasenumwandlungen zur Folge hat, als „Temperaturausdehnung" bezeichnet und analytisch i.d.R. mit dem linearen Temperatur-Ausdehnungs-Koeffizienten erfaßt (vgl. Kapitel 7.4).

Brunhuber und Rabinovic /Brunhuber, 1978, Rabinovic, 1989/ unterscheiden demnach folgende Abkühlungsperioden bei der Gußkörperbildung von metallischen Werkstoffen (Bild 7.1-1):

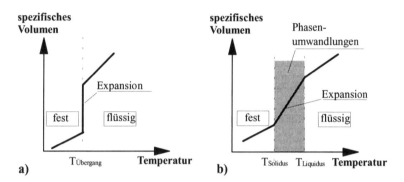

Bild 7.1-1 Volumenänderung beim Übergang vom flüssigen in den festen Aggregatzustand; a) für reine Metalle tritt eine sprunghafte Volumenänderung ein; b) bei metallischen Legierungen finden in einem Übergangsbereich i.d.R. mehrere Phasenumwandlungen statt.

1. Periode: „flüssige Schwindung"

Sie findet im Bereich zwischen Gieß- und Liquidus-Temperatur (Liquiduslinie = untere Grenze des flüssigen Bereichs) /Wesche, 1973/ statt. Sie ist aber i.d.R. praktisch ohne Belang, da sie durch den kommunizierenden Ausgleich des noch flüssigen Materials in der Gießform und bei fortlaufender Speisung kompensiert wird /Brunhuber, 1978, Wesche, 1973/. Die Bewegungsenergie der Atome ist in dieser Phase noch so groß, daß keine festen Gitterplätze im Kristallgitter eingehalten werden können.

2. Periode: „Erstarrungsschwindung"

Sie ist während des Übergangs vom flüssigen in den starren Zustand im Bereich zwischen Liquidus- und Solidus-Temperatur (Soliduslinie = obere Grenze des festen Bereiches) /Wesche, 1973/ vorhanden /Brunhuber, 1978/. Die Zuordnungen der Atome zu den Gitterstrukturen, die für die jeweilige Legierungsphase charakteristisch sind, erfolgen nun in immer größerem Maße. Der zeitliche Verlauf der Abkühlung bestimmt das Maß und die Anzahl der möglichen Atomumordnungen. Mittels gezielter Abschreckung einer Legierungsphase kann die dann vorliegende Gitterstruktur quasi „eingefroren" werden (z.B. Martensitbildung infolge starker Abschreckung der Stahlschmelze). Die Atombewegungen bei der nach der Abschreckung vorhandenen Temperatur reichen dann nur noch in beschränktem Maße aus, weitere Phasenumwandlungen durchzuführen /Arend, 1988/. Während des Vergießens kann dieses Defizit bei entsprechender Anordnung der Nachfüllmöglichkeiten aber ebenfalls mittels fortlaufender Zugabe von flüssigem Vergußmaterial (Speisung) ausgeglichen werden.

3. Periode: „feste Schwindung"

Sie verläuft im Abkühlungsbereich zwischen Solidus- und Raumtemperatur und ist im Vergleich zu den beiden erstgenannten Volumenverringerungen geringfügig. Da hier keine Materialzugabe mehr möglich ist, wird durch entsprechende „Schwindmaßzugaben" in der Geometrie der Gußformen dieser Volumenverringerung Rechnung getragen /Rabinovic,1989/

7.2 Das Schwinden polymerer Vergußwerkstoffe

Werden ungefüllte Epoxidharze bzw. Polyesterharze vergossen, zeigen sie nach dem vollständigen Erhärten eine beträchtliche Volumenverringerung. Die Aushärtung der Duromere basiert auf den chemischen Reaktionen der Polyaddition bzw. der Polykondensation, die zu der räumlich vernetzten Struktur der Kettenmoleküle führt (vgl. Anhang A). Die Aushärtung erfolgt für die „kaltaushärtenden" Harze bei Raumtemperatur, wobei in der Regel Reaktionswärme freigesetzt wird (Bild 7.2-1). Solange der Kunststoff sich noch im flüssigen Zustand befindet, tritt der größte Schwindanteil auf. Mittels Nachgießens kann dieser Volumen-

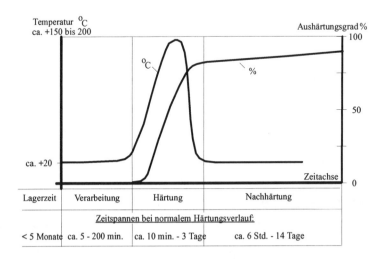

Bild 7.2-1 Während der Vernetzung der Kettenmoleküle der Kunstharze entsteht Reaktionswärme. Dadurch können Temperaturen auftreten, die nahezu die Zersetzungstemperatur der Kunststoffe erreichen /Gropper, 1987, Rehm u. Franke, 1980, Groche, 1973/

verringerung zum großen Teil begegnet werden. Im weiteren Verlauf der Aushärtung steigt aufgrund fortschreitender Vernetzung die Viskosität des Kunstharzvergusses an, so daß ein Nachfüllen nicht mehr möglich ist. Bis zur vollständigen Aushärtung, die erst einige Zeit nach der augenscheinlichen Erstarrung abgeschlossen ist, werden fortwährend neue chemische Bindungen zur vollständigen Vernetzung aufgebaut. Epoxid-Harze besitzen in der Regel im Gegensatz zu den ungesättigten Polyesterharzen kleinere Schwindwerte. Mit Hilfe von Zuschlägen (Füllstoffen) wird versucht, die Schwindverformungen der reinen Gießharze zu verringern /Hull, 1981/. Der Geometrieänderung infolge Schwindens während der Erstarrungsphase (im Bild 7.2-1 als Nachhärtung bezeichnet) kann hier ebenfalls dadurch begegnet werden, indem dies bei der Geometrie der Gußformen berücksichtigt wird.

7.3 Die Einflußparameter auf das Schwinden

Zur quantitativen Bestimmung der Geometrieänderungen aufgrund Schwindens werden für die Werkstoffe versuchstechnisch ermittelte „Schwindmaße" angegeben. Die Messung der Längenänderung bzw. Volumenverringerung nach dem Vergießen und anschließenden Abkühlen auf Raumtemperatur erfolgt für metallische Werkstoffe nach DIN 50131 bzw. für Kunstharze nach DIN 16945 unter festgeschriebenen Randbedingungen, um eine direkte Vergleichbarkeit zu ermöglichen. Das quantitative Maß der Schwindung wird von einer Vielzahl von Randbedingungen entscheidend beeinflußt. Im Vergußraum einer Zuggliedverankerung herrschen dann wiederum andere Randbedingungen als dies in den Normen beschrieben ist. Um das spezifische Schwindverhalten des Vergußkonus in einer Verankerungskonstruktion beurteilen zu können, müssen die dort maßgebenden Einflußparameter berücksichtigt werden. Das „Schwindmaß" des Vergußwerkstoffes ist insbesondere abhängig von:

— dem Unterschied der thermischen und mechanischen Eigenschaften des Formstoffes, der Faserwerkstoffe oder der Füllstoffe im Vergleich zum Matrixwerkstoff,
— den äußeren Abkühlungsbedingungen, d.h. dem Grad der Wärmeabführung in andere Teile oder an die Umgebung,
— der Geometrie der Verankerungshülse und der Fasern oder den Zuschlägen im Vergußraum, die ebenfalls den Grad der Wärmeleitung und der Behinderungen beeinflussen.

Im folgenden sollen die wichtigsten Parameter in ihrer Auswirkung auf den Schwindkoeffizienten angesprochen werden.

7.3.1 Die Grenzflächentemperatur zwischen Vergußwerkstoff und Vergußhülse

In einem metallischen Verguß kommt das heiße Gießgut während der Formfüllung mit der wesentlich kälteren, wenn auch vorgewärmten, Hülsen-Form in Kontakt. Die Oberflächen der hochfesten Fasern und der evtl. vorhandenen Zuschlagpartikel stellen darüber hinaus weitere Grenzflächen im Vergußraum mit gegebenenfalls (Seile sind oft in der Besenwurzel hoch vorgeheizt) großem Temperaturunterschied dar. Nach Rabinovic stellt sich unmittelbar nach dem Kontakt der Materialien am Ort des Kontaktes eine Grenzflächentemperatur ein, die in ihrer Höhe von den Wärmeübergangsbedingungen der Grenzfläche abhängt und zwischen der Vergußtemperatur des Gießgutes und derjenigen der Formteile liegt. Sie bleibt nur für unendlich ausgedehnte Form-Körper und eine unendlich hohe Wärmeübergangszahl zwischen dem Gießgut und den anliegenden Konstruktionsteilen konstant. Da diese Bedingungen aber bei realen Gießkörpern nie erfüllt sind, ändert sich die Grenzflächentemperatur

Tabelle 7.3.1-1 Thermische Eigenschaften einiger für Stahlguß eingesetzten üblichen Formstoffe

aus: Rabinovic		**Sand** (Trockensand)	**Aluminium** (Al)	**Gußeisen** (GGL)	**Kupfer** (Cu)
Dichte	kg/m³	1460	2700	7600	8900
spezifische Wärme	kJ/(kgK)	1.05	1.18	0.922	0.448
Temperaturleitfähigkeit	10^{-4} m²/s	0.0022	0.645	0.0825	0.8791
Wärmeleitfähigkeit	W/(mK)	0.337	205	57.8	355

während der Abkühlung. Für große Wanddicken des Formkörpers, wie dies z.B. für Sandformguß angenommen werden kann, bleibt die Grenzflächentemperatur annähernd konstant und liegt in der Nähe der Erstarrungstemperatur, da das Wärmediffusionsvermögen des Formstoffes relativ klein im Vergleich zu dem des Gußkörpers ist. Ist es dagegen ungefähr gleich dem des Gießgutes, so ist die Grenzflächentemperatur näherungsweise halb so hoch wie die Gießtemperatur. Diese Verhältnisse können nach /Brunhuber, 1978/ für den Kokillenguß von metallischen Gußwerkstoffen angenommen werden. Nach /Rabinovic, 1989/ kann die Grenzflächentemperatur nach folgender Beziehung näherungsweise berechnet werden:

$$T_{Gr} = \frac{(b_G T_G + b_F T_{F0})}{(b_G + b_F)} \tag{7.3.1-1}$$

Dabei bezeichnet T_{Gr} die Grenzflächentemperatur, T_{F0} die Anfangs-Temperatur der Gußform, T_G die Temperatur des Gußkörpers, b_F das Wärmediffusionsvermögen des Formstoffes (= Wärmeeindringzahl) und b_G das Wärmediffusionsvermögen des Gußwerkstoffes. Die eigenen Messungen der Temperatur auf der Drahtoberfläche während des Vergießens (Kapitel 7.3.3) bestätigen diese Abschätzung. Rabinovic gibt in /Rabinovic, 1989/ noch eine verbesserte Gleichung für endliche Abmessungen der Gußform und endliche Überhitzungen an. Zur Abschätzung der Verhältnisse in Vergußverankerungen sind in Tabelle 7.3.1-1 einige thermische Eigenschaften von Formstoffen angegeben /Rabinovic, 1989/. So ist bei Kokillenguß aufgrund der schnelleren Wärmeabführung der stählernen Gußform, eine stärkere Schwindung als bei Sandformguß zu beobachten (Bild 7.3.2-2).

Aufgrund des Temperaturunterschieds an den Grenzflächen erstarrt das metallische Vergußmaterial dort zuerst. Ist er zwischen Vergußmaterial und Faser an den Grenzflächen zu groß, erstarrt das Gießgut zu schnell und gelangt nicht vollständig in die Besenwurzel (vgl. Bild 4.3.2-1). W. Hilgers /Hilgers, 1971/ vergleicht in Bild 7.3.1-2 das Fließvermögen verschiede-

7 Zum Schwinden des Vergußkörpers in der Verankerung

ner metallischer Seilvergußwerkstoffe. Dazu werden die Vergußmetalle in einer erhitzten Matrizenspiralform (Croning-Verfahren /Hilgers, 1971/) vergossen. Die Länge der Gießspirale dient dabei als Indikator für das Formfüllungsvermögen eines Vergußwerkstoffes (Bild 7.3.1-2). Man erkennt die Zunahme der Länge der Gießspirale (entspricht dem Fließvermögen in cm) mit steigender Temperatur. Ein einwandfreier Verguß der „Besenwurzel" des aufgefächerten Zuggliedes ist nur bei ausreichendem Fließvermögen des Gießmaterials, genügend großem Faserabstand und geringem Temperaturunterschied möglich. Eine Vorerwärmung der Stahldrähte sollte daher planmäßig vorgesehen werden. Dabei ist zu beachten, daß die Vorwärmtemperatur der Drähte nicht zu einer Gefügebeeinflussung und damit evtl. zum Festigkeitsverlust führt.

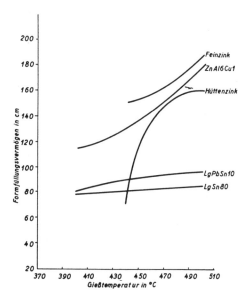

Bild 7.3.1-2 Das Fließvermögen von metallischen Vergußwerkstoffen, wie es von Hilgers /Hilgers, 1971/ im Spiralversuch ermittelt wurde

In dem Bemessungsvorschlag von Schleicher (vgl. Kapitel 2.2) werden nur 2/3 der Konushöhe als zur Verankerung wirksamer Bereich angesetzt. Die Ausdehnung des nicht vollständig vergossenen Besenbereiches wird von H.Müller /Müller, 1971/ aufgrund der Messungen an aufgeschnittenen Vergußkoni, die zur Verankerung von Förderseilen dienten, mit etwa 1/3 der Konushöhe geschätzt. Von Patzak und Nürnberger wird in /Patzak u. Nürnberger, 1978/ von einer Tiefe der unvollständig verfüllten Besenwurzel von ca. ½ Zuggliedurchmesser ausgegangen. Eigene Versuche an verdrillten Drahtbündeln (vgl. Kapitel 7.3.3) zeigten aufgrund des planmäßig vorgesehenen relativ großen Drahtabstandes beim Einlauf in die Hülse einen vollständigen Verguß der „Besenwurzel".

Bei Kunststoffvergüssen zeigt sich diese Problematik nicht. Sie weisen in der Regel schon bei Normaltemperatur eine hohe Penetrierfähigkeit auf.

7.3.2 Die Abhängigkeit des Schwindens von der Gußkörpergestalt

Das Maß der Wärmeableitung hängt nicht nur von den thermischen Wärmeleiteigenschaften des Form- bzw. Vergußstoffes ab, sondern auch maßgeblich von der Gestalt der Gießform, also von der Geometrie der Verankerungshülse.

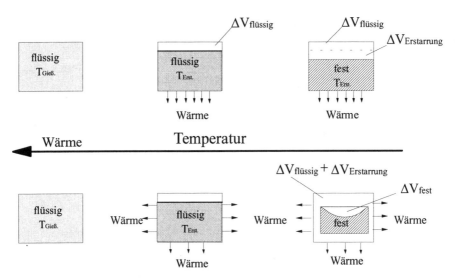

Bild 7.3.2-1 Schematische Darstellung der Ausbildung des Volumendefizits in Abhängigkeit von der Art der Wärmeabführung, die von der Gestalt der Gußform in der Regel stark beeinflußt wird /Rabinovic, 1989/

Bild 7.3.2-1 zeigt dies am Beispiel der Schwindverformungen eines quadratischen Gußstückes, wenn die Wärmeableitung der Gießform nur in bestimmten Richtungen zugelassen wird. Die größte Schwindverformung stellt sich in derjenigen Richtung ein, in die auch die Wärme vornehmlich abgeführt wird.

So schwindet nach /Rabinovic, 1989/ ein würfelförmiges Gußstück in allen Richtungen in nahezu gleicher Größe, während plattenförmige Gußstücke hauptsächlich in ihrer Dickenrichtung schwinden. Bei Stäben verringert sich die Schwindung in Längsrichtung mit steigendem Durchmesser.

Neben dem Einfluß der Vergußhülse darf der geometrische Einfluß bei im Vergußraum vorhandenen metallischen Fasern nicht vernachlässigt werden. Sie sind an der Wärmeableitung beteiligt. Eigene Messungen zeigten, daß die Wärme bis in Bereiche außerhalb der Verankerung geleitet wird (vgl. Kapitel 7.3.3).

Sind innerhalb des Vergußraumes steifere Formteile vorhanden, -hier sind dies die steifen hochfesten Fasern-, die vom Gießgut umflossen werden, so ist eine „freie" Schwindung des Vergußwerkstoffes nicht möglich. Ist die Vergußmasse mit Füllern angereichert, so werden alle Schwindverformungen aufgrund der steiferen Partikel und zusätzlich infolge der steifen

Fasern behindert. Die Volumenverringerung des gesamten Vergußkonus wird entsprechend dieser „Schwindbehinderung" wesentlich kleiner sein als das in den Normen ohne Schwindbehinderung gemessene und als „freies" Schwindmaß bezeichnete Maß des reinen Vergußwerkstoffes (vgl. Kapitel 7.4).

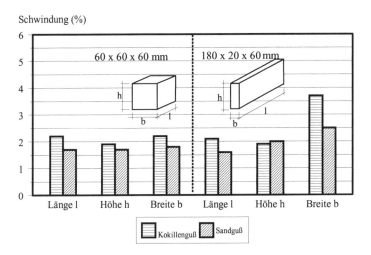

Bild 7.3.2-2 Die lineare Schwindverkürzung einer vorgegebenen Richtung in Abhängigkeit von der Gußkörpergestalt /Rabinovic, 1989/

7.3.3 Der instationäre Temperaturzustand in der Verankerung

Die Schwindverformungen des Vergusses hängen für metallische Werkstoffe wie auch für polymere Werkstoffe entscheidend von den vorherrschenden Temperaturverhältnissen im Vergußraum ab.

In einem metallischen Verguß wird die Wärme von der zunächst erhitzten schmelzflüssigen Vergußmasse aufgrund Konvektion und Wärmeleitung bis an die Berührungsfläche der meist stählernen Hülse, der Gießform, transportiert /Rabinovic, 1989/. Während der Erstarrung nimmt die Konvektion ab, die Wärmeleitung beginnt zu dominieren. Im festen Zustand dominiert die Wärmeleitung, die Konvektion ist bedeutungslos /Rabinovic, 1989/. Das Gießgut kühlt sich dabei ab, die Gußform, hier also die Verankerungshülse, heizt sich auf. Dadurch verringert sich das Temperaturgefälle zwischen Hülse und Vergußmaterial und als Folge fließt mit fortschreitender Zeit immer weniger Wärme zum Formwerkstoff hin, wobei sich die Abkühl- bzw. Aufheizgeschwindigkeit des Konus bzw. der Hülse verlangsamt. Eine zu schnelle und starke Abkühlung wird Auswirkungen auf das metallische Gefüge des Vergusses haben (vgl. Kapitel 7.1). Die Verankerung sollte nach dem Vergießen an der Luft langsam abkühlen.

Im Kunstharzverguß entsteht im Gegensatz zum metallischen Verguß aufgrund der chemischen Reaktion von Härter und Grundharz Reaktionswärme. Diese erwärmt gleichfalls die Hülse, die Fasern und die evtl. zugemischten Zuschläge und wird ebenfalls an die Umgebung abgeführt, wobei die Wärmeleitfähigkeit der Polymere äußerst gering ist im Vergleich zu einem metallenen Verguß.

Der Abkühlvorgang ist demnach ein instationärer Prozeß. Das Temperaturfeld, also die örtliche Verteilung der Temperatur innerhalb der Verankerungskonstruktion, wird sich fortwährend ändern, bis sich in der gesamten Verankerung eine gleichmäßige Temperatur, die Umgebungstemperatur, eingestellt hat. Das Maß der Wärmeableitung wird entscheidend geprägt von den thermischen Eigenschaften des vorliegenden Verguß-und Hülsenwerkstoffes, wie z.B. der spezifischen Wärme, der Wärmeübergangszahl, der Wärmeleitfähigkeit oder des Wärmediffusionsvermögens.

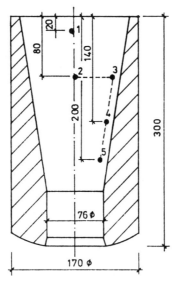

Bild 7.3.3-1 Die Anordnung der Thermoelemente im Innern des Vergußraumes. Es wurde ein vollverschlossenes Spiralseil (Seil-Durchmesser 69 mm) mit einer Zinklegierung (ZnAl6Cu1) vergossen /A. Schneider, 1974/

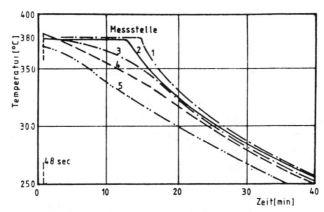

Bild 7.3.3-2 Die gemessenen Temperaturen im Vergußkonus nach dem Vergießen und während der Abkühlung in Abhängigkeit von der Zeit /A.Schneider, 1974/

7 Zum Schwinden des Vergußkörpers in der Verankerung

Bislang ist nach Kenntnis des Autors lediglich von A.Schneider /A.Schneider, 1974/ eine Messung der Temperaturen in einer Vergußverankerung während des Vergießens und der Abkühlung veröffentlicht worden. Eigene Meßergebnisse an einer Bündelverankerung werden in dieser Arbeit vorgestellt. Mittels Thermoelementen wurden von ihm die Temperaturen an mehren Orten innerhalb des Vergußraumes aufgenommen. Bild 7.3.3-1 zeigt die Lage der Meßpunkte und die Abmessungen der stählernen Hülse, in der ein vollverschlossenes Spiralseil mit einem Durchmesser von 69 mm (Drahtdurchmesser ca. 5.0 mm) mittels einer Zinklegierung (ZnAl6Cu1) verankert wurde. Bild 7.3.3-2 zeigt die gemessenen Temperaturen in Abhängigkeit von der Abkühlungszeit aufgetragen.

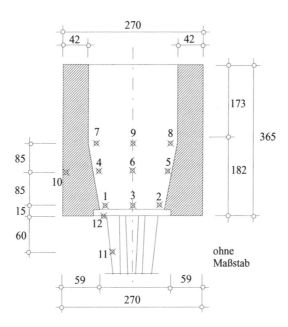

Bild 7.3.3-3 Die Geometrie der Bündelverankerung und die Lage der Meßpunkte zur Aufnahme der Temperaturen im Vergußkonus während des Vorwärmens, des Vergießens und des anschließenden Abkühlens. Vergossen wurde ein dickdrähtiges (7.0 mm) verdrilltes Bündel mit 169 Drähten (1x169) mit einer Zinklegierung (ZnAl6Cu1).

In einer neu entwickelten stählernen Verankerungshülse zur Verankerung eines dickdrähtigen (Drahtdurchmesser 7.0 mm) verdrillten Drahtbündels (1x169) (vgl. Bild 2.1-14) konnten mittels Thermoelementen eigene Temperaturmessungen durchgeführt werden. Bild 7.3.3-3 zeigt die Geometrie der Hülse und die Lage der Meßpunkte. Gemessen wurden die Temperaturen im konischen Teil der Verankerungshülse. Die Meßpunkte 1 bis 9 nahmen die Temperaturen im Innern des Vergußwerkstoffes an der Oberfläche der Drähte und die Temperatur an der Grenzfläche Konus-Hülse auf, der Meßpunkt 12 befand sich direkt an der Zinklochplatte, die zur Abdichtung des Vergußraumes und zur planmäßigen Führung der Drähte vorgesehen war. Der Meßpunkt 11 maß die Oberflächentemperatur des Zuggliedes in einem Abstand von dem Vergußkopf von ca. 65 mm, um die Wärmefortleitung in dem Zugglied zu erfassen. Die

Hülsenoberfläche war mittels Ringbrennern vor dem Vergießen auf ca. 320° C über die Höhe und ihren Umfang gleichmäßig vorgeheizt und mittels eines Temperaturstiftes (Temperatur wird durch Farbänderung angezeigt) kontrolliert worden. Die Temperatur an der Oberfläche der Hülse wurde zusätzlich im Punkt 10 mit einem Handthermometer gemessen.

Die Bilder 7.3.3-4 bis 7.3.3-9 zeigen die gemessenen Temperaturen über der Zeit aufgetragen. Nach Ausschalten der Ringbrenner verringerte sich die Temperatur an der Hülsenoberfläche von ca. 320° C auf ca. 245° C in Punkt 10 infolge Luftabkühlung (Bild 7.3.3-9). Schneider gibt für seine Messungen eine Hülsenerwärmung auf 350° C an /A.Schneider, 1974/.

Die der Hülseninnenwand am nächsten liegenden Drähte (Meßpunkte 1,2,4,5,7,8) waren infolge der Wärmestrahlung der Hülsenwand zu diesem Zeitpunkt auf ca. 190-215° C aufgeheizt worden (Bilder 7.3.3-4, 7.3.3-5, 7.3.3-8). Die innenliegenden Drähte wiesen eine um ca. 100° Celsius niedrigere Temperatur auf (Meßpunkte 3,6,9). Innerhalb eines Zeitraumes von einer Minute nach dem Einbringen des auf ca. 420° C erwärmten metallischen Gießgutes wird an den Meßpunkten 4 bis 9 nahe den Drähten eine Temperatur von ca. 350-380° C gemessen, wobei nahezu kein Temperaturunterschied zwischen den nahe der Hülsenwand liegenden und den inneren Drähten des Seilbesens mehr besteht (Bilder 7.3.3-4 bis 7.3.3-6).

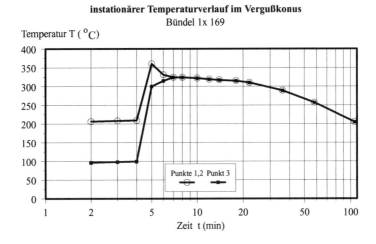

Bild 7.3.3-4 Darstellung der gemessenen Temperaturen an den Meßpunkten 1,2,3 vor, während und nach dem Vergießen mit einer metallischen Vergußlegierung (unterste Meßebene)

Für die am unteren Rand des Vergußkonus liegenden Meßpunkte 1 und 2 ist eine Spitze in der Temperatur-Zeit-Kurve in Bild 7.3.3-4 im Gegensatz zur mittleren Meßstelle 3 ausgeprägt. Die Ursache dafür könnte darin liegen, daß die Wärmeabführung über die Drähte, die am mittleren Meßpunkt ca. 100° C unter denen am Rand angeordneten liegt, im ersten Augenblick des Vergießens höher ist. Innerhalb der darauffolgenden zwei Minuten steigt die Temperatur aber an. Infolge der intensiven Wärmeabführung über die Hülsenwand verringert sich die Temperatur an den Meßpunkten 1 und 2 sehr schnell wieder auf den Meßwert des Punktes 3.

7 Zum Schwinden des Vergußkörpers in der Verankerung

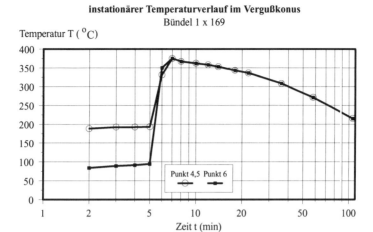

Bild 7.3.3-5 Darstellung der gemessenen Temperaturen an den Meßpunkten 4,5,6 vor, während und nach dem Vergießen mit einer metallischen Vergußlegierung (mittlere Meßebene)

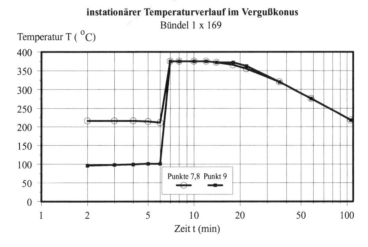

Bild 7.3.3-6 Darstellung der gemessenen Temperaturen an den Meßpunkten 7,8,9 vor, während und nach dem Vergießen mit einer metallischen Vergußlegierung oberste Meßebene)

In den anderen beiden Meßebenen im Konus herrscht innerhalb der ersten 20 Minuten infolge der schlechten Wärmeableitung eine um ca. 50° C höhere Temperatur. Die höchsten Temperaturen, die in den ersten 20 Minuten fast konstant bleiben, treten im mittleren Teil des Vergußkörpers auf. Es fällt auf, daß in allen Meßebenen nun kein Unterschied mehr zwischen den außen liegenden und den mittig angeordneten Meßpunkten mehr besteht. In den Meßergebnissen von A.Schneider bleibt die Temperatur der mittig angeordneten Thermoelemente ebenfalls, hier über einen Zeitraum von ca. 15 Minuten, konstant. DieWärme in den Randzonen wird aber schon in den ersten Minuten kontinuierlich abgeführt. Dies konnte in dem eigenen Bündelversuch lediglich für die mittlere Meßebene (Meßpunkte 4,5,6) festgestellt werden. Als Ursache ist evtl. der höhere Stahlanteil des von A.Schneider geprüften Spiralseiles in Gegensatz zu dem untersuchten Bündel zu vermuten. Nach einer Abkühlzeit von ca. 25 Minuten haben sich die Temperaturen aller Meßstellen weitgehend ausgeglichen und nehmen gleichmäßig ab. Diese Angleichung ist ebenfalls bei A.Schneider zu erkennen (Bild 7.3.3-2).

Bild 7.3.3-9 zeigt die sprunghafte Erhitzung der Zinklochplatte, sobald sie mit dem Gießgut in Kontakt kommt (Gießbeginn).

Die Temperatur der auf der Bündeloberfläche liegenden Drähte, die in einiger Entfernung (65mm) vor der Verankerung gemessen wurde, zeigt eine Erwärmung infolge Energieeintrags durch das Vergußmetall um 50° C auf ca. 160° C, die sich innerhalb der ersten 20 Minuten langsam aufbaut.

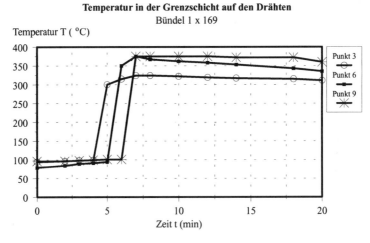

Bild 7.3.3-7 Darstellung der gemessenen Temperaturen an den an einem innenliegenden Draht befestigten Meßpunkten 3,6,9 innerhalb der ersten 20 Minuten zum Vergleich der Temperaturverläufe in den Meßebenen

Die eigenen Messungen konnten das sehr schnelle Abklingen der von A.Schneider gemessenen Temperaturen innerhalb der ersten 10 Minuten für das untersuchte Bündel nicht bestätigen. Die Ursache ist durch die unterschiedliche Größe der Zugglieder und ihrer Verankerung begründet. Im Bündel wurde an keiner Meßstelle die Schmelztemperatur des Zamak von 380° C erreicht. Das Zamak war mit einer Gießtemperatur von ca. 420° C vergossen worden. Daraus folgt, daß die Thermoelemente, die mit Bindedraht auf den Drähten befestigt waren, die Grenzflächentemperaturen am Übergang vom Draht zum Verguß gemessen haben. Schneider nahm vermutlich die Temperatur im Vergußwerkstoff zwischen den Drähten auf. Die in der Literatur oft angeführte Anlaßtemperatur der Seildrähte von 400° C (für kurzfristiges Anlassen), die eine Verringerung der Drahtfestigkeiten zur Folge hat, konnte hier nicht erreicht werden /Patzak u. Nürnberger, 1978, A.Schneider, 1974/. Das im Bündel gemessene

7 Zum Schwinden des Vergußkörpers in der Verankerung

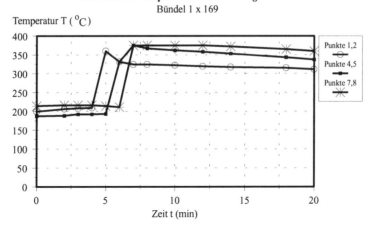

Bild 7.3.3-8 Darstellung der gemessenen Temperaturen an den in Hülsenwandnähe liegenden Meßpunkten 1,2,4,5,7,8 innerhalb der ersten 20 Minuten zum Vergleich der Temperaturverläufe in den Meßebenen

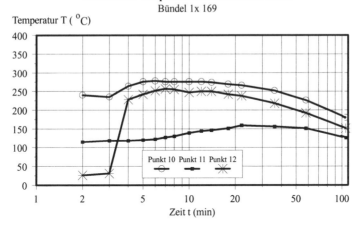

Bild 7.3.3-9 Die Temperaturen der Hülsenoberfläche (Meßpunkt 10), der Zinklochplatte (Meßpunkt 12) und in der äußeren Lage des Bündels in einer Entfernung von 65 mm vor der Verankerung (Meßpunkt 11). In logarithmischem Maßstab ist die gesamte Meßzeit abgetragen.

Temperaturniveau blieb innerhalb der ersten 20 Minuten sehr hoch. Für wesentlich größere Bündelkonstruktionen könnten die Temperaturen allerdings noch höher liegen. Die gemessene Temperatur von 160°C des Zuggliedes außerhalb der Verankerung infolge seiner Wärmeleitung kann am Zuggliedeinlaufbereich den Verfüllwerkstoff des Zuggliedes (z.B. Seilverfüllung) und damit auch seinen Korrosionsschutz beeinträchtigen. In dieser Arbeit soll aber auf diese Problematik nicht eingegangen werden.

7.4 Ansatz zur analytischen Ermittlung eines „effektiven Schwindmaßes" für das Komposit

Nach /Rabinovic, 1989, Bogetti, 1992/ läßt sich die Änderung des Ausgangsvolumens V_0 des Verguß-Körpers infolge Schwindens ausdrücken mit dem konstanten „kubischen spezifischen Schrumpfungs-Koeffizienten" β_S und der Temperaturänderung ΔT während des Schwindvorganges. Das Volumen des geschwundenen Gußstückes ergibt sich zu

$$V_S = V_0(1 - \beta_S \Delta T) = V_0(1 - s_{Vol}) \tag{7.4-1}$$

Der gegebene Zusammenhang ist analog der Definition der kubischen linear elastischen thermischen Wärmeausdehnung eines Werkstoffes. In der Literatur wird üblicherweise der lineare Wärmeausdehnungskoeffizient α_{th} zur Kennzeichnung des Temperaturverhaltens eines Werkstoffes in der festen Phase (vgl. Kapitel 7.1) angegeben /Rabinovic, 1989/. Es ergibt sich somit

$$\beta_{th} = \frac{\Delta V_{th}}{V_0} \frac{1}{\Delta T} \tag{7.4-2} \qquad \alpha_{th} = \frac{\Delta L_{th}}{L_0} \frac{1}{\Delta T} \tag{7.4-3}$$

In DIN 50131 wird ein lineares „Schwindmaß" s ermittelt /DIN 50131/. Es wird als Maß für die Längenänderung eines Gußstückes nach seiner Abkühlung auf Raumtemperatur (23°C) berechnet, ausgedrückt als die prozentuale gemessene Längendifferenz zwischen Modell und erkaltetem Abguß. Dabei wird dies entweder ohne eine Vorerwärmung der Gießform ermittelt oder für bestimmte Stoffe eine Vorerwärmung vorgeschrieben, die aber rechnerisch nicht berücksichtigt wird. Es wird mit fortlaufender Speisung (Trichter) des flüssigen Gießgutes vergossen. Die in der Norm festgelegte Vergußform besitzt eine Ausgangslänge von $L_o = 100$ mm mit einem rechteckigen Vergußraumquerschnitt von 12x18 mm. Die Schwindanteile in den beiden Richtungen orthogonal zur Längsachse werden als vernachlässigbar klein angenommen. Damit soll also lediglich das in einer Richtung auftretende lineare Schwindmaß des geprüften Werkstoffes ermittelt werden.

Eine Umrechnung des kubischen Temperaturausdehnungs- bzw. Schwindkoeffizienten auf den linearen Koeffizienten ist nur möglich, wenn die Geometrie der Gußform bekannt ist. Das Verhältnis der Änderung kann mit den Dehnungen ausgedrückt werden. Wird eine gleiche Dehnung in allen drei Hauptrichtungen des Gußkörpers vorausgesetzt, so ergibt sich

$$\frac{\Delta V}{V_0} = 3\varepsilon + 3\varepsilon^2 + \varepsilon^3 \qquad \text{bzw.} \qquad \varepsilon = \left[\sqrt[3]{1 + \frac{\Delta V}{V_0}}\right] - 1 \tag{7.4-4}$$

Soll der Zusammenhang für Dehnungen bzw. Volumenänderungen aufgrund Schwindens ermittelt werden, so verwendet man die in Versuchen gemessenen Volumenschwindmaße s_{Vol} (Gleichung 7.4-1) bzw. linearen Schwindmaße s analog der Beziehung 7.4-4

$$s_{Vol} = 3s + 3s^2 + 3s^3 \cong 3s \tag{7.4-5}$$

Werden in der Beziehung 7.4-5 die Glieder höherer Potenz vernachlässigt, so erhält man die bekannte vereinfachte Beziehung, die in der Literatur /Rabinovic, 1989, Brunhuber, 1978/ häufig zu finden ist.

Mit Hilfe eines „effektiven" Schwindmaßes für den Vergußkonus der Zuggliedverankerung sollen nun die bereits angesprochenen geometrischen und werkstoffmechanischen Einflüsse auf das Schwinden berücksichtigt werden. Die Behinderung der Wärmeausdehnung eines Komposits wird maßgebend bestimmt von dem Volumenteil der steifen Fasern bzw. der steifen Zuschläge. Wie in Kapitel 5.6.10 gezeigt werden konnte, spielen die Steifigkeitsunterschiede der Komposit-Komponenten, ausgedrückt mit den elastischen Moduli, dabei eine bedeutende Rolle.

Während des Schwindungsvorganges ändert sich nicht nur das Volumen, sondern auch die elastischen Konstanten. Sie sind abhängig von der Temperatur, vom Grad der Erhärtung und damit von der Zeit während des Schwindvorganges /Bogetti, 1992/. Dabei wird von /Bogetti, 1992, Groche, 1973/ die Aushärtung von synthetischen Faserverbundstoffen in drei Phasen eingeteilt:

In Phase I

besitzt der Kunststoff noch die Eigenschaften einer viskosen Flüssigkeit mit zu vernachlässigbaren Steifigkeiten.

In Phase II

geschieht eine extreme Steigerung der Steifigkeitskenngrößen, die „chemische Erhärtung". Damit verbunden ist die Volumenverringerung, das „chemische Schwinden", infolge der Polymerisation.

In Phase III

ist die Polymerisation abgeschlossen und das Gußstück besitzt die bekannten temperaturabhängigen visco-elastischen Eigenschaften.

Den Arbeiten von /Bogetti, 1992, Cahn, Groche, 1973, Rehm u. Schlottke, 1987, Rehm u. Franke, 1980/ ist zu entnehmen, daß der Steifigkeitsanstieg von kunstharzgebundenen Komposit-Werkstoffen innerhalb von ca. 60 Minuten am ausgeprägtesten und nach ca. 24 Std. zu ca. 95 % erfolgt ist. In diesem Zeitraum erfolgt auch der größte Teil der Volumenverringerung (vgl. Bild 7.2-1).

Mehrere Autoren /Bogetti, 1992, Cahn/ versuchten mittels analytischer Lösungen, den instationären Erhärtungsvorgang der synthetischen Faserverbundwerkstoffe zu beschreiben. Von Bogetti wird in seinem Berechnungsvorschlag für Glasfaser-Polyester-Verbundwerkstoffe der Abkühlungsverlauf in kleine Zeitinkremente eingeteilt und während dieser Erhärtungsphase die jeweils momentan gültigen effektiven elastischen Moduli berechnet. Dabei werden Schwindanteile nur für den Matrixwerkstoff, Temperaturdehnungen aber für Matrix- und Faserwerkstoff, angenommen. Somit können die in einem beliebigen Zeitpunkt während der

Erhärtung vorliegenden Steifigkeitsunterschiede und Temperaturverhältnisse näherungsweise simuliert werden. Der Einfluß des Temperaturverlaufs während der Erhärtungszeit, der instationäre Temperaturzustand also, wird somit berücksichtigt.

Für metallische Vergußwerkstoffe ist dem Autor keine vergleichbare Untersuchung bekannt. Das Verfahren von Bogetti ließe sich ebenfalls für den metallischen Verguß anwenden, wenn der Zeit- und Abkühlungsverlauf und die Abhängigkeit der elastischen Konstanten von der Temperatur bekannt sind.

In dieser Arbeit wird die Ermittlung der endgültigen Geomtrieänderung des erkalteten Gußkörpers angestrebt und nicht der Versuch unternommen, den Spannungszustand im Innern des Vergußkonus zu ermitteln. Für den Vorgang des Schwindens wird eine Schwindbehinderung angesetzt, die analog der Behinderung der temperaturbedingten Dehnungen eines Verbundwerkstoffes ermittelt wird:

Solange die Matrix noch nicht erhärtet ist, werden Schwindverformungen allein des Matrixwerkstoffes mit Hilfe des linearen „Norm"-Schwindmaßes s ermittelt. Im Gegensatz zu /Bogetti, 1992/ werden die linearen Temperaturdehnungen der Matrix während des Schwindprozesses als im üblichen Wert des Schwindmaßes bereits erfaßt angenommen und nicht zusätzlich addiert.

Es wird nun davon ausgegangen, daß die Temperaturdehnungen der als Festkörper betrachteten Fasern bzw. Füllerpartikel entsprechend dem Temperaturverlauf im Komposit zunächst linear zunehmen und bei Abkühlung auf Raumtemperatur vollständig reversibel sind. Der Einfluß dieser Temperaturdehnungen auf das effektive Schwindmaß wird für polymere Fasern und Glasfasern als vernachlässigbar angenommen. Für die Kombination von Stahldrähten mit einem metallischen Vergußwerkstoff stellt dies allerdings nur eine grobe Vereinfachung dar. Die Verformungen infolge der linearen Temperaturausdehnung der metallischen Werkstoffe ist im Vergleich zu den Schwindverformungen für die in Kapitel 7.3.3 gemessenen Temperaturbereiche (ca. max. 380° C) und einem Konusdurchmesser von ca 120 mm (Bild 7.3.3-3) lediglich um den Faktor 0.25 kleiner, wenn darüber hinaus in der Besenwurzel von einem Faservolumenanteil von 80% ausgegangen wird. Die linearen Temperaturausdehnungs-Koeffizienten von polymeren Faserwerkstoffen sind um den Faktor 10 kleiner als bei Metallen und die Schwindmaße i.d.R. um den Faktor 6 größer (vgl. Tabellen A.1.5-1 und A.3.1-1). Im folgenden wird dieser Dehnungsanteil der Stahldrähte zunächst vernachlässigt, da die Abschätzung für den metallischen Verguß die ungünstigste Situation in der Besenwurzel mit einem hohen Anteil an Drähten betrachtete.

Der für das Schwinden maßgebende Temperaturbereich erstreckt sich von der Erstarrungstemperatur des Matrixwerkstoffes bis Raumtemperatur. Zur analytischen Ermittlung der Dehnungen nach dem Erhärten des Vergußkörpers werden näherungsweise die elastischen Konstanten der Komposit-Komponenten, gültig bei Raumtemperatur, angesetzt. Die Poisson-Zahl wird als näherungsweise temperaturunabhängig angenommen. Dies stellt natürlich eine grobe Vereinfachung dar. Dem Autor sind aber dahingehend weder theoretische noch versuchstechnische Untersuchungen von Vergußkoni mit den üblicherweise verwendeten Vergußwerkstoffen bekannt, so daß es hier nicht sinnvoll erscheint, eine genauere Verfeinerung anzunehmen.

7.4.1 Ein „effektives Schwindmaß" für das unidirektionale Komposit

In den Gleichungen zur Ermittlung der effektiven linearen thermischen Ausdehnungskoeffizienten eines unidirektionalen Komposits (Kapitel 5.6.10.1) wird nun anstelle des isotropen linearen Temperatur-Koeffizienten des Matrixwerkstoffes α_m das lineare „Schwindmaß" s_m der Matrix eingesetzt. Die Fasern bzw. Zuschläge schwinden nicht. In den Beziehungen werden zunächst keine temperaturbedingten Dehnungsanteile der Fasern berücksichtigt. Ihre Steifigkeit und ihr Volumenanteil gehen in die Berechnung ein und bewirken die „Behinderung" der Matrixdehnungen. Die vorgestellten Beziehungen sind dabei aus den Näherungslösungen von /Shapery, 1968/ entwickelt.

Analog Kapitel 5.6.10.1 können für die Schwindmaße obere und untere Grenzen angegeben werden, die den entsprechenden Beziehungen der effektiven Temperaturkoeffizienten entsprechen. Dabei bezeichnen die Indizes f und m in gewohnter Weise den Faser- bzw. Matrixwerkstoff.

Zur Ermittlung des Schwindmaßes s_L in Faserrichtung sollte die Gleichung als eine untere Grenze des effektiven Schwindmaßes angewandt werden.

$$s_L = \frac{s_m E_m V_m}{E_m V_m + E_f V_f} \qquad (7.4.1\text{-}1)$$

Als eine obere Grenze des Schwindmaßes in Längsrichtung kann unter Verwendung der Kompressionsmoduli folgende Beziehung benutzt werden

$$s_L = \frac{s_m K_m V_m}{K_m V_m + K_f V_f} \qquad (7.4.1\text{-}2)$$

Senkrecht zur Faserrichtung läßt die aus der „exakten" Beziehung (6.6.10.2-4) abgeleitete Gleichung für das effektive Schwindmaß s_T eine gute Näherung erwarten.

$$s_T = (1+v_m)s_m V_m - s_L\left[v_f V_f + v_m V_m\right] \qquad (7.4.1\text{-}3)$$

Die Gleichung, die eine obere Grenze des Schwindmaßes s_T angibt, ergibt sich mit

$$s_T = (1-v_m)s_m V_m \qquad (7.4.1\text{-}4)$$

Sollen die elastischen Faserdehnungen dennoch mit einbezogen werden, so muß der Term

$$+\alpha_f \Delta T_f E_f V_f \qquad (7.4.1\text{-}5)$$

im Zähler der Gleichungen (7.4.1-1) und (7.4.1-2) addiert werden. ΔT_f stellt dabei den Temperaturunterschied zwischen der Drahttemperatur unmittelbar vor dem Vergießen und der Raumtemperatur dar. ΔT_f ist allerdings abhängig von der Lage innerhalb des Vergußraumes (vgl. Kapitel 7.3.3). In Gleichung (7.4.1-3) muß dann der Ausdruck

$$+\alpha_f \Delta T_f (1+\nu_f) \tag{7.4.1-6}$$

und in Gleichung (7.4.1-4) der Term

$$+\alpha_f \Delta T_f V_f \tag{7.4.1-7}$$

addiert werden. Ein wesentlicher Einfluß ist allerdings nur für metallische Faser-Verguß-Kombinationen zu erwarten.

Von Bogetti wurden Schwindverformungen an 3 cm dicken und 80 cm langen mit Glasfasern unidirektional bewehrten Platten aus UP-Harz durchgeführt. Mit den in /Bogetti, 1992/ angegebenen Werkstoffkenngrößen (Tabelle 7.4.1-1) wurde versucht, mit Hilfe der hier vorgeschlagenen Beziehungen 7.4.1-1 bis 7.4.1-4 die Schwindverformungen nachzuvollziehen.

Tabelle 7.4.1-1 Von Bogetti /Bogetti, 1992/ angegebene Kenngrößen und vom Autor berechnete Konstanten der glasfaserbewehrten Polyester-Platten, an denen von Bogetti Schwindverformungen gemessen und berechnet wurden.

*) vom Autor berechnet			**Glasfaser**	**UP-Harz**
Faservolumenanteil		(/)	0.54	
E-Modul	E	N/mm²	73000	2750
Poisson-Zahl	ν	(/)	0.22	0.40
Kompressionsmodul *)	K	N/mm²	43500	4600
Schubmodul *)	G	N/mm²	29900	990
linearer Temp.-Ausd.-Koeff.	α	10^{-6} 1/K	5.04	72.0
Volumenschwindmaß	s_{Vol}	Vol-%	-	6.0
lineares Schwindmaß *)	s	%	-	1.96
Reaktionswärme	ΔT	Celsius	+100	+100

Die Bilder 7.4.1-1 und 7.4.1-2 zeigen eine Gegenüberstellung der von Bogetti angegebenen Schwindmaße mit den eigenen Berechnungen, wenn sowohl die „exakten" Beziehungen als auch die Näherungslösungen der effektiven Schwindmaße zur Berechnung herangezogen werden. Man erkennt, daß zur Abschätzung der Schwindverformungen in Faserrichtung die Gleichung der unteren Grenze am zutreffendsten ist. Für die Querrichtung liefert die „exakte" Beziehung bzw. die obere Grenze eine gute Abschätzung.

7 Zum Schwinden des Vergußkörpers in der Verankerung 135

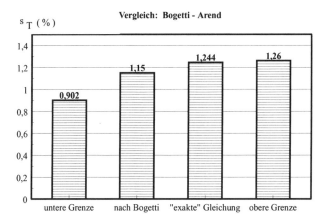

Bild 7.4.1-1 Gegenüberstellung der von Bogetti aus Versuchen erhaltenen Schwindmaße s_T orthogonal zur Faserrichtung für unidirektional mit Glasfasern bewehrte Polyesterplatten mit den vom Autor angegebenen Beziehungen

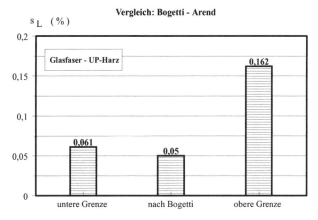

Bild 7.4.1-2 Gegenüberstellung der von Bogetti aus Versuchen erhaltenen Schwindmaße s_L in Faserrichtung für unidirektional mit Glasfasern bewehrte Polyesterplatten mit den vom Autor angegebenen Beziehungen

Die Ergebnisse zeigen, daß aufgrund der sehr steifen Fasern die Matrix in ihrer Schwindverformung parallel der Faserrichtung stark behindert wird. Die Fasern besitzen ihre hohe Steifigkeit schon von Beginn an. Somit ist die Schwindbehinderung stark ausgeprägt, was mit der guten Näherung bei Anwendung der Beziehung für die untere Grenze übereinstimmt.

In Querrichtung sind die Steifigkeiten von Faser- und Matrixwerkstoff „hintereinandergeschaltet". Die Fasern können in Querrichtung von der schwindenden Matrix leicht verschoben werden, so daß die Verformungen maßgebend von den Eigenschaften der Matrix bestimmt werden. Da die Steifigkeit der Matrix sich erst während der Erhärtung ausbildet und sie über eine gewisse Zeit nicht linear-elastisch, sondern sich viscos bzw. plastisch verhält, sind große Schwindverformungen und nur reduzierte Behinderungen zu erwarten. Dies wird bestätigt, indem die Elastizitätsgleichung für die obere Grenze eine gute Näherungslösung liefert. Diese Beziehung berücksichtigt zusätzlich eine Verformung in Querrichtung mittels der Poisson-Konstanten v_m der Matrix, bestätigt also die Dominanz des Matrixverhaltens. In der „exakten" Beziehung (7.4.1-3) wird der schwindbehindernde Einfluß der Fasern in dem zweiten Term berücksichtigt.

Im folgenden sollen für unterschiedliche Vergußkombinationen die sich analytisch ergebenden „effektiven Schwindmaße" in Abhängigkeit vom Faservolumenanteil beispielhaft aufgezeigt werden. Als Vergußwerkstoffe werden die schon in den vorigen Kapiteln ausgewählten Faser- und Vergußwerkstoffe betrachtet (Tabelle 7.4.1-2).

Tabelle 7.4.1-2 Hier beispielhaft untersuchte Werkstoffkombinationen von Faser- und Vergußwerkstoffen

aus: 1) Hashin 2) Gabriel			**Seildraht** 2)	**Glasfaser** 1)	**Zamak**	**EP-Harz** ohne Füller 1)	**UP-Harz** mit Füller 2)
E-Modul	E	N/mm²	195 000	72 300	90 700	2750	12 000
Poisson-Zahl	v	(/)	0.285	0.2	0.25	0.35	0.3
Kompressions- modul	K	N/mm²	151 200	40 200	60 500	3060	10 000
Schubmodul	G	N/mm²	75 900	30 200	36 300	1020	4600
linearer Temp.- Koeffizient	α_{th}	10⁻⁶ 1/K	12.0	6.0	29.0	60.0	70.0
lineares Schwindmaß	s	%	nicht benötigt	nicht benötigt	1.2	0.398 (berechnet)	0.663 (berechnet)
kub. Schwindmaß	s_{Vol}	Vol-%	nicht benötig	nicht benötigt	1.2		2.0

In Bild 7.4.1-3 sind die untersuchten Werkstoff-Kombinationen gegenübergestellt. Der metallische Verguß der Seildrähte zeigt eine leicht unterlineare Abhängigkeit des Schwindmaßes s_L vom Fasergehalt, während der Verguß von hochfesten Fasern mit Kunstharzen wesentlich kleinere Schwindmaße zeigt. Im Bereich hoher Fasergehalte ist für diese Vergüsse nur ein geringer Einfluß des Faseranteils V_f zu erkennen. Es ist sowohl für die Glasfasern in einer Epoxidharzmatrix, als auch für die Stahldrähte in einer gefüllten Kunstharzmatrix ein vergleichbares Schwindverhalten zu erkennen. Für die letztgenannten Vergüsse wird das Schwinden des Matrixwerkstoffes durch die im Vergleich sehr steifen Faser schon bei kleinen V_f-Werten stark behindert. Im Gegensatz dazu nähert sich für kleine Steifigkeitsunterschiede von Faser- und Matrixwerkstoff, wie hier am Beispiel des metallischen Vergusses deutlich wird, die Funktion fast einem linearen Verlauf. Die relativ gute Übereinstimmung des analytischen Ansatzes mit den Versuchswerten von Bogetti (Bild 7.4.1-1) läßt für die gezeigten Abhängigkeiten eine gute Näherung erwarten.

7 Zum Schwinden des Vergußkörpers in der Verankerung

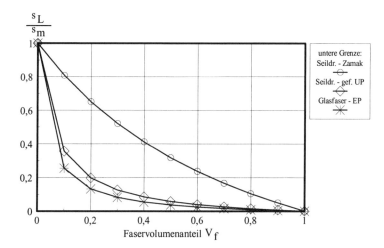

Bild 7.4.1-3 Auf das Matrix-Schwindmaß s_m bezogene effektive Schwindmaß s_L parallel zur Faserrichtung in Abhängigkeit vom Faservolumengehalt V_f nach dem in dieser Arbeit vorgeschlagenen Ansatz (Gleichung 7.4.2.1-1)

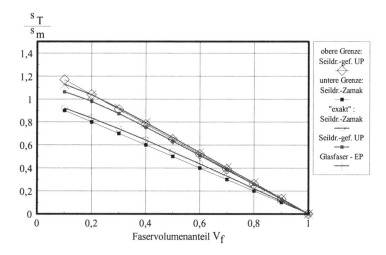

Bild 7.4.1-4 Auf das Matrix-Schwindmaß s_m bezogene effektive Schwindmaß s_T orthogonal zur Faserrichtung in Abhängigkeit vom Faservolumengehalt V_f nach dem in dieser Arbeit vorgeschlagenen Ansatz

In Bild 7.4.1-4 ist das bezogene Schwindmaß s_T in Abhängigkeit vom Faservolumengehalt V_f aufgetragen. Für alle Beispiele ist für Fasergehalte größer 0.1 eine fast lineare Abnahme des Schwindmaßes mit steigendem Faseranteil zu erkennen. Im Vergleich der Beispiele zeigt der metallische Verguß ein kleineres bezogenes Schwindmaß. Die aber höhere absolute Schwindverformung der metallischen Matrix resultiert aus dem größeren linearen Schwindmaß der metallischen Legierung. Für den metallischen Verguß kann das Schwindmaß gut mit der einfachen „Mischungsregel" erfaßt werden.

7.4.2 Ein „effektives Schwindmaß" für das Komposit mit globulären Füllern

Für Vergußmaterialien, die mit globulären Füllstoffen angereichert werden, wird analog vorgegangen und in der entsprechenden Gleichung (6.2.4-1) zur Bestimmung des effektiven α_G-Koeffizienten (vgl. Kapitel 6.2.4) das lineare Schwindmaß der Matrix s_m anstelle α_m eingesetzt. Die sphärischen Zuschläge schwinden nicht, so daß anstelle α_p jetzt null gesetzt wird. Lineare Temperaturdehnungen der Füllerpartikel werden hier ebenfalls vernachlässigt. Damit ergibt sich das effektive „globuläre Schwindmaß" s_G zu

$$s_G = s_m V_m - s_m V_p V_m \left[\frac{1 - \left(\dfrac{K_m}{K_p}\right)}{\left(\dfrac{K_m}{K_p}\right) V_m + V_p + \left(\dfrac{G_m}{K_m}\right)\dfrac{3}{4}} \right] \quad (7.4.2\text{-}1)$$

Werden die hochfesten Fasern in der Vergußverankerung mittels eines gefüllten Matrixwerkstoffes vergossen, so ist der ermittelte effektive globuläre Schwindwert s_G anstelle des Schwindmaßes s_m der Matrix in den Beziehungen 7.4.1-1 bis 7.4.1-4 einzusetzen.

Zur Überprüfung dieser Beziehungen wurden die Versuchsergebnisse von Groche /Groche, 1973/ und der empirische Ansatz nach /Rehm u. Franke, 1980/ auf die gefüllten Kunststoffvergüsse angewendet. In /Rehm u. Franke, 1980/ wird zur Berechnung eines linearen „Endschwindmaßes" $s_{0,B}$ für Kunstharzbetone und -mörtel ein empirisch ermittelter Zusammenhang vorgeschlagen

$$s_{0,B} = \frac{1}{3} s_{Vol} (1 - V_P)^q \quad (7.4.2\text{-}2)$$

Da das Schwinden des Betons nur vom Schwinden des Matrixwerkstoffes, also des Zementsteins, abhängt, ist nur der Volumenanteil der Matrix $V_m = (1-V_p)$ enthalten. Es wird das Volumenschwindmaß s_{Vol} des Matrixwerkstoffes angesetzt. Der numerische Faktor gibt die näherungsweise Umrechnung des Volumenschwindmaßes auf das lineare Maß an. Eine Schwindbehinderung infolge der quarzitischen Zuschläge wird mit dem Exponenten q berücksichtigt, der aus empirisch ermittelten Zusammenhängen in Abhängigkeit von den E-Moduli und den Querkontraktionszahlen von Beton und Zuschlag angegeben werden kann / Wesche, 1973/. Mit einem Exponenten q=1.6 soll nach /Rehm u. Franke, 1980/ eine gute Näherung an die Versuchsergebnisse erreicht werden.

7 Zum Schwinden des Vergußkörpers in der Verankerung

In Bild 7.4.2-1 wird die analytische Vorhersage des linearen effektiven globulären Schwindmaßes s_G mit der Beziehung nach Rehm und Franke mit den Versuchsergebnissen von Groche für zwei Kunstharzbetone (KHB 400, KHB 150) in Abhängigkeit vom quarzitischen Zuschlaggehalt V_p angegeben. Der in dieser Arbeit vorgeschlagene eigene Ansatz ist den Versuchen von Groche ebenfalls gegenübergestellt. Dabei wurden die in Tabelle 7.4.2-1 aufgeführten Werkstoffkenngrößen benutzt, die z.T. von /Groche, 1973/ angegeben werden bzw. vom Autor auf der Grundlage der Elastizitätstheorie ergänzt wurden.

Tabelle 7.4.2-1 Werkstoffkenngrößen, wie sie von /Groche, 1973/ angegeben bzw. vom Autor sinnvoll ergänzt wurden, als Grundlage der analytischen Berechnung des effektiven globulären Schwindmaßes s_G zweier mit quarzitischen Füllern angereicherter UP-Harze.

aus: 1) Rehm, 2) Groche, 3) v. Autor ergänzt			**KHB 400**	**KHB 150**
Füllerwerkstoff			Quarzsand (Sieblinie)	Quarzsand (Sieblinie)
E-Modul	E_p	N/mm²	51 700	siehe links
Poisson-Zahl	v_p	(/)	0.17	s.l.
Kompressionsmodul [3]	K_p	N/mm²	26 100	s.l.
Matrixwerkstoff			UP-Harz (hochreaktiv)	UP-Harz (normalreaktiv)
E-Modul	E_m	N/mm²	4000	s.l.
Poisson-Zahl	v_m	(/)	0.4	s.l.
Schubmodul [3]	G_m	N/mm²	1400	s.l.
Kompressionsmodul [3]	K_m	N/mm²	6700	s.l.
Volumen-Schwindmaß	$s_{m,Vol}$	Vol-%	5.1	8.0
lineares Schwindmaß [3]	s_m	%	1.67	2.598

In Bild 7.4.2-1 ist zu erkennen, daß das Schwinden des Komposits mittels der hier angegebenen analytischen Beziehungen in wesentlichem Maße unterschätzt wird. Nimmt man das effektive Schwindmaß als linear abhängig vom Partikelvolumenanteil an, werden die Schwindmaße überschätzt. Für den „normalreaktiven" Kunstharzbeton KHB 400 lassen sich mit dem Mittelwert der beiden Näherungen gute Ergebnisse erreichen. Der „hochreaktive" Kunstharzmörtel KHB 150 unterscheidet sich nach /Groche, 1973/ lediglich im Volumenschwindmaß vom KHB 400. Alle übrigen Werkstoffkennwerte sind als identisch angegeben. Daher können mittels der hier vorgeschlagenen Beziehung die angegebenen Schwindwerte nicht erreicht werden.

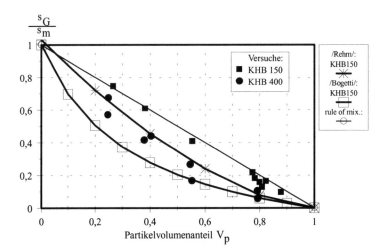

Bild 7.4.2-1 Für zwei Kunstharzbetone ist das von /Groche, 1973/ gemessene lineare Schwindmaß den analytischen Beziehungen von /Rehm u. Franke, 1978/ und dem von /Bogetti, 1992/ verwendeten Ansatz gegenübergestellt. Zusätzlich ist die lineare Abhängigkeit nach der „Mischungsregel" angegeben.

Die analytisch zu hoch angesetzte Schwindbehinderung aufgrund der Füller-Partikel-Steifigkeit ist um so stärker ausgeprägt, je größer der Steifigkeitsunterschied, d.h. das Verhältnis der Kompressionsmoduli der Komponenten, ist. Zeigen die Kompressionsmoduli K_p bzw K_m dagegen keinen großen Unterschied, so liefert Gleichung 7.4.2-1 eine lineare Beziehung. Das Verhältnis der Matrixmoduli G_m und K_m im Nenner des zweiten Terms der Gleichung

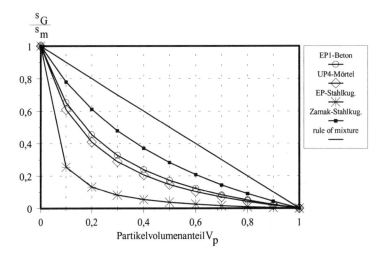

Bild 7.4.2-2 Auf das Matrix-Schwindmaß bezogene effektive globuläre Schwindmaß s_G in Abhängigkeit vom Faservolumengehalt V_f nach dem in dieser Arbeit vorgeschlagenen Ansatz

7.4.2-1 hat nur einen zu vernachlässigenden Einfluß auf das effektive Schwindmaß. Somit kann bei steigendem Steifigkeitsunterschied der Partikel im Vergleich zur Matrix mit der linearen Beziehung eine bessere Näherung erwartet werden.

Bild 7.4.2-2 zeigt die Abhängigkeit des globulären Schwindmaßes vom Partikelvolumengehalt nach dem in dieser Arbeit vorgeschlagenen Ansatz. Wie der Vergleich mit Versuchsergebnissen in Bild 7.4.2-1 zeigte, kann nur für Verguß-Gemische mit einem kleinen K_p/K_m-Verhältnis eine gute Näherung erwartet werden. Diese Bedingung wird hier nur von dem Kugel-Zamak-Gemisch erfüllt. Für die restlichen angegebenen Beispiele ist eine zu niedrige Annahme des Schwindmaßes wahrscheinlich.

7.5 Ermittlung der Schwind- und Temperaturverformungen des Vergußkonus

Die nach dem Vergießen und Abkühlen der Vergußverankerung vorhandene Geometrie von Hülse und Vergußkonus definiert die Ausgangssituation zur Ermittlung der Beanspruchungen der Verankerung unter Zuggliedbelastung. Während zur Ermittlung des linearen Schwindmaßes in DIN 50131 die temperaturbedingte Aufweitung der Gußform nicht berücksichtigt wird, da der zusätzliche Volumenanteil als vernachlässigbar klein angesehen werden darf, kann für eine vorgewärmte Seilhülse die Vergrößerung des Konusdurchmessers beträchtlichen Einfluß haben.

Die endgültigen radialen Geometrieänderungen nach dem Vergießen können additiv aus den Verformungen mehrerer Teilbereiche der Verankerung ermittelt werden (Bilder 7.5-1 und 7.5-2):

1. Aus dem Schwinden des „Vergußkernes"

Als „Vergußkern" wird hier der vergossene Seilbesen bezeichnet (Bild 7.5-1) (vgl. Kapitel 4.3). Er wird als unidirektionaler Komposit-Körper idealisiert. Seine radiale Schwindverformung ermittelt sich mit Hilfe des „effektiven" Schwindmaßes s_T in Abhängigkeit der Werkstoffkennwerte von Vergußmatrix und Faserwerkstoff.

Zur Ermittlung der radialen Verformung wird als Ausgangsradius der Radius R_B des Seilbesens angesetzt. Da die Ausdehnung der vorgewärmten Fasern nach Abkühlung auf Raumtemperatur wieder vollständig zurückgegangen sind, also keine bleibenden Verformungen bewirken, werden sie im folgenden nicht berücksichtigt. Die radiale Veränderung des Konusdurchmessers infolge Schwindens ergibt sich somit zu

$$\Delta R_B^S = s_T R_B \qquad (7.5\text{-}1)$$

2. Aus dem Schwinden des „Vergußringes"

In Kapitel 4.2.3 wurde ein „Vergußring" definiert, der in der Regel als konische Schale um den Seilbesen angeordnet ist und aus reinem Vergußwerkstoff besteht (Bild 7.5-1). Als lineares Schwindmaß wird näherungsweise das nach Norm ermittelte lineare Schwindmaß s_m des reinen Vergußwerkstoffes angesetzt. Werden gefüllte Vergußmaterialien eingesetzt, muß das effektive Schwindmaß s_G bekannt sein oder analytisch ermittelt werden (Gleichung 7.4.2-1). Mit diesem effektiven globulären Schwindmaß des Vergußwerkstoffes müssen dann die anisotropen Schwindmaße des Vergußkerns unter Berücksichtigung der Faserwerkstoffe ermittelt werden.

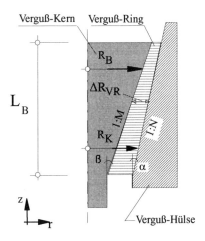

Bild 7.5-1 In der Verankerungskonstruktion wird die Geometrieänderung des Vergußkonus aus den Verformungen von drei Bereichen ermittelt: des Vergußkerns, des Vergußrings und der Vergußhülse

Die Vergußringdicke zum Zeitpunkt des Vergießens, die maßgebend für die Bestimmung der Schwindverformung ist, ergibt sich aus der Differenz des Seilbesenradius R_B und dem Innenradius der vorerwärmten Vergußhülse, die ihren Vergußraum entsprechend vergrößert hat. Da eine permanente Speisung mit flüssigem Gießgut vorgesehen wird, um die Volumenminderung in den Phasen der flüssigen Schwindung und der Erstarrungsschwindung (vgl. Kapitel 7.1) möglichst auszugleichen, wird somit mehr Gießgut vergossen als es aus der Ausgangsgeometrie im erkalteten Zustand der Verankerungshülse errechnet wird. Dabei bestimmt sich der Radius R_K^{th} der erwärmten Hülse aus dem Ausgangsradius R_K der kalten Hülse, vergrößert um die temperaturbedingte lineare Hülsenaufweitung ΔR_K^{th}. Diese wird mittels linearem Temperatur-Koeffizienten α_H des Hülsenwerkstoffes und der maximalen Temperaturdifferenz ΔT_H während des Vergußvorganges bestimmt. Die radiale Schwindverformung des Vergußringes ΔR_{VR} ist abhängig von dem linearen Schwindmaß s_m der Matrix bzw. dem effektiven Schwindmaß s_G für gefüllte Vergußmassen, und der temperaturbedingten Hülsenaufweitung ΔR_K^{th}. Die Hülsenaufweitung wird demnach ermittelt mit

$$\Delta R_K^{th} = \alpha_H \Delta T_H R_K \qquad (7.5\text{-}2)$$

Somit ergibt sich die radiale Gesamtverformung des Vergußringes zu

$$\Delta R_{VR}^S = s_m \left[(R_K - R_B) + \Delta R_K^{th} \right] = s_m R_K \left[1 - \frac{R_B}{R_K} + \alpha_H \Delta T_H \right] \tag{7.5-3}$$

Bei Anwendung von gefüllten Verguß-Gemischen ist anstelle s_m das effektive Schwindmaß s_G einzusetzen.

In Ringrichtung des Vergußrings erfolgt ebenfalls eine Schwindverformung mit dem gleichen linearen Schwindmaß s_m. Als maximale Erhitzung der Hülse wird in den Beziehungen ihre Erwärmung entweder aufgrund Erwärmung von außen oder aufgrund des heißen Gießgutes (Grenzflächentemperatur) eingesetzt. Die Temperaturdifferenz der linearen Temperaturbeanspruchung ist hierbei der Abstand zwischen der Grenzflächentemperatur der steifen Formteile und der Raumtemperatur. Ist die errechnete radiale Schwindverformung des Vergußrings größer als die radiale Verformung des Vergußkerns, so schrumpft der Vergußring auf. Es entsteht dadurch eine Querdruckbelastung des Vergußkerns und eine Ringzugbelastung des Vergußrings, die zusätzliche Verformungen bewirken. Diese sind in den angegebenen Beziehungen nicht berücksichtigt. In der Beispielrechnung einer Seilverankerung (Kapitel 9) werden sie aber mit einbezogen.

3. Aus der reversiblen temperaturbedingten Verformung der Vergußhülse

Die temperaturbedingte Aufweitung der Vergußhülse geht nach Abkühlung wieder vollständig zurück. Ist die Summe der radialen Schwindverformung von Vergußkern und Vergußring (auch im Falle des Aufschrumpfens des Vergußringes) größer als die maximale thermische Hülsenaufweitung, so verbleibt nach der Abkühlung ein Spalt ΔR_{Sp} zwischen dem Vergußkonus und der Hülse. Ist die Summe kleiner, so schrumpft die Hülse auf den Konus auf und es resultieren daraus Druckspannungen in der Grenzschicht zwischen Konus und Hülse. In Beziehung 7.5-4 nimmt dann die Spaltbreite negative Werte an (vgl. Bild 7.5-3). Der letztgenannte Zustand tritt aber für die heute eingesetzten Vergußwerkstoffe nicht auf.

Somit läßt sich die nach dem Schwinden und Abkühlen verbleibende Spaltbreite ΔR_{Sp} wie folgt ermitteln, wobei die Verformungen infolge eines Aufschrumpfens nicht berücksichtigt sind:

$$\Delta R_{Sp} = s_T R_B + s_m (R_K - R_B) + s_m \alpha_H \Delta T_H R_K - \alpha_H \Delta T_H R_K \tag{7.5-4}$$

Wird der Vergußring nicht angesetzt, sondern der gesamte Vergußkonus als Komposit idealisiert, so wird das lineare Schwindmaß s_m der Matrix durch das effektive Schwindmaß s_T ersetzt und die Vergußringdicke $(R_K - R_B)$ zu null gesetzt. Es ergibt sich damit

$$\Delta R_{Sp} = R_K \left[s_T + \alpha_H \Delta T_H (s_T - 1) \right] \tag{7.5-5}$$

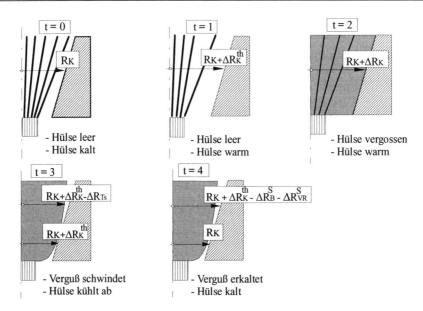

Bild 7.5-2 Die Geometrie des Vergußkonus und der Hülse für verschiedene Zeitpunkte während der Herstellung einer Vergußverankerung. Die Bezeichnungen sind ebenfalls im Text zu finden.

Mit den Kennwerten in Tabelle 7.4.1-2 soll für die beispielhaft untersuchten Faserwerkstoffe, die in metallischen und nicht-metallischen Vergußwerkstoffen verankert sind, die verbleibende Spaltbreite abgeschätzt werden. Die Bilder 7.5-3 bis 7.5-5 zeigen für diese Beispiele den nach der Beziehung (7.5-4) ermittelten Zwischenraum zwischen Konus und Hülse in dimensionsloser Darstellung, indem auf den Innenradius R_K der kalten Hülse bezogen wird. Als Parameter ist der Faservolumengehalt V_f und die Vergußringdicke, die ebenfalls auf R_K bezogen ist, variiert. Man erkennt, daß mit größer werdendem Faseranteil das Schwindmaß und damit die verbleibende Spaltbreite nahezu linear abnimmt, wie dies schon aus Bild 7.4.1-4 zu folgern war. Weiterhin ist zu sehen, daß sich mit größer werdender Vergußringdicke die Spaltbreite ΔR_{SP} vergrößert, aber die Durchmesseränderung des Konus nicht wesentlich beeinflußt wird. Wird die Dicke des Vergußrings erhöht, so verschieben sich die Auftragungen zu größeren Werten hin, bis nach dem Schwindprozeß eine vollständige Trennung von Konus und Hülse vorliegt. Obwohl das Schwindmaß der Matrix größer als das effektive Schwindmaß s_T des Vergußkerns ist, überwiegt der Einfluß des größeren Besenradius. Ein Aufschrumpfen auf den Vergußkern findet hier also nicht statt. In Bild 7.5-3 ist bei einem metallischen Verguß für die metallische Hülse eine Temperaturdifferenz ΔT_H von 300°C angenommen, für die Kunststoffvergüsse der Bilder 7.5-4 und 7.5-5 wurde eine Erwärmung einer Stahlhülse aufgrund der chemischen Reaktionswärme von 50°C eingesetzt. In den Diagrammen wird deutlich, daß im Bereich hoher Faseranteile, also im Bereich der Besenwurzel, das Vorzeichen der bezogenen Spaltbreite wechseln kann, wenn die Schwindverformung des Konus kleiner ist als die Temperaturverformung der erkaltenden Hülse und folglich diese auf den Konus aufschrumpft und eine Pressung in der Grenzschicht erzeugt.

7 Zum Schwinden des Vergußkörpers in der Verankerung

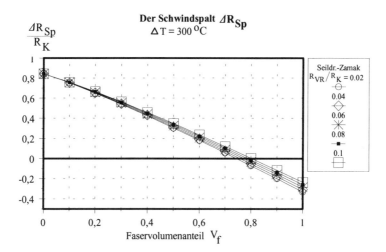

Bild 7.5-3 Die auf den Innenradius der kalten Hülse bezogene Spaltbreite (nach Gleichung 7.5-4) für eine Verankerung von Seildrähten in einem metallischen Verguß in Abhängigkeit von dem Faservolumengehalt und der bezogenen Vergußringdicke. Als Temperaturdifferenz sind 300° C angenommen.

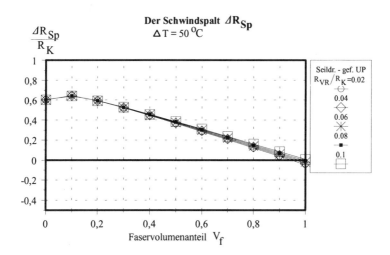

Bild 7.5-4 Die auf den Innenradius der kalten Hülse bezogene Spaltbreite für eine Verankerung von Seildrähten in einem gefüllten UP-Harz-Verguß in Abhängigkeit von dem Faservolumengehalt und der bezogenen Vergußringdicke. Als Temperaturdifferenz sind 50° C angenommen.

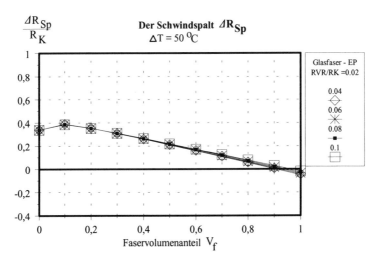

Bild 7.5-5 Die auf den Innenradius der kalten Hülse bezogene Spaltbreite für eine Verankerung von Glasfasern in einem nicht gefüllten EP-Harz-Verguß in Abhängigkeit von dem Faservolumengehalt und der bezogenen Vergußringdicke. Als Temperaturdifferenz sind 50° C angenommen.

In den Bildern 7.5-6 bis 7.5-8 ist die auf den Radius R_K bezogene Spaltbreite ΔR_{SP} in Abhängigkeit vom Faservolumengehalt und von der Temperaturdifferenz ΔT_H der Vergußhülse dargestellt. Ein Vergußring wurde hierbei nicht angenommen. Da die Temperaturverformung der Stahlhülse für die auftretenden Temperaturen vollständig reversibel ist, zeigen die Auftragungen den Einfluß des vergrößerten Vergußraumes und damit des vergrößerten Ausgangsdurchmessers des schwindfähigen Konus auf die Größe des Schwindspaltes.

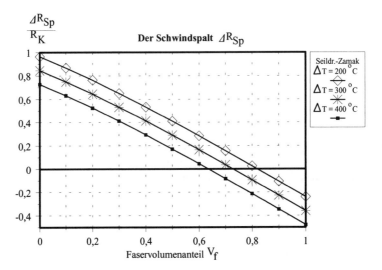

Bild 7.5-6 Die bezogene Spaltbreite für das Beispiel der Verankerung von Seildrähten in einem metallischen Verguß in Abhängigkeit von dem Faservolumengehalt des Konus und der maximalen Temperaturdifferenz der Hülse. Es ist hier kein Vergußring angesetzt!

7 Zum Schwinden des Vergußkörpers in der Verankerung

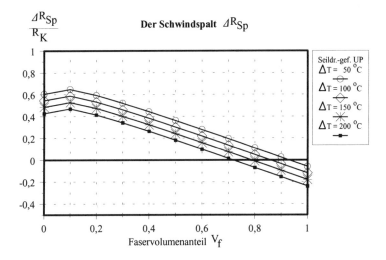

Bild 7.5-7 Die bezogene Spaltbreite für das Beispiel der Verankerung von Seildrähten in einem gefüllten UP-Verguß in Abhängigkeit von dem Faservolumengehalt des Konus und der maximalen Temperaturdifferenz der Hülse. Es ist hier kein Vergußring angesetzt!

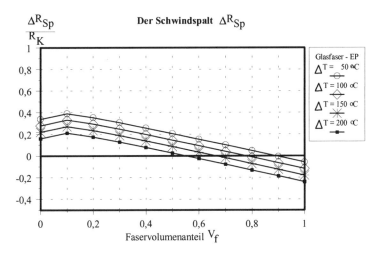

Bild 7.5-8 Die bezogene Spaltbreite für das Beispiel der Verankerung von Glasfasern in einem EP-Harz-Verguß in Abhängigkeit von dem Faservolumengehalt im Konus und der maximalen Temperaturdifferenz der Hülse. Es ist hier kein Vergußring angesetzt!

8 Versagenskriterien für den als Komposit idealisierten Vergußkonus

Muß der Versagenszustand des Komposits unter seiner mehrachsialen Beanspruchung innerhalb der Verankerung erkannt werden, müssen die in Kapitel 8.2 angesprochenen Versagenshypothesen angewendet werden. Dazu ist die Kenntnis der eindimensionalen Festigkeiten des Komposits notwendig. Für die heute üblichen hochfesten Zugglieder aus unidirektionalen synthetischen Verbundwerkstoffen sind bislang die meisten Untersuchungen durchgeführt worden. Für Vergußkoni o.ä. Verbundkörper liegen aber noch keine Untersuchungen vor. In dieser Arbeit wird für einen synthetischen und einen metallischen Vergußkonus zum ersten Mal die Modellvorstellung des Komposits angewendet. Die einachsigen Festigkeiten müssen daher in Abhängigkeit des Faservolumengehaltes des Verbundkörpers mit Hilfe theoretischer Überlegungen abgeschätzt werden. Die dazu verwendeten Beziehungen sind bereits in der Vergangenheit auf unidirektionale Faserverbundwerkstoffe angewendet worden, geben aber zum Teil die Versuchsergebnisse in nicht ausreichender Übereinstimmung wieder. Es ist dies aber hier die einzige Möglichkeit, Festigkeitswerte der beispielhaft betrachteten Faser-Verguß-Kombinationen in einer ersten Näherung anzunehmen. Eine Nachrechnung von Versuchsergebnissen bzw. eine Vorausberechnung von Traglasten ist erst mittels genügend abgesicherter Materialkennwerte bzw. -festigkeiten anzustreben. Der Versuch einer theoretischen Abschätzung der Festigkeiten des Komposit-Konus für die beispielhaft untersuchten Werkstoff-Kombinationen wird im Anhang B durchgeführt.

8.1 Versagenskriterien und Festigkeiten des unidirektionalen Komposits

Mit Hilfe von Bruchhypothesen wird versucht, die Beanspruchbarkeit eines Werkstoffes unter mehrachsialen Spannungszuständen zu erfassen. Das Versagen des Werkstoffes kann für verschiedene Zustände definiert werden /W.Schneider, 1975/. Es kann z.B. festgelegt werden, daß der „Bruchzustand" erreicht sein soll,

– sobald irreversible Verformungen auftreten, d.h. ein Fließen des Werkstoffes beginnt,
– sobald ein nicht-lineares Spannungs-Verformungs-Verhalten einsetzt,
– wenn eine Materialtrennung, z.B. ein Zugbruch, erfolgt oder
– wenn bei Faserverbundwerkstoffen eine Delamination eintritt,
– sobald ein instabiler Rißfortschritt beginnt.

Die auszuwählende Bruchhypothese ist von dem Phänomen abhängig, welches für das Versagen des Werkstoffes verantwortlich gemacht wird. Des weiteren muß in der Auswahl des Versagenskriteriums zwischen isotropen und anisotropen Werkstoffen unterschieden werden. Die Anisotropie eines Werkstoffes muß nach /W.Schneider, 1975/ differenziert werden nach der Art und Weise in welcher diese auftritt. So kann unterschieden werden in

1. Elastizitätsanisotropie

Der Werkstoff bzw. das Komposit besitzt richtungsabhängige elastische Konstanten sowie evtl. unterschiedliche Moduli für eine Zug- bzw. Druckbeanspruchung.

2. Festigkeitsanisotropie

Der Werkstoff bzw. das Komposit besitzt richtungsabhängige Festigkeiten sowie unterschiedliche Zug- und Druckfestigkeiten

3. Anisotropie des Bruchgeschehens

Dies ist für Mehrkomponentensysteme, wie z.B. Faserverbundwerkstoffe, denkbar, in denen z.B. ein Kohäsivbruch einer Komponente bei Beanspruchung in der einen Richtung und ein Grenzflächenbruch zwischen den Komponenten bei Belastung in der anderen Richtung auftritt.

In dieser Arbeit wird der „Vergußkern" (vgl. Kapitel 4.2.3) als nahezu orthotropes Komposit idealisiert. Die Vergußhülse und der Vergußkonus unterliegen einem räumlichen Beanspruchungszustand. Eine Definition für den Versagenszustand der Vergußverankerung setzt die Anwendung der entsprechenden Versagenskriterien voraus. Im folgenden werden einige Versagenskriterien für isotrope und orthotrope Werkstoffe angegeben, mit deren Hilfe sich die Versagenszustände der Werkstoffe in der Verankerung bestimmen lassen. Es wird dabei auf das Vorhandensein von isotropen Werkstoffen und von als orthotropes Komposit idealisierten Werkstoffbereichen innerhalb der Vergußverankerung eingegangen. Aufgrund mangelnder und nicht abgesicherter Festigkeitswerte für die hier untersuchten Werkstoffe konnte in der Beispielrechnung (Kapitel 9) lediglich für die isotropen metallischen Werkstoffe der Beginn des Plastizierens abgeschätzt werden.

8.2 Versagenskriterien für isotrope Werkstoffe

8.2.1 Das Kriterium der größten Gestaltänderungsarbeit

Die Beanspruchung eines isotropen Körpers kann allein durch die 3 Hauptspannungen bzw. 3 Hauptdehnungen beschrieben werden. Als Maß einer mehrdimensionalen Werkstoffanstrengung wird eine „Vergleichsspannung" ermittelt. Diese wird mit dem als „Versagensspannung" vorher definierten Wert, in der Regel ist dies die einachsige Fließspannung des Werkstoffes, verglichen. Für duktile metallische Werkstoffe, die einer mehrachsialen Beanspruchung unterliegen, hat sich das „Kriterium der größten Gestaltänderungsarbeit" von Huber-v.Mises-Hencky (HMH-Kriterium) als gute Abschätzung erwiesen /W.Schneider, 1975/. Das HMH-Kriterium nimmt die im Werkstoff gespeicherte Gestaltänderungsenergie als Maß für die Werkstoffanstrengung. Ein hydrostatischer Spannungszustand führt nicht zum Versagen des Werkstoffes. Es wird vorausgesetzt, daß der Elastizitätsmodul und die Querkontraktionszahl konstant sind und der Bruch bei relativ kleinen Verformungen eintritt /W.Schneider, 1975/. Voraussetzung ist weiterhin, daß die einachsigen Zug- und Druckfestigkeiten des Werkstoffes gleich groß sind. Diese Annahmen sind für duktile metallische Werkstoffe in der Regel zutreffend. Das Kriterium lautet unter Verwendung der Hauptspannungen $\sigma_1, \sigma_2, \sigma_3$

$$\sigma_{V0} = \frac{1}{\sqrt{2}} \sqrt{(\sigma_1 - \sigma_2)^2 + (\sigma_2 - \sigma_3)^2 + (\sigma_3 - \sigma_1)^2} \qquad (8.2.1\text{-}1)$$

Im Hauptspannungsraum läßt sich der Bruchkörper des HMH-Kriteriums als Zylinder darstellen. Im Schnitt mit der σ_1, σ_2-Hauptspannungs-Ebene ergibt sich demnach eine Ellipse (Bild 8.2.1-1).

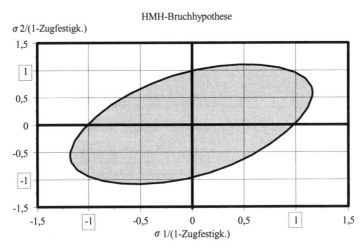

Bild 8.2.1-1 Ebene Bruchkurve in der Hauptspannungsebene für den ebenen Spannungszustand nach der Versagenshypothese von Huber-v.Mises-Hencky (HMH). Die Hauptspannungen sind jeweils auf die einachsige Zugfestigkeit bezogen dargestellt. Es wurden unterschiedliche Maßstäbe für die Koordinatenachsen gewählt.

In dieser Arbeit werden Vergußverankerungen betrachtet, die eine Verankerungshülse aus einem metallischen Werkstoff besitzen, der als homogen und isotrop angesehen werden kann. Die dickwandige Verankerungshülse erfährt infolge der Konuswirkung und der Art der Krafteinleitung in das anschließende Bauteil eine mehrachsige Beanspruchung. Muß ein „Vergußring" im Vergußkonus vorgesehen werden, der aus metallischem Vergußwerkstoff besteht (vgl. Kapitel 4.2.3), so kann mit Hilfe des dargestellten HMH-Bruchkriteriums z.B. der Beginn der plastischen Umformung dieses Bereiches abgeschätzt werden.

8.2.2 Das parabolische Versagenskriterium

Bei Kunststoffen sind im allgemeinen die Druck- und die Zugfestigkeiten unterschiedlich /W.Schneider, 1975/. W.Schneider gibt dazu in /W.Schneider, 1975/ einen im Hauptspannungsraum paraboloiden Bruchkörper an, der zur Dimensionierung von Kunststoffen empfohlen wird . Im Schnitt mit der σ_1- σ_2-Ebene ergeben sich für das parabolische Kriterium Ellipsen bzw. für einen Quotienten der Druck- zur Zugfestigkeit von m > 3 Hyperbeln (Gleichung 8.2.2-1) (Bild 8.2.2-1). Für m=1, d.h. identische Zug- und Druckfestigkeiten, ergibt sich wieder das HMH-Kriterium. Das parabolische Bruchkriterium lautet unter Verwendung der Hauptspannungen

mit
$$m = \frac{\sigma_{D,u}}{\sigma_{Z,u}}$$

ist

$$\sigma_{V1/2} \leq \frac{m-1}{2m}(\sigma_1 + \sigma_2 + \sigma_3) \pm \qquad (8.2.2\text{-}1)$$
$$\pm \sqrt{\frac{(m-1)^2}{4m^2}(\sigma_1 + \sigma_2 + \sigma_3)^2 + \frac{1}{2m}\left[(\sigma_1-\sigma_2)^2 + (\sigma_2-\sigma_3)^2 + (\sigma_3-\sigma_1)^2\right]}$$

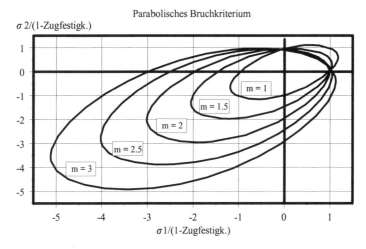

Bild 8.2.2-1 Bruchkurven im normierten Hauptspannungsdiagramm für den ebenen Hauptspannungszustand nach dem parabolischen Bruchkriterium. Es wurden unterschiedliche Maßstäbe für die Koordinatenachsen gewählt.

Für den zweiachsigen Spannungszustand ergibt sich für das parabolische Kriterium folgender Zusammenhang /W.Schneider, 1975/

$$\sigma_1^2 + \sigma_2^2 - \sigma_1\sigma_2 + \sigma_{Z,u}(m-1)(\sigma_1 + \sigma_2) - m\sigma_{Z,u}^2 = 0 \qquad (8.2.2\text{-}2)$$

Die genannten Bruchkriterien können unter Zuhilfenahme des linearen Hookschen Werkstoffgesetzes in Komponenten der Hauptdehnungen ausgedrückt werden /W.Schneider, 1975/. Sie liefern damit jeweils einen „Vergleichsdehnwert", der mit der im einachsigen Zugversuch ermittelten Versagensdehnung des Werkstoffes verglichen wird. Die Herleitung sowie eine größere Zahl von weiteren Bruchkriterien für isotrope Werkstoffe mit unterschiedlichen Zug und Druckfestigkeiten sind in /W.Schneider, 1975/ angegeben.

Wird in einer Zuggliedverankerung ein Kunstharzverguß eingesetzt, kann ein „Vergußring" als Teil des Vergußkonus vorgesehen werden. Der Vergußring besteht ausschließlich aus dem Matrixwerkstoff und ist daher als isotroper Körper zu behandeln, wobei das parabolische Bruchkriterium eine gute Abschätzung erwarten läßt. Versuche von /W.Schneider, 1975, Hull, 1981, Hollaway, 1990/ geben für EP- und UP-Harze eine gute Übereinstimmung mit dem parabolischen Bruchkriterium an.

8.3 Versagenskriterien für anisotrope Werkstoffe

8.3.1 Das Tsai-Hill-Kriterium

Bei Verwendung von Bruchkriterien zur Beurteilung anisotroper Werkstoffe müssen neben den unterschiedlichen einachsigen Festigkeiten für Zug-, Druck- oder Schubbelastung auch deren Festigkeiten unter Wirkung einer kombinierten Beanspruchung in das Bruchkriterium einbezogen werden. Versuchsergebnisse an unidirektionalen synthetischen Faserverbundwerkstoffen zeigten, daß damit befriedigende Übereinstimmungen erreicht werden /Tsai, 1971, Schneider, 1975, Nielsen, 1967, Hull, 1981/.

Im Jahr1948 hat R.Hill /Hill, 1950/ mittels Erweiterung des HMH-Kriteriums ein Bruchkriterium für anisotrope Werkstoffe hergeleitet. Für den Sonderfall der Isotropie sollte es wieder ins HMH-Kriterium übergehen. Tsai /Tsai, 1971/ hat diese Versagenshypothese auf Glasfaser-Kunststoff-Laminate angewendet /Hull, 1981/. In der Literatur ist es unter der Bezeichnung als „Tsai-Hill-Kriterium" bekannt. Es lautet für den dreidimensionalen Beanspruchungszustand

$$F(\sigma_x - \sigma_y)^2 + G(\sigma_y - \sigma_z)^2 + H(\sigma_z - \sigma_x)^2 + 2(L\tau_{xy}^2 + M\tau_{yz}^2 + N\tau_{zx}^2) = 1$$

mit

$$2F = \frac{1}{X^2} + \frac{1}{Y^2} - \frac{1}{Z^2}$$

$$2G = \frac{1}{Y^2} + \frac{1}{Z^2} - \frac{1}{X^2}$$

$$2H = \frac{1}{X^2} + \frac{1}{Z^2} - \frac{1}{Y^2}$$

$$2M = \frac{1}{\tau_{yzB}^2}$$

$$2N = \frac{1}{\tau_{zxB}^2}$$

$$2L = \frac{1}{\tau_{xyB}^2}$$

(8.3.1-1)

Hierbei sind die Spannungskomponenten des orthotropen Werkstoffs in einem rechtwinkligen x,y,z-Hauptachsensystem ausgedrückt. Die in einachsigen Versuchen mit einer Beanspruchung in den entsprechenden Koordinatenrichtungen ermittelten Festigkeiten des Verbundwerkstoffes sind in allgemeiner Form als X, Y bzw. Z bezeichnet. Die Schubfestigkeiten werden als τ_{xyB}, τ_{yzB} und τ_{zxB} bezeichnet. Die Beziehung (8.3.1-1) zeigt, daß für orthotrope Werkstoffe ein Bruchkriterium als eine Funktion von 6 Spannungen und einer unterschiedlichen Anzahl von einachsigen Werkstoff-Festigkeiten (hier ebenfalls 6 Festigkeiten) angeschrieben werden kann /W.Schneider, 1975/.

Voraussetzung für die Anwendbarkeit des Tsai-Hill-Kriteriums ist, daß die Zug- und die Druckfestigkeit für eine Beanspruchung in derselben Richtung gleich groß sind. Das Kriterium ist dann für Werkstoffe mit unterschiedlichen Festigkeiten in derselben Richtung anwendbar, wenn Beanspruchungszustände vorliegen, in denen die Normalspannungen ausschließlich Zug- bzw. Druckspannungen sind. Man benötigt also im räumlichen Fall 6 voneinander unabhängige Werkstoffparameter, die durch 3 Zug- und 3 Schubversuche parallel zu den Orthotropieachsen bestimmt werden können.

Für den ebenen Spannungszustand sind aus den entsprechenden Versuchen 4 Werkstoffestigkeiten zu bestimmen und das Tsai-Hill-Kriterium reduziert sich auf

$$\left(\frac{\sigma_x}{X}\right)^2 + \left(\frac{\sigma_y}{Y}\right)^2 - \sigma_x \sigma_y \left(\frac{1}{X^2} + \frac{1}{Y^2} - \frac{1}{Z^2}\right) + \left(\frac{\tau_{xy}}{\tau_{xyB}}\right)^2 = 1 \qquad (8.3.1\text{-}2)$$

Sind darüber hinaus die Festigkeiten in den beiden Richtungen orthogonal zur Faserrichtung identisch ($Y = Z$), d.h. liegt ein transversal isotropes Komposit vor, sind lediglich drei Versuche durchzuführen. Nach Hull /Hull, 1991/ ist für die meisten Komposite aus synthetischen Fasern und Matrixwerkstoffen die Festigkeit X in Faserrichtung weitaus größer, als die im Versuch auftretende Spannung σ_T orthogonal dazu, so daß der dritte Term in Gleichung 8.3.1-2 meist vernachlässigt werden darf

$$\left(\frac{\sigma_x}{X}\right)^2 + \left(\frac{\sigma_y}{Y}\right)^2 + \left(\frac{\tau_{xy}}{\tau_{xyB}}\right)^2 = 1 \qquad (8.3.1\text{-}3)$$

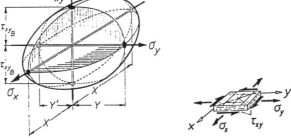

Bild 8.3.1-1 Der räumlich dargestellte Bruchkörper für orthotrope Werkstoffe unter einer ebenen Beanspruchung /W.Schneider, 1975, Rehm u. Franke, 1979/.

Nach /W.Schneider, 1975, Hull, 1981/ wird das Tsai-Hill-Kriterium für Glasfaser/Kunststoff-Laminate unter zweiachsiger Beanspruchung bestätigt. Dabei wird im Gegensatz zu anderen Kriterien in Beziehung (8.3.1-2) der Einfluß der Festigkeit orthogonal zur Belastungsebene (Z-Festigkeit) auch im ebenen Belastungsfall berücksichtigt /W.Schneider, 1975/.

Bild 8.3.1-2 zeigt das Tsai-Hill-Kriterium für eine zweiachsige Beanspruchung als graphische Auftragung im normierten Orthotropie-Achsen-System.

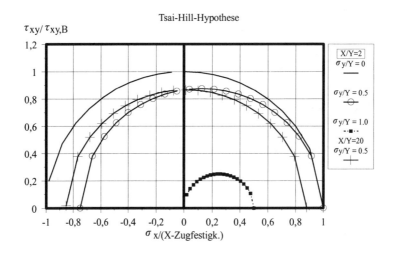

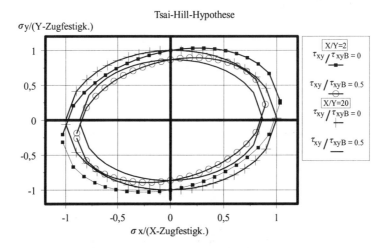

Bild 8.3.1-2 Das Tsai-Hill-Kriterium für den ebenen Spannungszustand als Auftragung im Orthotropieachsen-System. Die Spannungen in den Hauptrichtungen sind jeweils auf die Festigkeiten in den entsprechenden Richtungen bezogen. Es wurden unterschiedliche Maßstäbe für die Koordinatenachsen gewählt.

8 Versagenskriterien für den als Komposit idealisierten Vergußkonus 155

Liegt ein transversal isotroper Werkstoff (es ist dann $Y=Z$) vor und wird das Verhältnis der Festigkeiten X/Y als unendlich angenommen, so liefert die Gleichung 8.3.1-1 eine kreisförmige Bruchkurve (Bild 8.3.1-2).

8.3.2 Das Hoffmann-Kriterium

Ein Versagenskriterium, welches unterschiedliche Druck- und Zugfestigkeiten für die gleiche Richtung berücksichtigt, ist das Bruchkriterium von O. Hoffmann /Hoffmann, 1967/. Dessen zu bestimmenden 9 Materialfestigkeiten werden in 3 Zug-, 3 Druck- und drei Schubversuchen mit Beanspruchungen parallel zu den Orthotropieachsen ermittelt und kommen ebenfalls ohne Festigkeitswerte aus, die in mehrachsigen Versuchen ermittelt werden müssen /W.Schneider, 1975/. Für den dreidimensionalen Spannungszustand lautet es

$$C_1(\sigma_x - \sigma_y)^2 + C_2(\sigma_y - \sigma_z)^2 + C_3(\sigma_z - \sigma_x)^2 + \\ + C_4\sigma_x + C_5\sigma_y + C_6\sigma_z + C_7\tau_{xy}^2 + C_8\tau_{yz}^2 + C_9\tau_{zx}^2 = 1 \quad (8.3.2\text{-}1)$$

$$C_1 = \frac{1}{2}\left[\frac{1}{XX^*} + \frac{1}{YY^*} - \frac{1}{ZZ^*}\right] \qquad C_4 = \frac{1}{X} - \frac{1}{X^*} \qquad C_7 = \frac{1}{\tau_{xyB}^2}$$

$$C_2 = \frac{1}{2}\left[\frac{1}{YY^*} + \frac{1}{ZZ^*} - \frac{1}{XX^*}\right] \qquad C_5 = \frac{1}{Y} - \frac{1}{Y^*} \qquad C_8 = \frac{1}{\tau_{yzB}^2}$$

$$C_3 = \frac{1}{2}\left[\frac{1}{XX^*} + \frac{1}{ZZ^*} - \frac{1}{YY^*}\right] \qquad C_6 = \frac{1}{Z} - \frac{1}{Z^*} \qquad C_9 = \frac{1}{\tau_{zxB}^2}$$

Dabei bezeichnen X, Y bzw. Z die Zugfestigkeiten und X^*, Y^* bzw. Z^* die Druckfestigkeiten in x-, y- bzw. z-Richtung, also in Richtung der Hauptachsen. Für einen unidirektionalen transversal isotropen Verbundkörper ($Y=Z$), wie der Vergußkonus der Vergußverankerung idealisiert werden kann, sind die Festigkeiten und Beanspruchungen in der y- und z-Richtung gleich und es läßt sich das räumliche Bruchkriterium in reduzierter Form anschreiben mit /Dreeßen, 1988, Kepp, 1985, Rehm u. Franke, 1979/

$$\frac{(\sigma_x - \sigma_y)^2}{XX^*} + \sigma_x\frac{X^* - X}{XX^*} + 2\sigma_y\frac{Y^* - Y}{YY^*} + 2\left(\frac{\tau_{xy}}{\tau_{xy,u}}\right)^2 = 1 \quad (8.3.2\text{-}2)$$

Für einen ebenen Beanspruchungszustand reduziert sich das Hoffmann-Kriterium weiter auf folgende Form

$$\frac{\sigma_x^2 - \sigma_x \sigma_y}{XX^*} + \frac{\sigma_y^2}{YY^*} + \sigma_x \frac{X^* - X}{XX^*} + \sigma_y \frac{Y^* - Y}{YY^*} + \left(\frac{\tau_{xy}}{\tau_{xy,B}}\right)^2 = 1 \qquad (8.3.2\text{-}3)$$

In Bild 8.3.2-1 ist das Kriterium von O.Hoffmann im normierten Orthotropieachsen-System für den ebenen Fall aufgetragen. Die im Bild 8.3.2-1 dargestellten Bruchkurven gelten für die Verhältnisse, die bei den hier untersuchten Faser-Verguß-Werkstoffen auftreten.

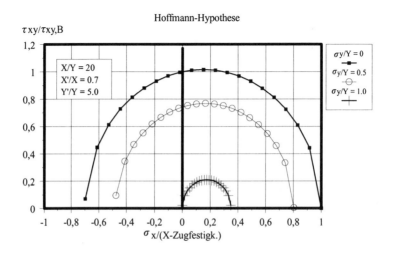

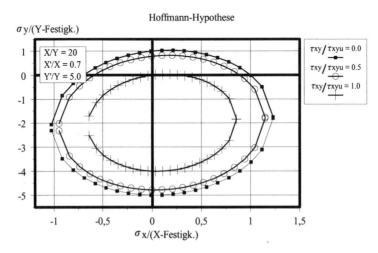

Bild 8.3.2-1 Bruchkurven nach dem Bruchkriterium von Hoffmann für den ebenen Beanspruchungszustand. Die dargestellten Kurven beziehen sich auf die untersuchten Faser-Verguß-Systeme. Es wurden unterschiedliche Maßstäbe für die Koordinatenachsen gewählt.

8 Versagenskriterien für den als Komposit idealisierten Vergußkonus

Von Rehm und Franke /Rehm u. Franke, 1979/ wurde anhand eigener Versuche und mittels einer Literaturauswertung gezeigt, daß das Kriterium von Hoffmann für eine räumliche Beanspruchung trotz Abweichungen von den Versuchsergebnissen eine befriedigende Abschätzung erlaubt, um das Bruchverhalten unter Kurzzeitbelastung zu beschreiben. Für ebene Beanspruchungen wurden von /Rehm u. Franke, 1979, W.Schneider, 1975/ für Glasfaser-Kunststoff-Laminate bzw. Glasfaserverbundstäbe befriedigende Übereinstimmungen mit Versuchsergebnissen gefunden.

In Bild 8.3.2-1 zeigt sich deutlich, daß bei gleichzeitiger Wirkung von Querdruck und Längsschub die mehrachsiale Schubfestigkeit über die einachsige Festigkeit hinausgeht, was von /Rehm u. Franke, 1979/ in Versuchen mit Glasfaserverbundstäben bestätigt wurde. Der Bruchkörper zeigt weiterhin, daß bei Wirkung einer Zugspannung in Faserrichtung die Festigkeiten für Querdruck und Längsschub absinken. Die ertragbare Längszugbeanspruchung nimmt mit steigendem Querdruck und Längsschub ab.

Am Einlauf des Zuggliedes in den Vergußraum wird aufgrund der konischen Form des Vergußkörpers der Querdruck und die Schubbeanspruchung sehr hoch /Rehm u. Franke, 1979, Kepp, 1985/. Die zusätzlich hohen Zugbeanspruchungen des Konus in diesem Bereich führen zum Versagen dort einlaufender Glasfaser-Verbundstäbe. In diesem Bereich muß der Konuswinkel der Verankerungshülse auf die Festigkeiten der zu verankernden Fasern so abgestimmt werden, daß der Querdruck entsprechend reduziert wird und ein Versagen dadurch vermieden wird.

Für verschiedene Verhältnisse der Festigkeiten der einzelnen Richtungen zeigen die Bilder 8.3.1-2 und 8.3.2-1 den Schnitt durch den orthotropen Bruchkörper in der σ_x, τ_{xy}-Ebene bzw. in der σ_x, σ_y-Ebene. Die Berücksichtigung der unterschiedlichen Festigkeiten auf Zug- und Druck in derselben Richtung bewirkt eine Vertikalverschiebung der Bruchkurve zugunsten höherer aufnehmbarer Druckbelastungen in der σ_x, σ_y-Ebene. Für ein Verhältnis der Festigkeiten in Längs- zur Querrichtung von 2.0 liegen die Bruchkurven recht dicht zusammen. Erreicht in den τ_{xy}, σ_x-Auftragungen die σ_y-Spannung den Festigkeitswert in dieser Richtung, so ist nur noch eine äußerst kleine Schubbeanspruchung aufnehmbar.

Versuche in der Literatur zeigen /W.Schneider, 1975/, daß für diesen Belastungszustand (Zug bzw. Druck kombiniert mit Schubspannung) für unidirektionale Glasfaser/(EP-Harz)- und auch für Kohlenstoffaser/(EP-Harz)-Verbunde durch die Tsai- bzw Hoffmann- Kriterien besser als mit dem Tsai-Hill-Kriterium beschrieben werden.

9 Die Ermittlung der Beanspruchungen einer Zugglied-Verankerung mit Hilfe des Komposit-Modells

9.1 Die untersuchte Zuggliedverankerung

Bild 9.1-1 zeigt die von K.Gabriel und R.Schumann geprüfte Verankerungshülse aus Stahlguß /Prüfbericht, 1983, Gabriel, 1990/. Neben den geometrischen Abmessungen der Hülse ist die Lage der Dehnmeßstreifen der sieben Meßquerschnitte auf der Hülsenoberfläche angegeben, die in bezug auf die Längsachse des Seiles die radialen, die tangentialen und die Dehnungen in der 45°-Richtung aufnahmen. Die Meßpunkte waren auf drei um jeweils 120° versetzten Mantellinien angeordnet.

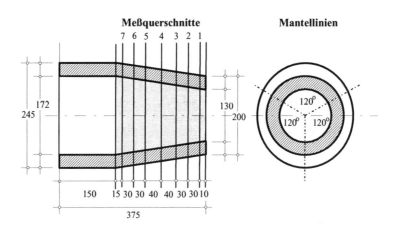

Bild 9.1-1 Die von K.Gabriel und R.Schumann /Gabriel, 1990, Prüfbericht, 1983/ verwendete Vergußhülse aus Stahlguß zur Verankerung eines vollverschlossenen Spiralseiles (VVS 78 mm)

Die Verankerung wurde mittels einer an ihrem zylindrisch verlängerten Ende aufgeschraubten Gewindehülse zurückgehängt. Die Gewindehülse selbst stützte sich auf die Spannvorrichtung der Prüfmaschine ab. Die Verankerungshülse war aus einem kaltzähen Stahlguß Gs-26CrMo4V (SEW 685-68) gefertigt. Die konische Hülseninnenfläche war in ihrer Oberflächenprofilierung als „gußrauh" zu bezeichnen und wurde nicht weiter bearbeitet. Die 0.2%-Dehngrenze war mit $R_{p,0.2}$ = 430 N/mm² und die Zugfestigkeit mit R_m = 750 N/mm² angegeben (Bild 9.2.2-1) /Gabriel,1990/.

Verankert wurde ein vollverschlossenes Spiralseil (VVS 78), das einen Nenndurchmesser von 78 mm besaß. Bild 9.1-2 zeigt den Querschnitt des Versuchsseiles. Das Versuchsseil wurde in einem ersten statischen Lastaufgang bis zur 0.4fachen rechnerischen Seilbruchlast

(Z_D = 2550 kN, σ = 628 N/mm²), dies entspricht der Gebrauchslast des Seiles, belastet. Nach einer Schwingbeanspruchung von 2 x 10⁶ Lastwechseln wurde es in einem zweiten statischen Zugversuch bis zur ca. 0.8fachen Seilbruchlast ($Z_{0.8}$ = 5099 kN, σ = 1256 N/mm²) beansprucht und anschließend unter stufenweiser Erhöhung der Schwingbreite zu Bruch gefahren /Gabriel, 1990/.

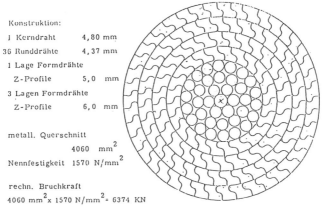

Bild 9.1-2 Der Querschnitt des untersuchten vollverschlossenen Spiralseiles mit einem Nenndurchmesser von 78 mm

Als Vergußwerkstoff kam die Zinklegierung „Zamak" (ZnAl6Cu1) zum Einsatz. Der Verguß füllte ausschließlich den konischen Teil der Verankerungshülse aus (vgl. Bild 9.1-1). Es kann davon ausgegangen werden, daß mit der üblichen Gießtemperatur von ca. 450 °C (DIN 3092: 450 (+-)10° C) vergossen wurde. Die Verankerungshülse wird zu Beginn des Gießvorgangs auf ca. 320° C (DIN 3092: 325 (+-)25° C) vorgewärmt. Nach dem Vergießen kühlte die Verankerung unter Raumtemperatur langsam ab.

9.2 Die Idealisierung der Verankerungskonstruktion

9.2.1 Die verwendeten Elementtypen in der FE-Berechnung

Bild 9.2.1-1 zeigt das verwendete FE-Netz zur Idealisierung der Verankerungshülse, des Vergußkonus und des Zuggliedes. Verwendet wurden achsialsymmetrische 4knotige Kontinuumselemente /Abaqus, 1993/. Die Spannungen werden an vier „Gauß-Integrationspunkten" der Elemente mittels eines linearen Verschiebungsansatzes ermittelt. Die nachfolgend angegebenen Ergebnisse der Beispielrechnung (Kapitel 9.4) zeigen die auf die Elementknoten extrapolierten Werte.

Das Zugglied wird als Vollstab mit seinem Nenndurchmesser (78 mm) angesetzt. Der Vergußkonus wird in einen Vergußring und einen Vergußkern unterteilt. Der Vergußkern wiederum ist in mehrere horizontale Schichten aufgeteilt. Diesen Bereichen werden jeweils eigene Werkstoffeigenschaften zugeordnet. Die Zugbelastung des Zuggliedes wurde am Zuggliedende in

Form einer konstanten Zugspannung angesetzt und entspricht der Spannung der Seildrähte in den untersuchten Lastfällen.

Die Gewindelagerung der Hülse wird nicht simuliert. Die Auflagerung wird an dem verlängerten Hülsenende achsialsymmetrisch und an den Elementknoten als in radialer Richtung frei verschieblich und in achsialer Richtung als unverschieblich idealisiert. Voruntersuchungen ergaben, daß diese Art der Auflagerung keinen Einfluß auf die qualitative Verteilung der Hülsenbeanspruchungen im Bereich der Vergußverankerung ausübte.

Der Vergußkonus und die Vergußhülse werden als zwei voneinander getrennte Körper idealisiert, die mittels „Grenzschicht"-Elementen miteinander in Verbindung treten können (vgl. Kapitel 9.3).

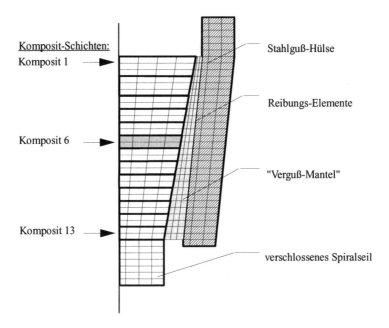

Bild 9.2.1-1 Das verwendete FE-Netz zur Idealisierung der Seilverankerung. Unter Ausnutzung der Achsialsymmetrie von Geometrie, Belastung der Verankerung und Elementtyp reduziert sich die Idealisierung auf einen Längsschnitt am halben System.

9.2.2 Die verwendeten Werkstoff-Kennlinien der verschiedenen Werkstoffbereiche

Für den isotropen Hülsenwerkstoff (Gs-26CrMo4V) und das isotrope Vergußmaterial (ZnAl6Cu1) wurde ein nicht-lineares Spannungs-Dehnungs-Verhalten berücksichtigt. Die im einachsigen Zugversuch aufgenommenen σ-ε-Linien der Werkstoffe werden für die Berechnung als abschnittsweise linearisierte Linienzüge eingegeben (Bild 9.2.2-1 und 9.2.2-2). Da die Lasteinleitung der einzelnen Drähte hier nicht abgebildet wird, reicht zur Simulation der Lasteingabe eine ausschließlich linear elastische Werkstoffkennlinie für des Zugglied aus.

Das linear-elastische Werkstoffverhalten wird mit den Gleichungen der Elastizitätstheorie unter Angabe des isotropen Elastizitäts-Moduls E und der isotropen Querkontraktionszahl v behandelt. Als Spannung σ_0 des ersten Knickpunktes in der polygonalen Werkstoffkennlinie wird die im einachsigen Zugversuch ermittelte Fließspannung definiert. Zur Ermittlung des Fließzustandes in einem mehrdimensionalen Beanspruchungszustand wird das Huber-v.Mises-Hencky-Versagenskriterium (vgl. Kapitel 8) herangezogen /Abaqus, 1993/.

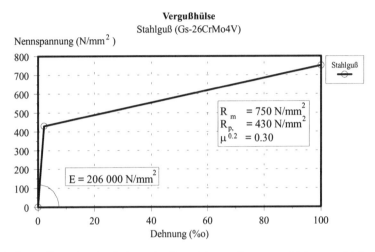

Bild 9.2.2-1 Darstellung der abschnittsweise linearisierten Spannungs-Dehnungs-Linien des isotropen Hülsenwerkstoffes, wie er zur Eingabe des Werkstoffverhaltens verwendet wurde

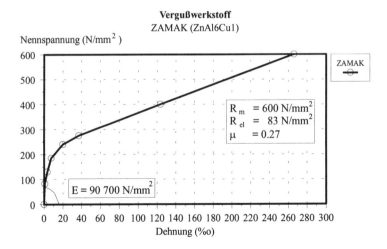

Bild 9.2.2-2 Darstellung der abschnittsweise linearisierten Spannungs-Dehnungs-Linien des isotropen Vergußwerkstoffes, wie er zur Eingabe des Werkstoffverhaltens verwendet wurde

Der „Vergußkern" des Vergußkonus wird als unidirektionales Komposit mit orthotropen mechanischen und thermischen Eigenschaften idealisiert. Es wird ein linear elastisches Werkstoffverhalten des Vergußkerns angenommen. Infolge der Auffächerung des Zuggliedes in dem konischen Vergußraum ist über die Konushöhe in jedem Horizontalschnitt des Konus der Faservolumenanteil V_f unterschiedlich. Zur Simulation der dadurch bedingten über die Konushöhe veränderlichen Steifigkeit wird der Vergußkonus in mehrere horizontale Schichten eingeteilt.

In Tabelle 9.2.2-1 sind die für die Geometrie des Vergußraumes und für die Drahtanordnung des Seilbesens nach den in dieser Arbeit gegebenen Beziehungen ermittelten effektiven Konstanten angegeben. Es ist ebenfalls für jede Komposit-Schicht der sich aus der gewählten Seilbesenform ergebende mittlere Faservolumenanteil V_f angegeben. Es wurde in diesem Beispiel von einer vollständig vergossenen Besenwurzel ausgegangen, wie es aufgrund von Bilddokumenten dieser Seilverankerung zu vermuten ist.

Bild 9.2.2-3 zeigt die sich aus der Besenform ergebende Verteilung des effektiven Moduls E_L und des effektiven Moduls E_T in Abhängigkeit des Faservolumenanteils über die Konushöhe.

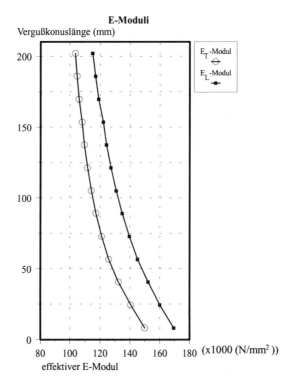

Bild 9.2.2-3 Die Abhängigkeit der effektiven elastischen Elastizitätsmoduli in longitudinaler (E_L) und transversaler (E_T) Richtung von der Seilbesenhöhe, wie sie aus der Geometrie des gewählten Vergußkerns resultiert.

9 Die Ermittlung der Beanspruchungen einer Zugglied-Verankerung 163

Tabelle 9.2.2.-1 Die mit den in dieser Arbeit angegebenen Beziehungen ermittelten effektiven elastischen Konstanten zur Idealisierung des Vergußkerns als einem unidirektionalen Vergußkörper. Die Besenhöhe gibt jeweils die mittlere Höhe der Komposit-Schichten an (vgl. Bild 9.2.1-1)

Besenhöhe z-Koord. (mm)	Faservolumenanteil (-/-)	E_L-Modul längs z. Faser (N/mm²)	E_T-Modul quer z. Faser (N/mm²)	G_L-Modul längs z. Faser (N/mm²)	G_T-Modul quer z. Faser (N/mm²)	Querkontraktionszahl v_L längs z. Faser (-/-)	Querkontraktionszahl v_T quer z. Faser (-/-)
mm		x 1000 N/mm²	x 1000 N/mm²	x 1000 N/mm²	x 1000 N/mm²		
202	0.232	114.9	103.6	42.7	42.1	0.280	0.208
186	0.25	116.8	104.7	43.3	42.6	0.281	0.209
170	0.27	118.9	106.0	43.9	43.2	0.282	0.211
153	0.295	121.9	108.0	44.7	43.9	0.284	0.212
137	0.321	124.2	109.5	45.5	44.7	0.284	0.214
121	0.350	127.2	111.6	46.5	45.6	0.285	0.216
105	0.384	130.8	114.1	47.6	46.7	0.287	0.218
89	0.423	134.9	117.2	49.0	48.0	0.288	0.220
73	0.469	139.7	121.1	50.6	49.6	0.290	0.222
57	0.522	145.2	125.8	52.6	51.5	0.292	0.225
40	0.589	152.2	132.4	55.3	54.1	0.295	0.229
24	0.664	160.0	140.7	58.5	57.3	0.297	0.232
8	0.755	169.4	149.9	62.6	61.5	0.3	0.237

Zur Berücksichtigung des nicht-linearen und orthotropen Verhaltens der Komposit-Schichten des Vergußkernes unter Anwendung einer geeigneten Versagenshypothese sind die in Anhang B gemachten Abschätzungen der Festigkeiten nicht überprüft und mit dem hier verwendeten Programmsystem lediglich die Hillsche Versagenshypothese anwendbar, so daß erst nach einer Überprüfung und Bestätigung der Festigkeitswerte eine analytische Berücksichtigung sinnvoll erscheint.

9.2.3 Die Schwindverformungen der Vergußverankerung

Die Ermittlung der Schwindverformungen des Vergußwerkstoffes nach dem Erkalten innerhalb des konischen Vergußraumes kann programmtechnisch in dem verwendeten FE-Programm nur mit einem Trick realisiert werden. In Kapitel 7 wurden effektive Schwindmaße des unidirektionalen Komposits ermittelt, die das Maß der Geometrieänderung nach dem Erkalten beschreiben. Die Temperaturdifferenz ΔT_S zwischen Gießbeginn und nach Abkühlung wird als bekannt angenommen. Der Quotient des Schwindmaßes mit dieser Temperaturdifferenz ergibt einen „Koeffizienten" α_S der in einem Rechenprogramm analog dem linearen Temperaturkoeffizienten behandelt wird. Beachtet werden muß dabei allerdings, daß dieser „Schwindkoeffizient" nur für die vorher festgelegte Temperaturdifferenz ΔT_S gültig ist. Es wird also nur für diese vorgegebene Temperaturdifferenz die „richtige" Geometrie nach Abschluß des Schwindprozesses ermittelt.

$$\alpha_{sL} = \frac{s_L}{\Delta T_S} \qquad \text{bzw.} \qquad \alpha_{sT} = \frac{s_T}{\Delta T_S} \qquad (9.2.3\text{-}1)$$

In dem hier behandelten Beispiel wurde eine Gießtemperatur des Gießguts von 450 °C und eine Raumtemperatur von 20 °C angenommen.

Aus den in Kapitel 7 gezeigten Temperaturmessungen wird eine Temperatur im Vergußkonus nach Abschluß der Speisung mit flüssigem Gießgut von im Mittel 350 °C erreicht. In der Berechnung wurde daher eine Differenz von $\Delta T_S = 330$ °C angenommen. Bild 9.2.3-1 zeigt die Verteilung der effektiven „Schwind-Maße" der Komposit-Schichten in Abhängigkeit der Vergußkonushöhe. Man erkennt die überlinear zunehmenden Schwindmaße.

In dem vorgestellten Beispiel wurde in einem eigenen Berechnungsschritt die Endgeometrie des abgekühlten Vergußkonus mit Hilfe der „Schwind-Koeffizienten" ermittelt. Die Ausgangsgeometrie des noch nicht geschwundenen Vergußkörpers war dabei mit dem infolge einer Erwärmung der Hülse um 280 °C, – dies entspricht der Vorwärmtemperatur der Hülse (vgl. Kapitel 7.4.3.3) –, vergrößerten Vergußraum identisch. Die berechnete veränderte Geometrie des Vergußkonus nach der Simulation des Schwindprozesses wurde anschließend einem zweiten Berechnungsschritt in der „kalten" Verankerungshülse, übernommen und mit der Zuggliedlast beaufschlagt. Da im Modell infolge der nicht abgebildeten Einzeldrähte die Eigenspannungen im Vergußkonus nicht realistisch erfaßt werden, wurden sie in den weiteren Berechnungsschritten nicht berücksichtigt. Die anisotropen und isotropen Schwindverformungen sind berücksichtigt. Infolge der eingegebenen Elastizitätsmoduli und der Geometrie kann ein Aufschrumpfen des Vergußringes auf den Vergußkern berechnet werden. Eine versuchstechnische Überprüfung der analytisch ermittelten Konusgeometrie kann aufgrund fehlender Versuchsergebnisse durchgeführt werden.

9 Die Ermittlung der Beanspruchungen einer Zugglied-Verankerung 165

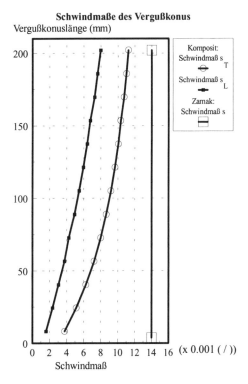

Bild 9.2.3-1 Die Verteilung der ermittelten effektiven Schwindmaße der Komposit-Bereiche des Verguß-kerns in Abhängigkeit von der Konushöhe. Für den Vergußring wurde ein isotropes konstantes Schwindmaß angenommen.

9.3 Die Reibung in der Grenzschicht von Konus und Hülse

In der Grenzschicht zwischen Vergußwerkstoff und Hülsenwerkstoff werden in der Regel keine weiteren Zwischenschichten, wie z.B. Schmier- oder Trennmittel, vorgesehen. Die Interaktion der beiden Reibpartner ist daher dem Mechanismus der „Festkörperreibung", auch als „trockene Reibung" bezeichnet, zuzuordnen /Lange, 1972, Kienzle,1968, Bowden, 1959/. Es ist in der Verankerung mit metallischen Vergußwerkstoffen davon auszugehen, daß ein relativ „weicher" Körper, hier der Vergußwerkstoff, mit einem relativ „harten" Werkstoff, hier der Hülse aus Stahlguß, in Kontakt tritt und aufeinander abgleitet. In dem hier behandelten Beispiel ist die Hülseninnenwand in ihrer Oberflächengestaltung als „gußrauh" zu bezeichnen. Der Vergußwerkstoff kann im flüssigen Aggregatzustand die Unebenheiten der Gußhülse gut ausfüllen. Infolge des Schwindprozesses werden sich die beiden Oberflächen aber wieder trennen. Der Vergußkonus besitzt somit den „Negativabdruck" der Hülseninnenoberfläche. Infolge der auch in axialer Richtung vorhandenen Schwindverformungen und da der Konus mit steigender Belastung, d.h. auch mit wachsendem Schlupf, mit der Hülse wieder in Kontakt tritt, kann nicht von einem exakten Ineinandergreifen ausgegangen werden /Patzak u. Nürnberger, 1978/, wohl aber von zwei extrem rauhen Oberflächen.

9.3.1 Angaben in der Literatur zur Reibung in Vergußverankerungen

Schon F.Schleicher /Schleicher, 1949/ hat auf ein Gleiten des Konus in der Hülse hingewiesen und eine Reibbeanspruchung in der Grenzschicht angegeben. Dabei ermittelte er mit Hilfe des Amontonschen Reibungsansatzes die zu übertragende Reibschubspannung aus dem Gleichgewicht der äußeren Zugkraft und der als konstant in der Grenzfläche angenommenen Reibschubspannungsverteilung. Für den Reibkoeffizienten gibt er einen Wert von μ_R=0.2 an. Von H.Müller /Müller, 1971/ wurde eine von der angesetzten dreieckförmigen Pressungsverteilung abhängige Reibschubspannung mit einem konstanten Reibbeiwert μ_R=0.2 angenommen. Rudolf Bergermann /Bergermann,1973/ ermittelte analytisch mit Hilfe den auf der Hülsenoberfläche gemessenen Dehnungen und einer reinen Gleichgewichtsbetrachtung an der Hülseninnenwand unter Ansatz des Amontonschen Reibungsansatzes den Reibwiderstand. Er gibt Werte für den Reibungskoeffizienten für metallische Vergüsse von 0.2 bis 0.63 an und stellt ein Absinken der ermittelten μ_R-Werte unter erhöhten Zuggliedbelastung fest. M.Patzak und U.Nürnberger /Patzak u. Nürnberger,1978/ führen die von Engel /Engel, 1974/ angegebenen sehr hohen Reibkoeffizienten von 0.8 auf eine starke „Verzahnung" des Vergußwerkstoffes in der Hülseninnenwand zurück, da die Oberflächenunebenheiten von dem flüssigen Gießgut leicht ausgefüllt werden könnten. Für einige metallische Vergußwerkstoffe ermittelten Patzak und Nürnberger in einer eigenen Versuchseinrichtung die Reibkoeffizienten, wobei für den Kontakt des Vergußwerkstoffes „Zamak" mit einer geschliffenen bzw. einer aufgerauhten (Hobelriefen:100 μm) Stahlplatte Reibkoeffizienten von 0.29 bzw. 0.85 angegeben werden. Während des Versuchs herrschte in der Kontaktzone eine konstante Druckspannung von 50 N/mm². K.Gabriel und R.Schumann nahmen für den sich elastisch verhaltenden Konusbereich in der Grenzschicht einen konstanten Reibbeiwert von 0.45 an und gingen im Falle des plastifizierenden Konus von einer Verformung innerhalb der Zinklegierung (Zamak) aus und setzten dann den Reibwiderstand μ_R zu null.

9.3.2 Der Reibungsansatz in der FE-Idealisierung

In der hier durchgeführten FE-Idealisierung wird in der Grenzschicht zwischen Vergußwerkstoff und der Vergußhülse mittels „Grenzschicht"-Elementen ein Kontakt hergestellt und eine Kraftübertragung ermöglicht. In der analytischen Untersuchung wurde mittels einer linearelastischen/ideal-plastischen Schubspannungs-Relativverschiebungs-Beziehung (Bild 9.3.2-1) eine tangential zur Grenzschicht wirkende Reibbeanspruchung in Form einer Reibschubspannung τ_R vorgesehen. Die Höhe der Reibschubspannung wird dabei in linearer Abhängigkeit der herrschenden Druckspannung unter Berücksichtigung eines konstanten Reibkoeffizienten μ_R ermittelt. Eine zu definierende Grenzreibungsspannung τ_0, die von der Grenzschicht nicht mehr übertragen werden kann bzw. von einem der Reibpartner nicht mehr aufgenommen werden kann, begrenzt die Höhe der übertragbaren Reibbeanspruchung. Der lineare Anstieg der Schubspannung bei kleinen steigenden Relativverschiebungen ist programmtechnisch bedingt. Die in diesem Bereich auftretenden Relativverschiebungen können als vernachlässigbar klein angesehen werden, so daß in solch einem Fall keine Übertragung von Schubspannungen in der Grenzschicht angenommen wird /Abaqus, 1993/. Eine Drucknormalbeanspruchung in der Grenzschicht wird in jedem Falle an die Hülse weitergegeben, sobald ein Kontakt hergestellt ist.

In den hier angegebenen Berechnungen mußte ein gemittelter Reibbeiwert für den gesamten anliegenden Konusbereich gewählt werden, da das verwendete FE-Programm lediglich die Eingabe eines konstanten Wertes zuließ. In den Auftragungen des Kapitels 9.4 ist zu erkennen, daß mit einem konstanten mittleren Reibkoeffizienten von 0.40 eine Übereinstimmung mit den vorliegenden Versuchsergebnissen, lediglich bei Gebrauchslast im kritischen unteren Konusbereich, erzielt werden konnte.

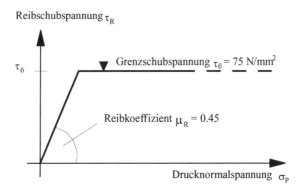

Bild 9.3.2-1 Die Schubspannungs-Relativverschiebungs-Beziehung der „Interface"-Elemente, die ein Gleiten des Vergußkonus entlang der Hülseninnenwand zulassen, eine Druckbeanspruchung normal zur Grenzfläche übertragen und eine Schubbeanspruchung nach dem Coulombschen Reibungsansatz tangential zur Grenzschicht vorsehen.

9.3.3 Abschätzung des Reibwiderstandes in einer metallischen Vergußverankerung

Die Berührung zweier technischer Oberflächen ist in Bild 9.3.3-1 schematisch gezeigt. Das Oberflächenprofil der Reibpartner ist, abhängig von ihrem Herstellungsverfahren, in der Regel sehr ungleichmäßig. Es wird bei einem Kontakt der Körper zunächst angenommen, daß sich die beiden Reibpartner nur an den Stellen ihrer größten Erhebungen berühren. Es treten dabei schon bei geringen äußeren Druckbelastungen F_N infolge der konzentrierten Punktbelastung sehr hohe örtliche Druckspannungen σ_p auf, so daß eine irreversible Umformung in den Oberflächenzähnen eintritt und es zu einer Verbindung (vergleichbar einer Lötung) der beiden Reibpartner kommen kann /Bowden, 1959, Lange, 1972, Kragelskji, 1983/. Die „wirkliche" Berührfläche in der Verankerung stimmt demnach mit der „makroskopischen" Mantelfläche des Vergußkegels nicht überein. Die aus der äußeren Druckbelastung F_N und der Mantelfläche ermittelte mittlere Normalspannung ist wesentlich kleiner als die örtlich auftretenden „wahren" Druckbeanspruchungen σ_p in der Grenzschicht. Ein örtliches Fließen ist somit frühzeitig möglich, obwohl der räumliche Spannungszustand eine örtlich höhere Fließgrenze zur Folge hat /Lange, 1972/. Die mittlere (makroskopische) Flächenpressung ist in diesem Zustand noch wesentlich kleiner als die Fließgrenze.

Wird neben der vorhandenen äußeren Druckbeanspruchung F_N, die orthogonal zur makroskopischen Grenzfläche wirkt, eine orthogonal dazu wirkende Verschiebung v des „weicheren" der beiden Körper bewirkt, so ist dies in der Regel selbst unter geringen äußeren Normal-

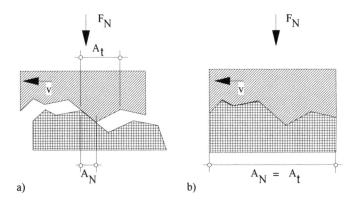

Bild 9.3.3-1 Die Modellvorstellung nach /Bowden, 1959, Lange, 1972/ des Kontaktes zweier technischer Oberflächen, die sich zunächst nur mit ihren Oberflächenspitzen berühren und sich dort verbinden (a). Unter sehr hoher Druckbelastung stehen die Körper vollständig in Kontakt (b).

beanspruchungen nur möglich, wenn die „Gebirgsspitzen" der Oberflächen sich plastisch verformen. Wird eine maximale Grenzverschiebung überschritten, werden sich schließlich die „verlöteten" Werkstoffe wieder trennen und es tritt eine makroskopische Gleitbewegung ein.

Die Trennung erfolgt, indem die metallische Verbindung im niedrigfesteren Reibpartner bei Überschreiten ihrer Scherfestigkeit τ_R aufgetrennt wird. Als Wert für die Scherfestigkeit τ_R der metallischen Grenzfläche zeigten die Versuchsergebnisse von Bowden und Tabor die gleiche Größenordnung wie die in einachsigen Schubversuchen ermittelten Scherfestigkeiten des „weicheren" Reibpartners.

Der im Versuch ermittelte Reibkoeffizient μ_R gibt dabei entsprechend des zweiten Reibgesetzes von Amonton /Bowden, 1959, Kragelskji, 1983, Göttner, 1967/ die Abhängigkeit der aufzubringenden äußeren Reibkraft R von der äußeren Normalkraft F_N an.

$$R = \mu_R F_N \qquad (9.3.3\text{-}1)$$

Der Reibbeiwert μ_R muß dabei als über den Reibvorgang und über die Reibfläche gemittelter Wert angesehen werden. Die zur Einleitung bzw. Aufrechterhaltung der Gleitbewegung erforderliche Kraft R entspricht nach /Bowden, 1959, Lange, 1972, Göttner, 1961/ in erster Näherung der sich über alle „wahren" Abscherflächen A_t integrierten Scherfestigkeiten τ_R des niedrigfesteren Reibpartners.

Mit Steigerung der äußeren Normalkraft F_N vergrößern sich infolge der örtlichen Umformungen die Kontaktflächen und damit die Abscherflächen A_τ (Bild 9.3.3-1). Damit vergrößert sich aber der Reibwiderstand der Grenzfläche, wenn μ_R zunächst als konstanter Wert angenommen wird, wie dies auch im Versuch gemessen werden kann. Die Unabhängigkeit des Reibkoeffizienten μ_R von der Größe der makroskopischen Grenzfläche ist nach /Lange, 1972/ somit erklärbar.

9 Die Ermittlung der Beanspruchungen einer Zugglied-Verankerung

Sehr weiche Reibpartner zeigen schon bei kleinen äußeren Druckbeanspruchungen sehr große irreversible Verformungen in der Grenzschicht und demnach eine große Anzahl von Material-Verbindungen, so daß ihre im Versuch ermittelten hohen mittleren Reibkoeffizienten erklärt werden können /Bowden, 1959/. Im Falle der Reibung eines sehr weichen Reibpartners auf einer harten Oberfläche lassen sich für kleine Druckbeanspruchungen daher sehr hohe Reibkoeffizienten erwarten. In Versuchen von /Bowden, 1959/ mit Lagerlegierungen auf Blei-, Zinn- und Weißmetallbasis, die auf einer Stahlunterlage abglitten, wurden Haftreibungskoeffizienten μ von 0.44 bis 1.2 gemessen.

Der maximal mögliche Reibwiderstand in der Grenzschicht ist dann erreicht, wenn infolge der tangentialen Relativbewegung die Scherfestigkeit des niedrigfesteren Reibpartners erreicht wird. Im Stauchversuch ergibt sich aber nach /Lange,1972/ für sehr hohe Druckkräfte eine Abnahme des Reibkoeffizienten mit größer werdender Druckkraft.

Mit zunehmender äußerer Druckbelastung drücken sich die härteren Oberflächenspitzen in den weicheren Reibpartner hinein. Infolge der Oberflächengestalt ist es denkbar, daß die örtlich wirkende Normalspannung σ_p stärker zunimmt als die Reibschubspannung, wenn angenommen wird, daß nur eine unbedeutende Materialverfestigung auftritt. Dies gilt ebenfalls im Grenzzustand der Annäherung, wenn alle Unebenheiten vollständig vom Werkstoff des anderen Reibpartners ausgefüllt sind (Bild 9.3.3-1). Die Projektion der Berührfläche und die Scherfläche sind nun identisch. Wird infolge des äußeren Drucks zusammen mit der aufgebrachten Relativverschiebung die Fließspannung in der Grenzschicht erreicht, so werden sich die restlichen Werkstoffbereiche des Reibpartners ebenfalls im plastischen Zustand befinden. Nach /Lange, 1972/ tritt nun die Relativbewegung nicht mehr in der Grenzschicht auf, sondern in den unmittelbar dahinterliegenden Schichten innerhalb des weicheren Werkstoffs. Er bezeichnet dies als den Zustand der „Haftreibung". In diesem Fall wird von ihm die Scherfestigkeit τ_R gleich der Schubfließgrenze k und die örtlich wirkende Normalspannung σ_p der Fließgrenze k_f gleichgesetzt. Es ergibt sich mit der HMH-Versagenshypothese ein maximal möglicher Reibkoeffizient $\mu_R,$max zu

$$\mu_{R,\max} = \frac{k}{k_f} = \frac{k_f}{\sqrt{3}k_f} = 0.577 \tag{9.3.3-2}$$

Die Annahme für die Fließspannungen k bzw. k_f stellt allerdings eine Annäherung dar, die den räumlichen Spannungszustand in den Unebenheiten der Oberflächen nicht berücksichtigt. Von Pawelski /Pawelski, 1968/ wurde z.B. eine Fließspannung im Falle der ebenen Spannungszustandes von $k^*_f = 1.155\ k_f$ angesetzt. H.Wiegand und K.H.Kloos /Wiegand, 1960, 1968/ bestätigen die von Bowden und Tabor aufgestellte Modellvorstellung der Reibung. Für sehr hohe Normalpressungen bei Umformvorgängen fanden Wanheim und Bay /Bay, 1983, Durham, 1991/, daß der Reibwiderstand einem Grenzwert zustrebt, wobei für kleine Normalpressungen die lineare Abhängigkeit der Reibspannung von der Normalspannung bestätigt wird. Ihre Untersuchungen beziehen sich in erster Linie auf Umformvorgänge beim Walzen bzw. Fließdruckpressen, wobei das Verhältnis der „wahren" zur „scheinbaren" Berührfläche in der Grenzschicht als maßgebender Parameter angeführt wird.

Aufgrund der mit dem Hülseninnenraum nicht mehr ähnlichen Geometrie des Vergußkonus liegt dieser bei kleineren Zuggliedlasten lediglich in Teilbereichen an der Hülseninnenwandung an. Mit steigender Last werden die am Zuggliedausgang hoch beanspruchten Anliegezonen des Vergußkonus plastisch umgeformt, d.h. daß nicht nur lokal in der Grenzschicht die Fließgrenze erreicht wird, sondern es kommt in diesem Bereich zur „Haftreibung". Die Relativbewegungen finden also nicht mehr in der Genzschicht, sondern innerhalb des Werkstoffs statt. Der Reibmechanismus ist dann näherungsweise mit demjenigen bei Kaltumformungen ohne Schmiermittel zu vergleichen. Es liegen allerdings keine systematischen Untersuchungen über die Abhängigkeit des Reibkoeffizienten von der Druckspannung für die hier vorliegenden Reibpartner in der Literatur vor. In den Auftragungen der analytisch ermittelten Tangentialspannungen auf der Hülsenoberfläche in Bild 9.4-2 liefert ein Reibkoeffizient von 0.40 für den hochbeanspruchten unteren Konusbereich zutreffende Hülsenbeanspruchungen.

In den weiter oben liegenden Konusbereichen sind über die Konushöhe stark veränderliche Druckspannungen in der Grenzschicht wirksam (Bild 9.4-3), das Vergußmetall befindet sich in den unteren Laststufen hier noch im elastischen Zustand. Der Reibmechanismus kann daher mit Vorgängen bei den Reibversuchen von Bowden und Tabor von Lagerlegierungen auf einer harten Stahlplatte verglichen werden. Infolge der sehr rauhen Oberflächenprofilierung und des großen Festigkeitsunterschiedes der Reibpartner sind hohe maximale Reibbeiwerte zu erwarten. Verglichen mit den Versuchsergebnissen von Bowden scheinen hier Reibkoeffizienten zwischen 0.6 und 0.85 möglich. Nach /Lange, 1972, Bay, 1983, Durham, 1991/ kann für geringe Normalspannungen eine lineare Abhängigkeit der in der Grenzfläche übertragbaren Schubspannung von der Normalspannung angenommen werden. Der Verlauf der Tangentialspannungen in Bild 9.4-2 zeigt in beiden angegebenen Lastfällen zu hohe Werte, die in der Rechnung mittels höher angesetztem Reibkoeffizienten vermindert werden könnten.

Wird als Grenzwert der in der Grenzschicht nicht mehr übertragbaren Schubbeanspruchung die Schubfließgrenze des Vergußwerkstoffes mit 75 N/mm² angenommen, – dieser Wert ermittelt sich mit der 0.2%-Stauchgrenze (130 N/mm²) des Vergußmetalls aus der HMH-Fließbedingung für eine reine Schubbeanspruchung –, so wurde in der Grenzschicht dieser Wert unter Zugglied-Gebrauchslast nur im örtlich begrenzten Kontaktbereich des Konus mit der Hülse erreicht. Unter 0.8facher Zuggliedbruchlast wurde er auf fast der gesamten Konuslänge überschritten.

9.4 Diskussion der Rechenergebnisse

In den Bildern 9.4-1 bis 9.4-6 sind die aus den Versuchsberichten /Prüfbericht, 1983, Gabriel, 1990/ entnommenen Achsial-, Radial-, Schub- und Vergleichsspannungen auf der Oberfläche der Seilhülse in ihrer Verteilung über die Konushöhe dargestellt. Die Spannungen wurden aus den im Versuch gemessenen Dehnungen mit den Gleichungen der Elastizitätstheorie für den ebenen Spannungszustand /Gabriel, 1991/ ermittelt. Dabei wurde für den Hülsenwerkstoff ein Elastizitätsmodul von 206000 N/mm² und als Querkontraktionszahl $\nu = 0.3$ angenommen. Die ermittelten Spannungen zeigen untereinander relativ große Abweichungen, die insbesondere unter 0.8facher Bruchlast deutlich werden. Die aus den Versuchsergebnissen ermittelten Schubspannungen zeigten asymmetrisch zur Nullachse liegende Werte. Dies bedeutet eine Abweichung der parallel und orthogonal zur Zuggliedachse angenommenen Hauptrichtungen zur Meßrichtung der applizierten Dehnmeßstreifen. Da für alle Messungen die gleiche abweichende Tendenz festzustellen war, kann nicht von einer falschen Ausrichtung der Dehnmeßstreifen ausgegangen, sondern es muß ein nicht achsenparalleles Verhalten der Verankerung angenommen werden. Folgende Ursachen sind hierfür denkbar:

– Ein in der Hülse nicht exakt zentrisch eingegossener Seilbesen führt zu einer zusätzlichen Biegebeanspruchung der Hülse.
– Unregelmäßigkeiten in der Kraftübertragung von Konus und Hülse, die infolge von Lunkern am Rand des Konus bzw. schlecht verfüllten Bereichen des Seilbesens, insbesondere am Zuggliedeinlauf, auftreten können. Nach dem Aufschneiden von Koni in anderen Versuchen konnten derartige Unregelmäßigkeiten festgestellt werden.

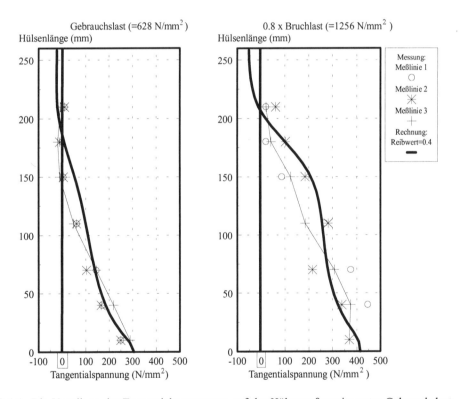

Bild 9.4-1 Die Verteilung der Tangentialspannungen auf der Hülsenaußenseite unter Gebrauchslast und unter 0.8fachen Bruchlast des Seiles in Abhängigkeit der Konushöhe. Neben den aus den Versuchsergebnissen errechneten Spannungen sind die Ergebnisse der FE-Berechnung angegeben.

Entlang einer Mantellinie weichen die Meßergebnisse um fast 45% von den Ergebnissen der beiden anderen Mantellinien ab. Es wurde eine Querschnittsschwächung an diesen Orten festgestellt, welche die Ursache der großen Abweichungen sein könnte /Gabriel, 1990/.

Unter Gebrauchslast stimmt der analytisch ermittelte Verlauf der Tangentialspannungen (Ringzugspannungen) auf der Hülsenoberfläche relativ gut mit den Versuchsergebnissen überein (Bild 9.4-1). Mit dem gewählten Reibkoeffizienten $\mu_R = 0.4$ wird eine Übereinstimmung in der Spannungshöhe und im Spannungsverlauf im vorderen Konusteil erzielt, allerdings werden zu große Ringzugspannungen für den oberen Konusbereich ermittelt. Dieser Effekt stellt sich auch bei den anderen gewählten Reibkoeffizienten in Bild 9.4-2 dar. Ein über die Konushöhe von der wirkenden Druckspannung abhängiger Reibbeiwert, im oberen elastisch beanspruchten Bereich mit einem größeren und im unteren plastifizierenden Bereich des Vergußkonus mit einem abnehmenden Reibkoeffizienten würde den Gegebenheiten in der Grenzschicht besser entsprechen (vgl. Kapitel 9.3.3).

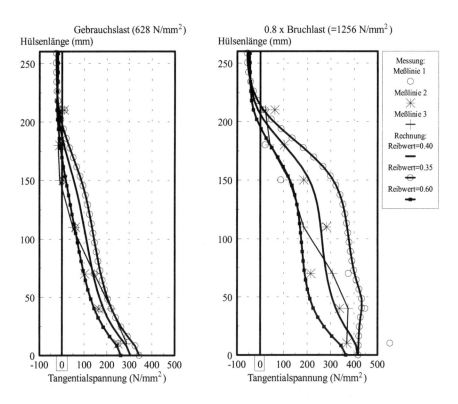

Bild 9.4-2 Der Einfluß des Reibkoeffizienten (mü=μ_R) auf die Verteilung der Tangentialspannungen in Abhängigkeit von der Konushöhe

Unter Bruchlast können die zu hohen Tangentialspannungen im oberen Konusbereich nicht mehr allein mit dem Näherungsansatz für den Reibbeiwert erklärt werden, da unter dieser Last bereits der gesamte Vergußring plastifiziert ist und demnach mit zunehmender Druckspannung in der Grenzschicht ein abnehmender Reibkoeffizient erwartet wird. Der in seinem Verhalten als linear-elastisch idealisierte Vergußkern trägt hier zur Erhöhung der Radialbeanspruchung der Hülse stärker bei.

9 Die Ermittlung der Beanspruchungen einer Zugglied-Verankerung

Unter erhöhter Last (0.8fache Bruchlast), der Konus liegt über die gesamte Höhe an der Hülseninnenwand an (vgl. Bild 9.4-2), wird der abweichende Verlauf noch deutlicher. Im Vergleich zum vorderen Verankerungsbereich, dort liegt ein dicker und sich infolge der Umformung der Beanspruchung frühzeitig entziehender Vergußring vor, wirkt sich der steife Vergußkern stärker aus. Eine Verbesserung wäre mit der Eingabe eines nichtlinearen Werkstoffverhaltens für den Vergußkern zu erreichen.

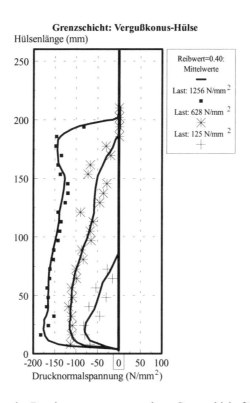

Bild 9.4-3 Die Verteilung der Druckspannungen normal zur Grenzschicht für drei untersuchte Laststufen über die Konushöhe. Die Schubspannungen tangential zur Grenzschicht ergeben sich analog, wenn die Spannungen mit dem konstanten Reibkoeffizienten $\mu=0.40$ multipliziert werden.

In Bild 9.4-3 sind die rechnerisch ermittelten normal auf die Grenzschicht wirkenden Druckspannungen in ihrer Verteilung über die Konushöhe aufgetragen. Der Vergußwerkstoff des Vergußrings befindet sich bei Betrachtung der Vergleichsspannung nach der HMH-Hypothese schon unter Gebrauchslast des Zuggliedes im unteren Konusbereich im Verfestigungsbereich seiner Werkstoffkennlinie. Der Konus liegt trotz seiner Schwindverformung fast über der gesamten Konushöhe an der Hülse an. Unter erhöhter Zugbeanspruchung (0.8fache Bruchlast) ergibt sich ein nahezu konstanter Verlauf der Drucknormalspannungen über die gesamte Konushöhe. Unter Anwendung der HMH-Hypothese befindet sich dann der Vergußring auf der gesamten Höhe im Fließzustand.

Im Verlauf der achsenparallelen Spannungen (Längsspannungen) (Bild 9.4-4) muß der Anteil, der aus der Biegung der dickwandigen Hülsenschale resultiert, berücksichtigt werden. Denn der Konus liegt nicht gleichmäßig über die gesamte Hülsenlänge an und führt zu einer achsialsymmetrischen Ausbauchung der Hülse. Der über die Konushöhe sich stark verändernde Verlauf der berechneten Längsspannungen ist die Folge. Die im Versuch der Hülse zusätzlich beaufschlagte Längszugspannungen aus einer nicht zentrischen Belastung wurden rechnerisch nicht berücksichtigt. Sie bedingen den nicht gleichmäßigen Verlauf der Meßergebnisse.

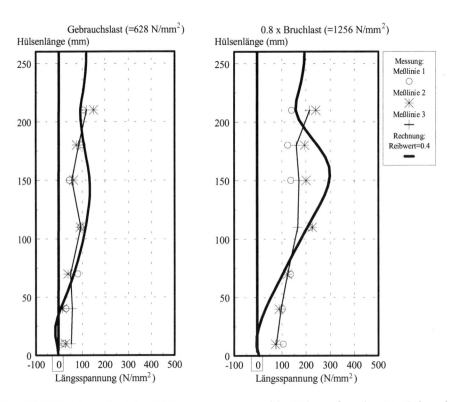

Bild 9.4-4 Die Verteilung der Achsial(Längs-)spannungen auf der Hülsenaußenseite unter Gebrauchslast und unter 0.8facher Bruchlast des Seiles in Abhängigkeit von der Konushöhe. Neben den aus den Versuchsergebnissen errechneten Spannungen sind die Ergebnisse der FE-Berechnung aufgetragen.

Wird entsprechend den Überlegungen für die Tangentialbeanspruchung auch hier ein im oberen Teil zu steifer Verguẞkern angenommen, ist eine verstärkte Hülsenbiegung die Folge und erklärt die Abweichung von den Meßergebnissen.

In der Auftragung der Vergleichsspannungen (Bild 9.4-5) nach der HMH-Versagenshypothese zeigt sich, daß für beide untersuchte Lastfälle die Vergleichsspannungen am Beginn der Verankerung maßgebend sind und mit dem verwendeten Rechenmodell hier eine gute Übereinstimmung mit den versuchstechnisch ermittelten Werten erzielt wird. Die nur befriedigende

Übereinstimmung mit den Längsspannungen wirkt sich in beiden Lastfällen in dem kritischen unteren Konusbereich nicht aus. Hier bestimmen die Ringzugspannungen weitgehend die Höhe der Vergleichsspannung.

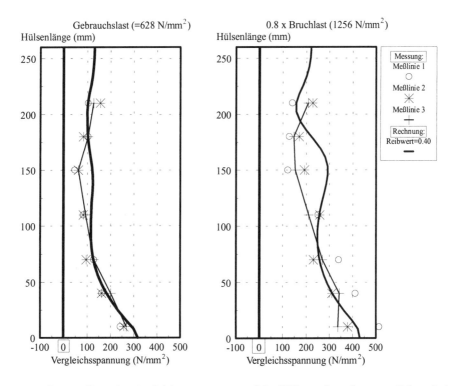

Bild 9.4-5 Die Verteilung der Vergleichsspannungen auf der Hülsenaußenseite unter Gebrauchslast und unter 0.8facher Bruchlast des Seiles in Abhängigkeit von der Konushöhe. Neben den aus den Versuchsergebnissen errechneten Spannungen sind die Ergebnisse der FE-Berechnung angegeben.

Eine von den Dehnungsmessungen und den daraus berechneten Spannungen unabhängige Erfassung des Tragverhaltens der Verankerung wird mit der Messung des Konusschlupfes erreicht. Aus den Versuchsunterlagen wurde der Konusschlupf, der am Zuggliedausgang gemessen wurde, in Abhängigkeit von der Zuggliedspannung, die aus der Zuggliedlast und dem metallischen Querschnitt des Seiles ermittelt wurde, in Bild 9.4-6 aufgetragen. Die Meßergebnisse wurden in zwei Stufen aufgenommen, wobei die unteren Laststufen (bis ca. 600 N/mm²) die Schlupfmessungen im ersten Lastaufgang zeigen und die Schlupfwerte bei höheren Spannungen nach einer darauffolgenden Dauerschwingbeanspruchung aufgenommen wurden. Infolge der Schwingbeanspruchung ist der Konus weiter in die Hülse hineingezogen worden.

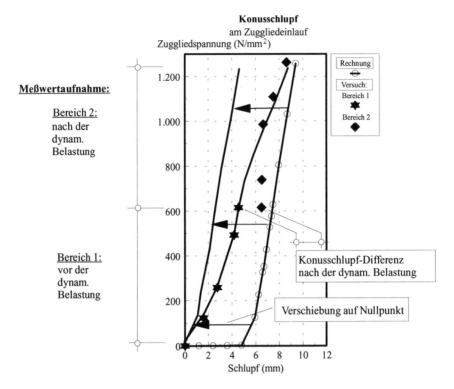

Bild 9.4-6 Die Schlupfwerte des Konus in der Hülse in Abhängigkeit von der aus der Zuggliedlast ermittelten Spannung in den Drähten. Neben den am unteren Konusende gemessenen Schlupfwerten sind die mittels der FE-Analyse ermittelten Werte angegeben. Zum besseren Vergleich wurden die im Versuch gemessenen Schlupfwerte nach der Dauerschwingbelastung des Seiles auf den Endpunkt des ersten Lastaufgangs verschoben.

Der rechnerisch ermittelte Konuseinzug besitzt einen auffallend großen Anfangswert bei der niedrigsten Last. Hier muß beachtet werden, daß infolge der rechnerisch simulierten Schwindverformung eine vollständige Ablösung des Konus von der Hülse erfolgt und eine sehr große Anfangsverschiebung des Konus notwendig ist, bis ein Kontakt mit der Hülseninnenwand eintritt. Im Zugversuch werden die induktiven Wegaufnehmer erst nach Einbau des angelieferten Prüfseiles in der Prüfmaschine zur horizontalen Ausrichtung unter einer geringen „Grundlast" des Zuggliedes auf den Nullpunkt justiert. Es erfolgt also ebenfalls ein Hineinziehen des Konus, dessen Wert aber nicht gemessen wird.

In der Auftragung 9.4-6 wurden die rechnerischen Schlupfwerte auf den Anfangspunkt der Messung verschoben. Die gemessenen Schlupfwerte nach der Schwingbelastung wurden auf den Endpunkt der ersten Meßkurve verschoben. Die Rechnung zeigt erwartungsgemäß ein ausgeprägt lineares Verhalten und kleinere Schlupfwertzunahmen als der Versuch. Unter 0.8facher Bruchlast beträgt der Unterschied im Konusschlupf allerdings lediglich ca. 2.0 mm. Auch hier liegt die Vermutung nahe, daß mit Annahme eines nicht-linearen Werkstoffverhaltens des Vergußkonus größere absolute Schlupfwerte erreicht werden und eine bessere Annäherung an den Kurvenverlauf erhalten wird.

Die Übereinstimmungen der errechneten Spannungen und der qualitative Verlauf der Schlupfwerte für die hier untersuchten beiden Laststufen mit den Versuchsmessungen zeigten, daß mit Hilfe des Komposit-Modells eine befriedigende Abschätzung der Steifigkeitsverteilung des Vergußkonus, allerdings nur im unteren kritischen Konusbereich, erreicht wird. Die beiden Lastfälle zeigen weiter, daß die Abschätzung der Schwindverformungen des Konus die unterschiedliche Anliegefläche und damit die mit der Zuggliedlast sich ändernde Hülsenbeanspruchung qualitativ gut wiedergibt. Für die Reibungsbeanspruchung zwischen Vergußkonus und Hülse konnte für die gußrauhe Hülseninnenoberfläche mit einem konstanten Reibkoeffizienten μ_R=0.4 im kritischen Anfangsbereich der Verankerung eine gute Übereinstimmung der Hülsenbeanspruchungen erreicht werden. Mit der Annahme eines nicht-linearen Werkstoffverhaltens des anisotropen Verguß-Kerns und einem über die Konushöhe veränderlichen Reibbeiwert ist auch im oberen Verankerungsbereich eine bessere Übereinstimmung mit den Versuchsergebnissen möglich.

10 Zusammenfassung und Ausblick

Mit der vorliegenden Arbeit wurde eine Modellvorstellung zur Erfassung des Tragverhaltens von Vergußverankerungen vorgestellt. Es ist hierbei der Vergußkonus als unidirektionaler Faser-Verbund-Körper idealisiert. Mit Hilfe der Theorie der unidirektionalen Verbundwerkstoffe hat der Autor versucht, das Tragverhalten analytisch zu erfassen. Diese Idealisierung des Konus ist dabei auf die Verankerung von heute üblichen metallischen und synthetischen Fasern in metallischen bzw. polymeren Vergußwerkstoffen anwendbar. Von den im Durchmesser sehr kleinen Glas-, Aramid-, Polyester- und Kohlenstoffasern werden die geometrischen Voraussetzungen zur Anwendung dieser Theorie erfüllt. Auf die Verankerung von den im Durchmesser wesentlich größeren metallischen Drähten und den Faserverbundstäben kann die Theorie näherungsweise angewendet werden, wenn der Faserdurchmesser im Verhältnis zum Durchmesser des Verankerungsraumes klein ist.

Ein Problem in der analytischen Erfassung der Vergußverankerung liegt in der realitätsnahen Abschätzung der Steifigkeit des Vergußkonus. Infolge des sich i.d.R. in der Größe verändernden Vergußraumes variiert der Faseranteil im Querschnitt des Vergußkonus. Mit der Modellvorstellung des unidirektionalen Komposits konnte für einen Vergußkonus eine theoretische Erfassung seiner Steifigkeiten durchgeführt werden. Dabei wurde das anisotrope Verhalten des Vergußkonus mit der Ermittlung von anisotropen „effektiven" Elastizitätsmoduli erfaßt. Die linearen mechanischen und thermischen Eigenschaften der Komposit-Komponenten gingen hierbei in die Betrachtung ein. Das Querkontraktionsverhalten der Werkstoffe wurde berücksichtigt. Es konnte gezeigt werden, daß i.d.R. die Verwendung der einfachen „Mischungsregel" für die Ermittlung der Moduli nur für Kombinationen von Faser- und Vergußwerkstoffen, deren Quotienten der elastischen Moduli klein sind, brauchbare Näherungslösungen liefert. Für die heute üblichen metallischen Faser-Verguß-Kombinationen ist die Näherung mit Hilfe einer linearen Abhängigkeit vom Faservolumenanteil im Konus weitgehend möglich.

Vergußmassen, insbesondere auf der Basis von synthetischen Gießharzen, werden oft mit Füllstoffen versehen, um ihre Festigkeiten und ihr Verformungsverhalten zu beeinflussen. Das Verhalten des „gefüllten" Vergußwerkstoffes wird von den mechanischen und thermischen Eigenschaften seiner Komponenten bestimmt. Es können hier ebenfalls die „effektiven" elastischen Verbundkörper-Eigenschaften bestimmt werden, wobei in diesem Fall anstelle eines unidirektionalen von einem globulären Komposit auszugehen ist. In der Arbeit werden die Beziehungen zur Ermittlung der effektiven Moduli der „gefüllten" Vergußwerkstoffe gegeben. In der Kombination mit den innerhalb des Vergusses zu verankernden Fasern müssen diese „effektiven" elastischen Eigenschafts-Kennwerte des globulären Komposits in die Beziehungen für den unidirektionalen Verbundkörper eingesetzt werden.

Die Abhängigkeit der effektiven Konstanten des Komposits von der geometrischen Anordnung der Fasern, dem variierenden Faservolumenanteil und der Geometrie des Vergußraumes, wurde am Beispiel der konischen Verankerungshülse aufgezeigt. Die analytischen Beziehungen des unidirektionalen Komposits setzten eine hexagonale bzw. „statistisch" verteilte Faseranordnung voraus. Es konnte gezeigt werden, daß die hexagonale Faseranordnung im Verguß-

10 Zusammenfassung und Ausblick

raum eine gleichmäßige Beanspruchung der Fasern im Vergußkonus gewährleistet. Die konzentrische Faseranordnung der Spiralseile muß daher im Vergußraum aufgelöst werden, damit keine „Ringwirkung" unter der radialen Druckbeanspruchung entsteht. Eine hexagonale bzw. „statistisch verteilte" Anordnung ist demnach auch für die Verankerung von Faserverbundstäben anzustreben. Mit den angegebenen analytischen Beziehungen können für die üblichen Zugglieder aus der meßbaren Zuggliedgröße, dem verwendeten Drahtdurchmesser und dem Konuswinkel der Hülse die oben genannten Größen direkt bestimmt bzw. aus Diagrammen abgelesen werden.

Es wurde gezeigt, daß die Geometrie des „Zuggliedbesens" i.d. R. der Konusgeometrie nicht ähnlich ist. Unter Ansatz eines konischen „Vergußmantels" (im Querschnitt: „Vergußring"), der den faserbewehrten „Vergußkern" umgibt und nicht mit Fasern durchsetzt ist, d.h. aus reinem Vergußwerkstoff besteht, muß diese Steifigkeitsänderung über den Querschnitt der Vergußverankerung berücksichtigt werden. Unter gezieltem Einsatz des Vergußringes, z.B. durch Wahl seiner Dicke oder seiner Ausdehnung über die Konushöhe, könnte eine Steifigkeitsverteilung innerhalb der Verankerung planmäßig vorgesehen werden. Eine Vermeidung zu hoher Querdruckbeanspruchung der Fasern am Konusbeginn erscheint damit möglich.

Im Bereich der Besenwurzel ist u.a. aufgrund der kleinen Faserabstände, insbesondere bei Verwendung von „gefüllten" Vergußmaterialien mit großen Füllerpartikeln, oft nur eine unvollständige Verfüllung möglich. Die Ausdehnung dieses Bereiches wird bei bekannter Partikelgröße mit den gegebenen Geometriebeziehungen der Besenwurzel berechenbar. Können die Füllerpartikel nicht bis in die Besenwurzel hineingelangen, so kann die dadurch veränderte Steifigkeitsverteilung im Komposit-Modell berücksichtigt werden. Auch für verseilte Zugglieder sollte daher eine Aufspreizung zum „Seilbesen" schon vor der eigentlichen Verankerung vorgesehen werden.

Die nach dem Schwinden vorliegende Geometrie des Konus, in der Literatur nur qualitativ als „birnenförmig" beschrieben, bestimmt die Ausdehnung der Kontaktzone von Vergußkonus und Hülseninnenwand während der Zuggliedbelastung. Es konnte auf der Grundlage der Komposit-Modellvorstellung ein „effektives Schwindmaß" des Verbundkörpers abgeleitet werden, welches die Behinderung des Schwindens infolge des Faseranteils berücksichtigt. Für das effektive lineare Schwindmaß orthogonal zur Faserrichtung konnte für alle untersuchten Faser-Verguß-Kombinationen eine quasi lineare Abhängigkeit vom Faservolumengehalt ermittelt werden. Werden „gefüllte" Vergußwerkstoffe eingesetzt, so wurde für diese ein „effektives globuläres Schwindmaß" ermittelt.

Das Schwindmaß ist von den Abkühlungsbedingungen in der Verankerungshülse abhängig. In eigenen Messungen konnte für eine Bündelverankerung der instationäre Abkühlungsverlauf innerhalb der Verankerung aufgenommen werden. Für die dort verwendeten 7 mm-Drähte wurde die Anlaßtemperatur, die zu einem Festigkeitsverlust der Drähte führen könnte, nicht erreicht. Eine nicht unerhebliche Wärmeabführung über die Drähte ins Zugglied wurde gemessen. Dies dürfte für Seilkonstruktionen infolge ihrer engeren Drahtpackung in der Besenwurzel noch stärker auftreten. Überhitzungen der Zuggliedverfüllung sind evtl. die Folge. Die in der Grenzschicht von Draht und Vergußwerkstoff aufgenommenen Temperaturen zeigten, daß es für eine planmäßige Verfüllung der Besenwurzel notwendig ist, die Drähte entsprechend vorzuwärmen. Eine vorzeitige Erstarrung des metallischen Vergußwerkstoffes kann damit vermieden werden.

Um den Versagenszustand eines Komposits vorausbestimmen zu können, müssen Versagenskriterien angewendet werden, welche die anisotropen Eigenschaften des Faserverbundkörpers berücksichtigen. In der hier entwickelten Idealisierung wurden Bereiche mit isotropem und solche mit anisotropem Werkstoffverhalten vorgesehen. Mehrere Versagenshypothesen müssen daher angewendet werden, um ein Versagen der Verankerung erfassen zu können. Für „ungefüllte" und „gefüllte" Gießharze wurde das parabelförmige Bruchkriterium, für metallische Vergußmaterialien die HMH-Hypothese und für den Faserverbundkörper das Hoffmann- bzw. Tsai-Hill-Kriterium vorgeschlagen. Infolge des über die Höhe des Konus sich verändernden Faservolumengehaltes verändern sich auch die Festigkeiten des Komposits. Diese müssen in den entsprechenden Versagenskriterien berücksichtigt werden. Es liegen aber bislang in der Literatur nicht genügend Angaben über die mechanischen Eigenschaften vor, die eine Anwendung der anisotropen Versagenshypothesen zuließen. Im Anhang wurde daher eine Abschätzung der Festigkeiten des Vergußkonus in Abhängigkeit vom Faservolumengehalt versucht, die auf den bekannten theoretischen Beziehungen für synthetische Faserverbundwerkstoffe basiert.

Das Phänomen der Reibung in der Grenzschicht zwischen Vergußkonus und Hülse muß in die ganzheitliche Erfassung der Vergußverankerung mit einbezogen werden. Es wurde gezeigt, daß über die Verankerungslänge mehrere Bereiche mit unterschiedlicher Reibsituation unterschieden werden müssen. So ist der Reibwiderstand nicht nur von der Konuspressung in seiner Reibfläche, sondern ebenso von dem elastischen bzw. plastischen Zustand eines der Reibpartner abhängig. Verhalten sich die Reibpartner elastisch, so kann eine Zunahme des Reibwiderstandes mit Steigerung der Normalenpressung in der Grenzschicht angenommen werden. Ist aber der Vergußwerkstoff bei höherer Belastung in der Grenzschicht plastisch umgeformt, so sinkt der Reibwiderstand in diesem Bereich.

In dieser Arbeit wurde eine Vergußverankerung eines vollverschlossenen Spiralseiles auf der Grundlage der Komposit-Modellvorstellung idealisiert. Die mit Hilfe der FE-Methode ermittelten Beanspruchungen wurden mit den Meßergebnissen aus dem vorliegenden Zugversuch verglichen. Es ergab sich für Beanspruchungen bis zur Höhe der Gebrauchslast des Zuggliedes eine gute Übereinstimmung des vorausgesagten Tragverhaltens. Für die untersuchte 0.8fache Zuggliedbruchlast zeigten die Ergebnisse im oberen Verankerungsbereich einen in Querrichtung zu steifen Komposit-Konus, der u.a. auf das als linear-elastisch idealisierte Werkstoffverhalten des „Vergußkerns" zurückzuführen ist. Die Berücksichtigung einer nichtlinearen Werkstoffkennlinie für den „Vergußkern" würde zu einer besseren Übereinstimmung führen.

Obwohl der Vergleich mit einem einzigen Versuch nicht als repräsentativ angesehen werden darf, so konnte doch mit Hilfe der Modellvorstellung des Komposits das Tragverhalten bis zur Zuggliedgebrauchslast gut dargestellt werden. Bisher liegen nur wenige in ausreichendem Maße dokumentierte Versuchsergebnisse von in Zugversuchen geprüften Verankerungen vor, die einen Vergleich mit den analytischen Ergebnissen zulassen. Mit der genaueren Kenntnis des noch versuchstechnisch zu überprüfenden elastischen und nicht-elastischen Verhaltens des Komposit-Konus in Abhängigkeit der dargestellten Werkstoff- und Geometrieparameter ist eine weitere Verbesserung zu erwarten. Die theoretisch angestellten Überlegungen in den unterschiedlichen Problembereichen der Verankerung zeigen den weiteren Weg zu sinnvollen und aussagekräftigen Einzelversuchen, deren Ergebnisse die Theorie weiter stützen und ergänzen können.

Literaturverzeichnis

Abaqus, 1993	ABAQUS/Standard, User´s Manual, Volume I,II, Version 4.8-5 bis 5.2.1; Hibbitt, Karlsson and Sorensen Inc., 1989-1994
Andrä, 1969	Andrä, Wolfhart; Wilhelm Zellner: Zugglieder aus Paralleldrahtbündeln und ihre Verankerung bei hoher Dauerschwellbelastung, in: Die Bautechnik 8/1969, S. 263-268, und 9/1969, S. 309-315
Andrä, 1974	Andrä, Wolfhart; Reiner Saul: Versuche mit Bündeln aus parallelen Drähten und Litzen für die Nordbrücke Manheim-Ludwigshafen und das Zeltdach in München, in: Die Bautechnik, Heft 9/1974, 51. Jahrgang, S. 289-297, und Heft 10/1974, 51. Jahrgang, S.332-340, und Heft 11/1974, 51. Jahrgang, S. 371-373
Arend, 1988	Arend, Manfred: Die Arbeitslinie hochfester Stahldrähte; Diplomarbeit am Institut für Massivbau, Universität Stuttgart, Stuttgart 1988
Arend, 1993	Arend, Manfred: The Load Transfer Mechanisms Anchoring High-Strength Tension Elements; in: International Organisation For The Study Of The Endurance Of Wire Ropes (OIPEEC), Round Table Conference 1993, Delft University of Technology, Delft sept. 1993
Arend, 1994	Arend, Manfred: Hochfeste Zugglieder und ihre Verankerung; in: Deutscher Ausschuß für Stahlbeton (DAfStb), 30. Forschungskolloquium, Universität Stuttgart, Nov. 1994
Bachet, 1935	Bachet, M.: Notes sur la construction des ponts suspendus dans le departement du Loiret; in: Annales des ponts et chaussées, 1935-I, Bd. 105
Bay, 1983	Bay, N.: Surface Stressses In Cold Forward Extrusion; in: CIRP Annals 1983, Manufacturing Technology, Volume 32/1/1983, S. 195-199
Beck, 1990	Beck, Werner: Seilverguß; in: Feyrer, Klaus (Hrsg.): Stehende Drahtseile und Seilendverbindungen; expert-Verlag, 1990, (Kontakt & Studium; Bd. 306)
Bednarczyk, 1980	Bednarczyk, Herbert: Vorlesungen über Technische Mechanik, Institut für Mechanik (Bauwesen), Lehrstuhl I, Universität Stuttgart
Berg, 1824	Berg, E.F.W.: Der Bau der Hängebrücken aus Eisendraht; nach Stevenson, Seguin, Dufour, Navier u.a.; Leipzig 1824
Bergermann, 1973	Bergermann, R.: Seilkonstruktionen; Untersuchungen an Seilköpfen; in: Sonderforschungsbereich 64 „Weitgespannte Flächentragwerke", Mitteilungen 11/1973, Universität Stuttgart, Werner-Verlag, Düsseldorf 1973
Bittner, 1964	Bittner, K.: Betrachtungen über die Herstellung von Vergußkegeln; in: Internationale Berg- und Seilbahn-Rundschau, 7. Jahrgang, Heft 4, 1964
Bittner, 1969	Bittner, K.: Vergußkegel - Stand der Entwicklung; in: Internationale Seilbahnrundschau, Dez. 1968/Jänner 1969

Bittner, 1974	Bittner, K.: Einführende Worte (zum Seilverguß-Symposium 1974 in Wien); in: Internationale Seilbahn-Rundschau 3/1974, S. 157-158
Bogetti, 1992	Bogetti, Travis A.: Process-Induced Stress and Deformation in Thick-Section Thermoset Composite Laminates; in: Journal of Composite Materials, Vol. 26, No. 5/1992
Bloom, 1967	Bloom, Joseph M.; Howard B. Wilson, Jr.: Axial Loading of a Unidirectional Composite; in: Journal of Composite Materials, Vol. 1 (1967), pp. 268-277
Boulogne, 1886	Boulogne, de : Constructions des Ponts suspendus modernes; in: Annales des Ponts et Chaussees, Memoires, Tome XI, Paris 1886
Bowden, 1959	Bowden, F.P., D.Tabor: Reibung und Schmierung fester Körper; Springer-Verlag, Berlin, New York 1959
Broutman, 1974	Broutman, Lawrence J.; Richard H.Krock (editors): Composite Materials, Vol. 1-4, Academic Press, New York and London, 1974
Brunhuber, 1978	Brunhuber, Ernst (Hrsg): Giesserei Lexikon, Ausgabe 1978, zehnte Auflage, Fachverlag Schiele & Schön GmbH, Berlin
Bufler, 1980	Bufler, Hans: Vorlesungen über Technische Mechanik, Teil II, Institut für Mechanik (Bauwesen), Lehrstuhl II, Universität Stuttgart, Stuttgart 1980
Bufler, 1988	Bufler, Hans: Höhere Mechanik I A, Elastizitätstheorie; Vorlesungsscriptum des Instituts für Mechanik (Bauwesen), Lehrstuhl II, Universität Stuttgart 1988
Burkhardt, 1937	Zink und seine Legierungen; in: Beiträge zur Wirtschaft, Wissenschaft und Technik der Metalle und ihrer Legierungen, Heft 1, N.E.M.-Verlag, Berlin 1937
Burkhardt, 1940	Burkhardt, Arthur: Technologie der Zinklegierungen; zweite erweiterte Auflage, Springer-Verlag, Berlin 1940
Cahn	Cahn, R.W.; P. Haasen; E.J. Kramer (editors): Materials Science and Technology; Structures and Properties of Polymers, Vol.12; (volume editor: Edwin L. Thomas)
Chaplin, 1984	Chaplin, C. R.; P.C. Sharman: Load transfer mechanichs in resin socketed terminations, Reprinted from Wire Industry, October 1984
Christen, 1971	Christen, R.; G. Oplatka: Vergußköpfe. Erhöht das Umbiegen der Drahtenden die Sicherheit?; in: Internationale Seilbahn-Rundschau, Heft 2/1971, S. 85-93
Cox, 1952	Cox, H.L.: The elasticity and strength of paper and other fibrous materials; in: British Journal of Applied Physics, Vol. 3, March 1952, pp. 76-79
Daniel, 1974	Daniel, I.M.: Photoelastic Investigations of Composites, in: Lawrence, J. Broutman; Richard H.Krock (Hrsg), editor: G.P. Sendeckyj: Composite Materials, Vol.2: Mechanics of Composite Materials, Academic Press, New York, London, 1974
Dreeßen, 1988	Dreeßen, Dierk-Reimer: Klemm- und Vergußverankerungen für GFK-Stäbe unter statischen und nicht ruhenden Belastungen; Fortschritt-Berichte VDI, Reihe 4, Nr. 87, VDI-Verlag, Düsseldorf, 1988

Dufour, 1824	Dufour, G-.H.: Description du pont suspendu en fil de fer, construit a Geneve; Geneve; de L´ímprimerie de J.-J. Pashoud, 1824
Durham, 1991	Durham, D.R.; F.von Turkowich; A.Assempoor: Modeling The Frictional Boundary Condition in Material Deformation; in: Annals of the CIRP, VOL. 40/1/1991, S. 235-238
Engel, 1974	Engel, E.; W. Rosinak: Mechanische Beanspruchung von Seilmuffen (zum Seilverguß-Symposium 1974 in Wien); in: Internationale Seilbahn-Rundschau 4/1974
Faoro, 1988	Faoro, Martin: Zum Tragverhalten kunstharzgebundener Glasfaserstäbe im Bereich von Endverankerungen und Rissen im Beton; in: IWB-Mitteilungen 1988/1, Institut für Werkstoffe im Bauwesen, Universität Stuttgart
Feyrer, 1989	Feyrer, Klaus (Hrsg.): Laufende Drahtseile; expert-Verlag, 1989, (Kontakt & Studium; Bd. 270)
Feyrer, 1990	Feyrer, Klaus (Hrsg.): Stehende Drahtseile und Seilendverbindungen; expert-Verlag, 1990, (Kontakt & Studium; Bd. 306)
Friedrich, 1981	Friedrich, Karl: Vergußverankerungen; Diplomarbeit am Institut für Massivbau, Universität Stuttgart, 1981
Gabriel, 1981	Gabriel, Knut; Jörg Schlaich: Seile und Bündel im Bauwesen; Mitteilungen des Sonderforschungsbereiches 64, 59/1981, Aus den Arbeiten des Instituts für Massivbau, Universität Stuttgart (Berichte zum Seminar , Haus der Technik, Essen) Beratungsstelle für Stahlverwendung (Hrsg.), Düsseldorf 1981
Gabriel, 1982	Gabriel, Knut; Ulrich Dillmann: Hochfester Stahldraht für Seile und Bündel in der Bautechnik; Mitteilungen des Sonderforschungsbereiches 64, 21/1982; aus den Arbeiten des Instituts für Massivbau, Universität Stuttgart, Werner- Verlag, Düsseldorf 1982
Gabriel, 1991	Gabriel, Knut: Bauen mit Seilen; Vorlesungsmanuscript des Instituts für Tragwerksentwurf und -konstruktion, Universität Stuttgart, WS 1991/92
Gabriel, 1990	Gabriel, Knut: Vergußverankerungen hochfester Zugglieder; unveröffentlichte Abhandlung und Berichte, Institut für Tragwerksentwurf und -konstruktion, Universität Stuttgart, 1990
Göttner, 1961	Göttner, G.H.: Einführung in die Schmiertechnik, Teil II: Verfahren zur Reibungs- und Verschleißverminderung; K.Marklein Verlag, Düsseldorf 1961.
Graf, 1941	Graf, Otto; Erwin Brenner: Versuche mit Drahtseilen für eine Hängebrücke; in: Die Bautechnik, Jahrgang 19 (6. Sept. 1941), Heft 38, S. 410-415
Gray, 1984	Gray, R.J.: Analysis of the effect of embedded fibre length on fibre debonding and pull-out from an elastic matrix. Part 1: Review of theories; in: Journal of Materials Science 19 (1984), pp. 861-870
Grelot, 1936	Grelot, M.: Note sur le culottage des cables de ponts suspendus; in: Annales des ponts et chaussées, 1936-XI, Bd. 106
Groche, 1973	Groche, Friedrich: Polyestermörtel und Polyesterbeton; in: Kunststoffe im Bau, Heft 31, 1973, Verlag für Publizität, Hannover, 1973

Gropper, 1987	Gropper, Hans; Knut Gabriel: Zur Verankerung von Faserbündeln und Stahldrahtseilen in Stahlhülsen mit Kunstharzverguß; in: Bauingenieur 62 (1987), S. 293-304
Haener, 1967	Haener, Juan; Noel Ashbaugh: Three-Dimensional Stress Distribution in a Unidirectional Composite; in: Journal of Composite Materials, Vol. 1 (1967), pp. 54-63
Halpin, 1967	Halpin, ; Tsai, .. : Environmental factors... 1967
Hashin, 1962	Hashin, Zvi: The Elastic Moduli of Heterogeneous Materials; in: Journal of Applied Mechanics, March 1962
Hashin u. Rosen, 1964	Hashin, Zvi; B.Walter Rosen: The Elastic Moduli of Fiber-Reinforced Materials; in: Journal of Applied Mechanics, June 1964
Herrera, 1992	Herrera-Franco, P.J.; L.T. Drzal: Comparison of methods for the measurement of fibre/matrix adhesion in composites; in: Journal of Composites, Vol. 23, No. 1, January 1992, pp.3-27
Hilgers, 1971	Hilgers, W.: Seilvergüsse und Seilvergußwerkstoffe, in: Goldschmidt informiert...., 3/71, Nr.16
Hilgers, 1974	Hilgers, W.: Seilvergußwerkstoffe (zum Seilverguß-Symposium 1974 in Wien); in: Internationale Seilbahn-Rundschau 3/1974
Hill, 1950	Hill, R.: The Mathematical Theory Of Plasticity; At the Clarendon press, Oxford 1950
Hoffmann, 1967	Hoffmann, Oscar: The Brittle Strength of Orthotropic Materials; in: Journal of Composite Materials, Vol. 1 (1967), pp. 200-207
Hollaway, 1990	Hollaway, L.C. (editor): Polymers and polymer composites in construction; Thomas Telford Ltd, London, 1990
Hosokawa, 1992	Hosokawa, Hajime: Recent Approaches to the Fatigue Problems of Bridge Cables in Japan; (Nippon SteelCorp.); in: Length Effect on Fatigue of Wires and Strands; Workshop of IABSE, Madrid, 1992
Hull, 1981	Hull, Derek: An indroduction to composite materials, Cambridge University Press, Cambridge 1981
Kepp, 1985	Kepp, Bernhard: Zum Tragverhalten von Verankerungen für hochfeste Stäbe aus Glasfaserverbundwerkstoff als Bewehrung im Spannbetonbau; in: Diss. Braunschweig, Heft 67, 1985
Kienzle, 1968	Kienzle, Otto (Hrsg.): Mechanische Umformtechnik; Springer-Verlag, Berlin, New York 1968
Komura, 1990	Komura, Tsutomu; et.al.: Study into Mechanical Properties and Design Method of Large Cable Sockets; in: Structural Eng./ Earthquake Eng., Vol. 7, No. 2, October 1990
Kragelskji, 1983/	Kragelskji, Igor: Grundlagen der Berechnung von Reibung und Verschleiß; Übers. aus dem Russischen: Gottlieb Polzer, Hanser-Verlag, München, Wien 1983
Lange, 1972	Lange, Kurt (Hrsg.): Lehrbuch der Umformtechnik, Bd. 1: Grundlagen; Springer-Verlag, Berlin, New York 1972.
Lawrence, 1972	Lawrence, P.: Some Theoretical Considerations of Fibre Pull-Out from an Elastic Matrix; in: Journal of Materials Science 7 (1972), pp. 1-6

Magnien, 1936	Magnien, M.M.; Coquand: Etude sur le culottage des cables pour ponts suspendus; in: Annales des ponts et chaussées, 1936-A, Bd. 106
Medicus, 1971	Medicus, F.: Verankerung von Drahtseilen und Dehnungsmessungen an Seilköpfen; in: Goldschmidt informiert ... Nr 3/1971
Mehrtens, 1920	Mehrtens, Georg Christoph: Vorlesungen über Ingenieurwissenschaften; zweiter Teil, zweiter Band; Verlag Wilhelm Engelmann, Leipzig 1920
Mehrtens, 1911	Mehrtens, Georg Christoph; Fr. Bleich: Der Wettbewerb um den Bau einer Rheinstrassenbrücke in Köln; in: Der Eisenbau, 2. Jahrgang 1911, S. 415-506
Melan, 1906	Melan, Josef; Th. Landsberg (Hrsg.): Handbuch der Ingenieurwissenschaften, II. Band: Der Brückenbau, fünfte Abteilung, Verlag von W. Engelmann, dritte Auflage, Leipzig 1906
Melan, 1925	Melan, Josef: Handbuch der Ingenieurwissenschaften, Zweiter Teil: Der Brückenbau, Verlag von W. Engelmann, vierte Auflage, Leipzig 1925
Mitamura, 1992	MITAMURA, Takeshi; Atsushi OKUKAWA; Kenichi SUGII; Yoshito TANAKA: Fatigue Strength of PWS in Anchorage; in: International Association for Bridge and Structural Engineering (IABSE), Workshop in El Paular (Madrid), 23.-25. Sept. 1992
Müller, 1971	Müller, H.: Untersuchungen an Seilvergüssen und Seilvergußmetallen, in: Goldschmidt informiert....,3/71, Nr.16
Müller, 1971	Müller, Robert K.: Handbuch der Modellstatik; Springer-Verlag, Berlin, Heidelberg, New York, 1971
Naaman, 1991	Naaman, Antoine E.et al.: Fibre Pull-Out And Bond Slip. I.: Analytical Study; II: Experimental Validation; in: Journal of Structural Engineering, Vol. 117, No. 9, September 1991, pp. 2769-2800
Navier, 1824	Navier, M.: Resumé des Lecons, Kap.: III, S.20 ff; in: Des Ponts en fil de fer, Dufour, Paris, Bachelieur, 1824
Nielsen, 1967	Nielsen, Lawrence, E.: Mechanical Properties of Particulate-Filled Systems; in: Journal of Composite Materials, Vol 1 (1967), pp. 100-119
Patzak u. Nürnberger, 1978	Patzak, Manfred; Ulf Nürnberger: Grundlagenuntersuchungen zur statischen und dynamischen Belastbarkeit von metallischen Drahtseilvergüssen (Vergußverankerungen); in: Mitteilungen 45/1978 des Sonderforschungsbereiches 64, Universität Stuttgart 1978
Patzak, 1978	Patzak, Manfred: Die Bedeutung der Reibkorrosion für nicht ruhend belastete Verankerungen und Verbindungen metallischer Bauteile des konstruktiven Ingenieurbaus; Mitteilungen 53/1978 des Sonderforschungsbereiches 64, Universität Stuttgart 1978
Pawelski, 1968	Pawelski, Oskar: Einfluß der Schmierung und der Umformbedingungen auf die Reibung bei der Formgebung von Stahl; in: Schmiertechnik, 15. Jahrgang, Mai/Juni Nr.3, S. 129-138
Peters	Peters, Tom F.: G.-H. Dufour, eine technikhistorische Studie über das Ingenieurwesen an der Schwelle zwischen „Ingenieurkunst" und „Igenieurwissenschaft"..., Band I; Bericht am Institut für Geschichte der ETH Zürich,

Prager, 1954	Prager, W.; Hodge: Theorie ideal plastischer Körper; Springer-Verlag, Wien, 1954
Pugsley, 1956	Pugsley Sir, Alfred: The Theory Of Suspension Bridges; Edward Arnold (Publishers) Ltd., London 1956
Rabinovic, 1989	Rabinovic, Benedikt Venjaminovic; Roland Mai; Günther Drossel: Grundlagen der Gieß- und Speisetechnik für Sandformguß, VEB Deutscher Verlag für Grundstoffindustrie, Leipzig 1989
Reinhardt, 1990	Reinhardt, Hans-W.; Arie Gerritse; Jürgen Werner: ARAPREE, a new prestressing material going into practice; Technical Contribution to the 11th FIP-Congress, June 1990, Hamburg
Rehm, 1961	Rehm, Gallus: Über die Grundlagen des Verbundes zwischen Stahl und Beton; Deutscher Ausschuß für Stahlbeton, Heft 138, Verlag Wilhelm Ernst & Sohn, Berlin 1961
Rehm u. Patzak, 1977	Rehm, Gallus; M. Patzak; U. Nürnberger: Metallvergußverankerungen für Zugglieder aus hochfesten Drähten, in: DRAHT-Fachzeitschrift 1977/4, S.134-141
Rehm u. Franke, 1977	Rehm, Gallus; Lutz Franke: Verhalten von kunstharzgebundenen Glasfaserstäben bei unterschiedlichen Beanspruchungszuständen; in: Die Bautechnik 4/1977, S. 132-138
Rehm u. Franke, 1979	Rehm, Gallus; Lutz Franke; M. Patzak: Zur Frage der Krafteinleitung in kunstharzgebundene Glasfaserstäbe; Deutscher Ausschuß für Stahlbeton, Heft 304, Verlag W. Ernst&Sohn, Berlin 1979
Rehm u. Schlottke, 1987	Rehm, Gallus; B. Schlottke: Übertragbarkeit von Werkstoffkennwerten bei Glasfaser-Harz-Verbundstäben; in: IWB-Mitteilungen 1987/3, Institut für Werkstoffe im Bauwesen, Universität Stuttgart
Rehm u. Franke, 1980	Rehm, Gallus; Lutz Franke; K.Zeus: Kunstharzmörtel und Kunstharzbetone unter Kurzzeit- und Dauerstandbelastung; Deutscher Ausschuß für Stahlbeton, Heft 309, Verlag W. Ernst&Sohn, Berlin 1980
Roll, 1960	Roll, F. (Hrsg): Handbuch der Gießerei-Technik, Springer-Verlag, Berlin,Göttingen,Heidelberg,1960; erster Band/2. Teil: Werkstoffe II; Stand und Probleme der Normung
Rosen u. Hashin	Rosen, B.Walter; Zvi Hashin: Analysis of Material Properties; in: Composites, Engineered Materials Handbook, Vol.1, ASM International, pp.185-205
Rosen	Rosen, B. Walter (chairman): Composite Materials Analysis and Design, Section 4; in: Composites, Engineered Materials Handbook, Vol.1, ASM International
Rostasy, 1990	Rostasy, F.S.: High Strength Fibrous Elements; selected report from Commission 2, FIP-Congress, June 1990, Hamburg
Schapery, 1968	Schapery, R.A.:Thermal Expansion Coefficients of Composite Materials Based on Energy Principles; in: Journal of Composite Materials, Vol 2, No. 3 (July 1968), pp. 380-404
Schatt	Schatt Werner (Hrsg.): Einführung in die Werkstoffwissenschaft; VEB Deutscher Verlag für die Grundstoffindustrie, Leipzig, 5. durchgesehene Auflage

Schleicher, 1943	Schleicher, F.(Hrsg.):Taschenbuch für Bauingenieure, 1943, S. 1697-1701
Schleicher, 1949	Schleicher, F.: Die Verankerung von Drahtseilen, insbesondere in vergossenen Seilköpfen, in: Der Bauingenieur 24 (1949) Heft 5 und 6
A.Schneider, 1974	Schneider, A.: Temperatur-Zeitverlauf im Vergußkegel einer Seilendkupplung beim Eingießen und Abkühlen (zum Seilverguß-Symposium 1974 in Wien); in: Internationale Seilbahn-Rundschau, 4/1974
W.Schneider, 1975	Schneider, W.; R. Bardenheier: Versagenskriterien für Kunststoffe; in: Zeitschrift für Werkstofftechnik, 6.Jahrgang, Nr.8, 1975, S. 269-280 und Nr. 10, S. 339-348
Schumann, 1984	Schumann, Reinhold: Anwendung werkstoffmechanischer Zusammenhänge auf Vergußverankerungen von Seilen; in: Draht 35, Heft 6, 1984
Seegers, 1936	Seegers, K.H.: Untersuchungen über Seilköpfe von Hängebrückenkabeln; in: Der Bauingenieur 17 (1936), Heft 39/40, S. 426-427
Seegers, 1937	Seegers, K.H.: Die neuen Brücken bei Mornay-sur-Alliers; in : Der Bauingenieur 18 (1937), Heft 13/14, S. 169-170
Seguin, 1824	Seguin ainè, Marc: Des Ponts en Fil De Fer; chez Bachelieur, Libraire, Paris 1824
Sendeckyj, 1974	Sendeckyj, G.P.: Elastic Behaviour of Composites, in: Lawrence, J. Broutman; Richard H. Krock (Hrsg), editor: G.P. Sendeckyj: Composite Materials, Vol.2: Mechanics of Composite Materials, Academic Press, New York, London, 1974
Sippel, 1989	Sippel, Thomas: Untersuchungen zum Tragverhalten von Verankerungen für Spannglieder aus kunstharzgebundenen Glasfaserstäben; Diplomarbeit am Institut für Werkstoffe im Bauwesen, Universität Stuttgart, 1989
Steinmann, 1922	Steinmann, D.B.: A Practical Treatise On Suspension Bridges, John Wiley & sons, New York, second edition, fifth printing, April 1953 (first edition 1922)
Szabo, 1977	Szabo, Istvan: Höhere Technische Mechanik; Springer Verlag Berlin Heidelberg New York 1977, korr. Nachdr. der 5. Aufl.
Takaku, 1973	Takaku, A.; R.G.C. Arridge: The effect of interfacial radial and shear stress on fibre pull-out in composite materials; in: Journal Physics D: Applied Physics, Vol. 6, 1973, pp. 2038-2047
Tawaraya, 1982	Tawaraya, Yoshifumi; et. al.: Development of Fatigue-Resistant Sockets; in: Nippon Steel Technical Report No. 19, June 1982, S. 121-132
Thomas	Thomas, Edwin L.(editor): Structure and Properties of Polymers, Volume 12, Chapt. 7; in: Materials Science and Technology; editors: Cahn, R.W.; Haasen P., Kramer E.J., VCH-Verlag, Weinheim, New York, Basel, Cambridge, Tokyo
Timoshenko, 1955	Timoshenko, S.: Strength of Materials, Part 1; D. Van Nostrand Company, Inc., Princton, New York, London, third edition, Apr. 1955
Tsai, 1971	Tsai, W. Stephen; Edward M. Wu: A General Theory of Strength for Anisotropic Materials; in: Journal of Composite Materials, Vol. 5 (Jan. 1971), pp. 58-81

Wagner, 1987	Wagner, Rosemarie; Ralph Egermann: Die ersten Drahtkabelbrücken; Sonderforschungsbereich 64, Institut für Massivbau, Universität Stuttgart, Werner-Verlag, Düsseldorf 1987
Wesche, 1973	Wesche, Karlhans: Baustoffe für tragende Bauteile, Bauverlag GmbH, Wiesbaden und Berlin; Band 3: Stahl, Aluminium, Metallkorrosion (metallische Stoffe), 1. Auflage,1973
Wiegand, 1960	Wiegand, H.; K.H.Kloos: Der Reibungs und Schmierungsvorgang in der Kaltumformgebung und Möglichkeiten seiner Messung; in: Werkstatt und Betrieb, 93.Jahrg., 1960,Heft 4
Wiegand, 1968	Wiegand, H.; K.H. Kloos: Metallische Werkstoffoberflächen unter Gleitreibung; in: Schmiertechnik +Tribologie, 15. Jahrg., Juli/August, Nr.4
Wu, 1974	Wu, Edward M.: Phenomenological Anisotropic Failure Criterion; in: Lawrence, J. Broutman; Richard H. Krock (Hrsg), editor: G.P. Sendeckyj: Composite Materials, Vol.2: Mechanics of Composite Materials, Academic Press, New York, London, 1974
Zellner, 1975	Zellner, Wilhelm: Kunststoff als Hilfsmittel für hochfesten Seilverguß und als Korrosionsschutz, in: VDI-Berichte Nr. 225, 1975, S. 51-62
Zoch,1991	Zoch, P.; H.Kimura, T.Iwasaki, M.Heym: Zugelemente aus kohlenstoffaserverstärktem Kunststoff eine neue Klasse von Vorspannmaterialien; in: Forschungskolloquium am Institut für Werkstoffe im Bauwesen, Stuttgart, 14. Nov. 1991

Verzeichnis der Normen und Prüfberichte

Prüfbericht, 1983	Prüfbericht zum Dauerschwingversuch eines VVS-Spiralseiles; Prüfzeugnis vom 28.11.1983 für die Universität Stuttgart, Prüf.-Nr.: 222/83/2; Seilprüfstelle, Institut für Fördertechnik und Werkstoffkunde, Bochum
DIN 779, Dez. 1980	Formstahldrähte für vollverschlossene Spiralseile
DIN 2078, Mai 1990	Stahldrähte für Drahtseile
DIN 3051, T.1, März 1972	Drahtseile aus Stahldrähten; Grundlagen, Übersicht
DIN 3051, T. 2, April 1972	Drahtseile aus Stahldrähten; Grundlagen, Seilarten
DIN 3051, T. 3, März 1972	Drahtseile aus Stahldrähten; Grundlagen, Berechnung
DIN 3092, T. 1, Mai 1985	Drahtseil-Vergüsse in Seilhülsen; Metallische Vergüsse
DIN 18800, T.1, März 1981	Stahlbauten; Bemessung und Konstruktion
DIN 18809, Sept. 1987	Stählerne Straßen- und Wegbrücken; Bemessung
DIN 83313, Okt. 1963	Seilhülsen
DIN 50131, Juli 1974	Schwindmaßbestimmung
DIN 16945, März 1989	Reaktionsharze, Reaktionsmittel und Reaktionsharzmassen
SEW 685-68, 3.Ausgabe	Stahl-Eisen-Werkstoffblatt: kaltzäher Stahlguß

Firmenprospekte

Arapree	Akzo Faser AG: Arapree, the prestressing element for concrete; non corrosive cables in bridge Engineering; , Kasinostr 19-21, Wuppertal
Twaron	Akzo Faser AG (s.o): Twaron for ropes and cables;
Crosby	Crosby group inc.: Wirelock Technical Data Manual; General Offices, 2801 Dawson Road (74110-5040), P:O: BOX 3128; (Tulsa, Oklahoma 74101-3128)
Epi	EPI, Cable Composite Systeme : Physical Dimensional and Mechanical Characteristics; Cable Composites Info Nr. 1, Dec. 87; , Z.A. Quartier du Grand Pont,83360 Grimaud, France
Jitec	Cousin Freres S.A.: Stay Rods, „Haubans" Jitec, ARAMTEC: Heig Modulus Aramid Cables, Mechanical and Physical Characteristics; rue Abbe Bonpain, B.P.39-59117 Wervicq-Sud
Kevlar	Du Pont de Nemours International S.A: Lieferformen, Produkteigenschaften; in: Kevlar Para-Aramid in Lichtwellenleiter und andere Kabel, 9/89; CH-1218 Le Grand-Saconnex, Genf
Nippon	Nippon Steel Corporation: New-PWS,Specifications, NS-Socket; European Office, Koenigsallee 30, Düsseldorf, Germany
Parafil	Linear Composites Limited: Basic Physical Properties of Parafil Ropes; in Technical Note 1, Edition 3; and: Prestressing with Parafil tendons; in: Concrete, October 1985; Vale Mills Oakworth, Nr Keighley (West Yorkshire), BD22 0EB, England;

Anhang A Übersicht der hochfesten Zugglieder, ihrer Faser- und Vergußwerkstoffe

Im folgenden wird zunächst ein Überblick über die heute in Zuggliedern eingesetzten hochfesten Faserwerkstoffe gegeben. Die unterschiedlichen Konstruktionsarten der aus ihnen aufgebauten Zugglieder werden angesprochen. Alle hier behandelten Zugglieder werden mittels eines Vergußwerkstoffes in einem konischen oder zylindrischen Vergußraum einer Verankerungshülse verankert. Für die üblichen Faser- und Vergußwerkstoffe werden jeweils die mechanischen und thermischen Eigenschaften, wie sie aus der Literatur entnommen werden konnten, in tabellarischer Form zusammengestellt. Für die in der vorliegenden Arbeit beispielhaft untersuchten Faser-Verguß-Kombinationen benötigten Werkstoffangaben sind diesen Tabellen entnommen.

A.1 Die verwendeten Faserwerkstoffe

A.1.1 Die metallischen Fasern

Die mechanischen und physikalischen Eigenschaften der Drähte sind in der Struktur des metallischen Werkstoffes begründet. Es treten bei Metallegierungen kubische, tetragonale und hexagonale Gitterstrukturen auf. Die Packungsdichte der Eisenatome ist dabei jeweils unterschiedlich.

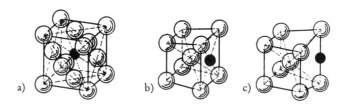

Bild A.1.1.-1 Die metallischen Kristallgitter für a) γ-Eisen (kfz) mit einer Einlagerung, b) α-Eisen (krz) mit einer Einlagerung in der Fläche, c) α-Eisen mit einer Einlagerung auf der Gitterkante /Gabriel, 1991/

Der Grundwerkstoff Eisen besitzt, abhängig von der Temperatur, ein kubisch flächenzentriertes Gitter (γ-Eisen) oder ein kubisch raumzentriertes Gitter (α-Eisen) (Bild A.1.1-1) /Gabriel, 1991, Arend, 1988/.

Die Fähigkeit, innerhalb dieser Gitterstrukturen entweder durch „Einlagerung" oder durch „Substitution" Fremdatome aufnehmen zu können, begründet die planmäßige Einstellbarkeit der Eigenschaften der metallischen Legierungen. Der unlegierte Kohlenstoffstahl, aus dem üblicherweise die hochfesten Stahldrähte hergestellt werden, besitzt bei Raumtemperatur ein kubisch raumzentriertes Kristallgitter, in welches sich bis zum Eutektoid ca. 0.85 Gew.-%

Kohlenstoff zwischen den Gitterplätzen einlagern lassen. Der hochlegierte Eisen-Chrom-Nickel-Stahl (sogenannter nichtrostender Edelstahl) besitzt bei Raumtemperatur ein kubisch flächenzentriertes Gitter, wobei nur wenige C-Atome eingelagert werden, dafür aber Nickel- und Chrom-Atome substituiert werden (Bild A.1.1-1) /Gabriel, 1991, 1982/. Bild A.1.1.-2 zeigt als Beispiel dieser Beeinflussungsmöglichkeit die Abhängigkeit der Zugfestigkeit, der Dehngrenze und der dynamischen Kriechgrenze von dem Anteil an aufgenommenem Kohlenstoff auf den Zwischengitterplätzen des Eisens /Gabriel, 1991/.

Während der Abkühlung des Metalls aus der Schmelze zeigt der Aufbau einer Legierung aufgrund eines an mehreren Stellen gleichzeitig ablaufenden Kristallwachstums keine homogene Struktur. Es liegen sogenannte Kristallite (Körner) als eigenständige Bereiche gleichmäßig verteilt vor, die im Schliffbild die Gefügestruktur ergeben. Bei metallischen Werkstoffen ist ein plastischer Umformvorgang möglich, da die metallische Bindung die Besonderheit aufweist, aufgrund von Energieeintrag, z.B. einer mechanischen Beanspruchung, Atomzuordnungen mittels Abgleitungen zu verändern /Arend, 1988/. Aufgrund des Ziehprozesses zur Herstellung von metallischen Fasern kann die Zahl der Gleitungen mit diesem plastischen Umformprozeß stark erhöht werden /Gabriel, 1982/. Die Gefügestruktur zeigt dann eine starke Ausrichtung in der Ziehrichtung. Mit steigender Querschnittsabnahme im Kaltziehprozeß wird eine Steigerung der Zugfestigkeit bei gleichzeitiger Abnahme des verbleibenden Verformungsvermögens erreicht (Bild A.1.1-3).

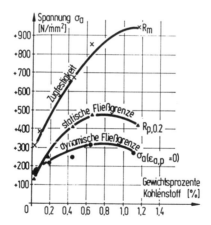

Bild A.1.1-2 Die Abhängigkeit der Drahtfestigkeit, Fließgrenze und dynamischer Kriechgrenze von dem Anteil an aufgenommenem Kohlenstoff nach langsamem Abkühlen aus der Schmelze /Gabriel, 1991/

Lange metallische Fasern werden üblicherweise als „Drähte" bezeichnet. Sie werden zur Konstruktion von verseilten Zuggliedern in der Fördertechnik mit Durchmessern von 0.2 mm bis ca. 3.5 mm und im Bauwesen mit Durchmessern von 3.0 mm bis 7.0 mm eingesetzt. Für Bündel, die ausschließlich im Bauwesen eingesetzt werden, sind in der Regel Drahtdurchmesser von 5.0 bis 7.0 mm üblich /Feyrer, 1990/. Die Drähte werden im Querschnitt sowohl als Rundprofil als auch in Form von Z-Profilen oder mit Trapezquerschnitt ausgebildet (Bild A.1.1- 4).

In Tabelle A.1.1-1 sind einige mechanische und physikalische Kennwerte von unlegierten bzw. hochlegierten Stahldrähten aufgeführt. Die beispielhaft angegebenen Drähte mit einem Durchmesser von 7.0 mm werden im Bauwesen für Spiralseile und Bündel eingesetzt.

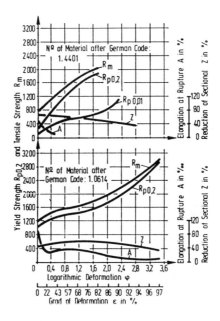

Bild A.1.1-3 Die Abhängigkeit der Festigkeitswerte der Drähte vom Grad der nach dem Patentieren erfolgten Kaltumformung durch Ziehen. Es sind ein nichtrostender Edelstahl (Werkst.-Nr. 1.4401) und ein unlegierter Kohlenstoffstahl (Werkst.-Nr. 1.0614) gegenübergestellt (Bild A.1.1-1) /Gabriel, 1991/

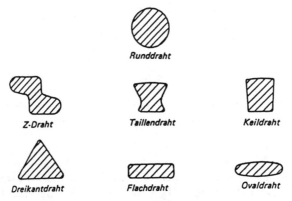

Bild A.1.1.-4 Verschiedene Querschnittsausbildung metallischer Drähte /Feyrer, 1990/

Bild A.1.1-5 zeigt schematisch die Arbeitslinien der beispielhaft angegebenen hochfesten Stahldrähte. Die Unterschiede der Arbeitslinien ein und desselben Werkstoffes sind in den unterschiedlichen Behandlungsstufen zu suchen. So ist der Seildraht patentiert und kaltgezogen, was einen langsamen stetigen Übergang der Arbeitslinien in den plastischen Verformungs-Bereich zur Folge hat. Der Spanndraht besitzt aufgrund der am Ende des Ziehprozesses zugefügten Wärmebehandlung (Anlassen) eine höhere 0.2 % -Dehngrenze, dafür aber eine verringerte Bruchdehnung. Der Edelstahldraht hat geringere Festigkeitswerte und einen etwas flacheren elastischen Anstieg, seine Arbeitslinie ist qualitativ mit dem des Seildrahtes vergleichbar. Wird der Querschnitt des Drahtes im Ziehprozeß weiter verringert, die Stahlfaser möge nun einen Durchmesser von ca. 1.0 mm besitzen, so wird ein fast linearer Anstieg bis zum Bruch erreicht /Gropper, 1987, Hollaway, 1990/.

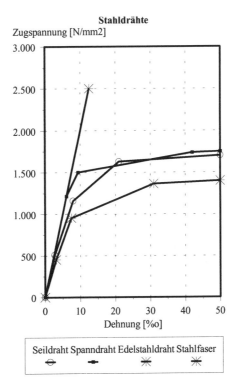

Bild A.1.1-5 Idealisierte Arbeitslinien der in Tabelle A.1.1-1 aufgeführten kaltgezogenen Stahldrähte mit 7.0 mm Durchmesser. Zusätzlich ist eine ca. 1.0 mm dünne Stahlfaser angegeben /Gropper, 1987, Hollaway, 1990, Gabriel, 1991/

A.1.2 Die Glasfaser

Kristallines Glas besitzt als Grundstruktur ein tetraedrisches Gitter aus Silicium- und Sauerstoffatomen (Bild A.1.2-1). Die Bildung des Kristallgitters ist aber nur bei extrem langsamer Abkühlung der Schmelze unter hohem Druck möglich. In der Glasschmelze sind die

Tabelle A.1.1-1 Eigenschaften (bei 20 °C) zweier unlegierter und eines hochlegierten (Edelstahl) Kohlenstoffstahles wie sie in Seilen und Bündeln im Bauwesen eingesetzt werden /Gabriel, 1982, 1991/

aus: Gabriel, 1982		Seildraht (Nr. 1.6014) patentiert, kaltgezogen d = 7,0 mm	Spanndraht (Nr. 1.6014) patentiert, kaltgezogen, angelassen d = 7,0 mm	Edelstahldraht (X5CrNi18 9) 1h, 1050°C, abgeschreckt, gezogen d = 7,0 mm
Zugfestigkeit	N/mm^2	1620	1730	1360
0,01%-Dehngrenze	N/mm^2	510	1210	450
0,2% -Dehngrenze	N/mm^2	1160	1500	950
Gleichmaßdehnung	‰	21,5	42,5	31
Bruchdehnung	‰	65	75	86
Elastizitätsmodul	N/mm^2	195000	203000	174000
Querdehnzahl	-/-	0,285	0,285	0,32
linearer Temp.-Ausdehn.-Koeffizient	10^{-6}/°K	12,0	12,0	16,5

Atome relativ frei beweglich. Bei normalen Abkühlgeschwindigkeiten und Druckverhältnissen steigt die Zähigkeit der abkühlenden Schmelze so stark an, so daß sich bei Raumtemperatur ein amorpher Zustand (erkaltete Flüssigkeit) ausbildet (Bild A.1.2-1). Es erfolgt gleichzeitig eine starke Schrumpfung. Bild A.1.2-1 zeigt eine zweidimensionale Darstellung des räumlichen Netzwerkes eines Sodium-Silicat-Glases. Für technische Gläser werden dem reinen Silicat-Glas (SiO$_2$) Oxide von Kalcium, Bor, Sodium, Eisen oder Aluminium zugegeben.

Tabelle A.1.2-1 zeigt die chemische Zusammensetzung der für hochfeste Glasfasern üblichen Glasarten. Das sogenannte E-Glas hat bisher in der Anwendung als Grundstoff für Zugglieder die größte Bedeutung erlangt. In DIN 1259 und DIN 61853 wird dieses sogenannte „alkalifreie" Glas als ein Aluminium-Bor-Silicat-Faserglas verstanden. Der Gehalt der Alkalioxide K$_2$O und Na$_2$O wird auf max. 0.8% begrenzt, um in alkalischer Umgebung, z.B. im Beton oder Einpreßmörtel, keine Festigkeitseinbußen zu erfahren /Hull, 1981/.

Die Festigkeit und Elastizität des Glases wird von der starken Atombindung bestimmt. Im Gegensatz zu den gerichteten Kettenmolekülen der Polymere besitzen Glasfasern isotrope Eigenschaften /Hull, 1981/. Die hochfesten Glasfasern werden aus geschmolzenem Glas bei ca.1200 - 1400 °C in einem schnellen kontinuierlichen Ziehprozeß zu endlos langen und extrem dünnen Glasfäden ausgezogen. Die Glasfilamente besitzen einen Durchmesser von ca. 11μm. Die Fasern sind äußerst spröde und empfindlich gegen mechanische Beschädigungen ihrer Oberfläche. Während des Ziehprozesses wird daher eine Beschichtung aus einem Polymer aufgebracht und die Fasern zu Bündeln aus ca. 240 Filamenten zusammengefaßt.

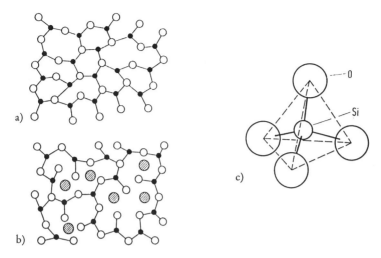

Bild A.1.2-1 Der molekulare Aufbau von a) reinem kristallinen Quarzglas und b) von amorphem technischen Glas mit eingelagerten Oxiden. Hier zweidimensionale Darstellung der räumlichen Netzstruktur; c) die tetraedrische Struktur von Quarz (SiO_2) /Gabriel, 1991/

Tabelle A.1.2-1 Die chemische Zusammensetzung der wichtigsten technischen Gläser, die für hochfeste Glasfasern benutzt werden /Hull, 1981/

aus: Hull	E-Glas (Gew-%)	C-Glas (Gew-%)	S-Glas (Gew-%)
SiO_2	52.4	64.4	64.4
Al_2O_3, Fe_2O_3	14.4	4.1	25.0
CaO	17.2	13.4	--
MgO	4.6	3.3	10.3
Na_2O, K_2O	0.8	9.6	0.3
Ba_2O_3	10.6	4.7	--
BaO	--	0.9	--

Dies bietet Schutz, eine bessere Handhabbarkeit und eine gute Haftung der Fasern untereinander /Hull, 1981, Hollaway, 1990/. Bei der Herstellung der hochfesten Glasfasern wird die starke Schrumpfung der Glasschmelze während ihrer Abkühlung ausgenutzt. Noch im Ziehprozeß werden die ausgezogenen Fasern an ihrer Oberfläche extrem stark abgeschreckt. Die Glasfilamente kühlen von ca. 1200 °C in nur ca 10^{-5} sec auf Raumtemperatur ab. Infolge der ungleichmäßigen Temperaturverteilung über ihren Querschnitt verbleiben nach vollständiger Abkühlung auf der Oberfläche Druckspannungen, – sie sind damit vorgespannt –, welche die weitere Erhöhung der Festigkeit der Glasfasern bewirken /Gabriel, 1991/. Die extrem hohe Festigkeit der Fasern ist daher nur aufgrund ausreichend dünner Querschnitte und extremer Abkühlung aus der Schmelze möglich.

A.1.3 Die „Aramid"-Faser

Die Aramidfaser ist eine organische Chemiefaser, die lange gerade Molekülketten bildet. Aufgebaut wird sie aus den Monomeren Para-Phenylen-Diamin und Terephthaloyl-Chlorid (Bild A.1.3-1). Die Faser besteht aus einer Vielzahl von Poly-(Para-Phenylen-Terephthalamid)-Molekülen und gehört somit zur Familie der aromatischen Polyamide. Die aromatischen Polyamide besitzen die von anderen Polymeren schon bekannten Kohlenstoff-Ringe, die eine starke Atombindung untereinander aufweisen. Im Gegensatz zu den Thermoplasten sind aber auch zwischen den Ringmolekülen und auch zwischen den parallelen Molekülketten starke Bindungskräfte wirksam, welche die hohe Festigkeit der Aramidfaser bewirken /Twaron, Hull, 1981/. Die starke Richtungsabhängigkeit der Makromoleküle infolge ihrer Kettenstruktur bedingt die anisotropen Eigenschaften die Faser /Hull, 1981/.

Bild A.1.3-1 a) chemische Strukturformel des Faserwerkstoffes Aramid, b) die Kettenmoleküle sind in hohem Maße orientiert und tragen so zur Festigkeit bei /Kevlar/

Die Fasern werden in einem Extrudier- und Spinnverfahren hergestellt und anschließend zur Erhöhung der Festigkeit nochmals gezogen bzw. gestreckt /Hull, 1981/. Die Einzelfasern haben einen runden Querschnitt und einen Durchmesser von ca. 12 μm /Kevlar/.

A.1.4 Die Kohlenstoffaser

Reiner Kohlenstoff, d.h. eine nur aus Kohlenstoffatomen zusammengesetzte Struktur, bildet ein tetragonales räumliches Kristallgitter mit hoher Festigkeit in allen Richtungen.

Es ist die Diamantstruktur (Bild A.1.4-1), die sich unter hohem Druck und hoher Temperatur bildet. Die Struktur des Graphits, wobei Ringmoleküle in ebenen Schichten angeordnet sind und nur mittels metallischer Bindung zwischen diesen Ebenen verbunden sind (Bild A.1.4-1) ist wesentlich weicher.

Anhang A *Übersicht der hochfesten Zugglieder, Faser- und Vergußwerkstoffe*

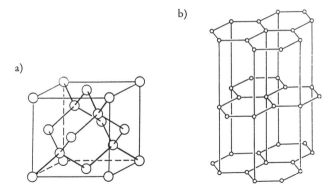

Bild A.1.4-1 a) die Diamantstruktur des Kohlenstoffs, b) die Graphitstruktur des Kohlenstoffs /Gabriel, 1990/

Wird aber die geschichtete Struktur des Graphits gestreckt, so daß die Graphitebenen in Belastungsrichtung der Fasern ausgerichtet werden, so kann die in dieser Richtung vorhandene hohe Bindungsenergie zwischen den Kohlenstoffringen genutzt werden, worin die hohe Festigkeit der Kohlenstoffasern begründet ist /Gabriel, 1991/. Die stark ausgerichtete Struktur bedeutet gleichzeitig eine starke Anisotropie der physikalischen und mechanischen Eigenschaften der Kohlenstoffasern. Abhängig von dem Grad der Ausrichtung der Molekularstruktur während ihrer Herstellung können Fasern mit hohem oder niedrigerem Zug-Elastizitätsmodul und Verformungsvermögen in Längsrichtung planmäßig hergestellt werden. Carbonfasern können in unterschiedlichen Herstellprozessen gefertigt werden, die in /Hull, 1981/ nachgelesen werden können. Die Fasern besitzen üblicherweise Durchmesser von 7.0 - 8.0 μm.

A.1.5 Die technischen Eigenschaften synthetischer Fasern

Tabelle A.1.5-1 zeigt einige Kennwerte der für die üblichen Zugglieder verwendeten nichtmetallischen Fasern, wie sie aus der Literatur und aus Herstellerangaben entnommen werden konnten. Die Zugfestigkeiten liegen mit Ausnahme der Polyesterfasern höher als die der metallischen Fasern.

Der Elastizitätsmodul für Zug-Beanspruchung in Faserrichtung (Längsrichtung) liegt nur für die Carbonfasern über dem Wert der metallischen Drähte. Abhängig von der Molekularstruktur der Aramid- bzw. der Carbonfasern infolge ihrer Herstellung, sind entweder eine hohe Zugfestigkeit (High Strength, HS) oder ein hoher Zug-Elastizitätsmodul (längs) (High Modulus, HM) planmäßig einstellbar. Kennzeichnend für die synthetischen Fasern ist der linear elastische Anstieg ihrer Arbeitslinien, die erst bei 80-95 % des Verformungsbereiches davon geringfügig abweichen (Bild A.1.5-1). Zum unmittelbaren Vergleich der Fasern untereinander sind die auf die spezifische Dichte bezogenen Kenngrößen von E-Modul und Zugfestigkeit aussagekräftig. Tabelle A.1.5-2 zeigt die Dichte, den spezifischen Längszug-Elastizitätsmodul und die spezifische Zugfestigkeit (Reißlänge) im Vergleich.

Tabelle A.1.5-1 Einige der Literatur entnommene mechanische und physikalische Kennwerte bei Raumtemperatur der hochfesten synthetischen Fasern. Im Herstellprozeß kann ein hoher E-Modul (High Modulus, HM) oder eine hohe Zugfestigkeit (High Strength, HS) eingestellt werden.

aus: 1) Rostasy, Hull 2) Gropper, Hull, Kevlar, Hollaway 3) Hollaway, Hull, CCFC 4) Gropper, Parafil		E-Glas- faser [1]	Aramid- faser [2]		Carbon- faser [3]		Polyester- faser [4]
			HM	HS	HM	HS	
Zugfestigkeit	N/mm^2	2500	2200 - 2800		2000 - 2800		1100
Bruchdehnung	‰	30	25 - 37		5 - 10		170
E-Modul (längs z. Faser)	x1000 N/mm^2	75	75 - 120		380 - 240		
Querkontraktionszahl	- / -	0,22	0,3		0,3		0,4
linearer Temperatur- Ausdehn.- Koeffizient (längs z. Faser)	$10^{-6}/°K$	5,0	-2,0		(-0.5) - (-1.2)		
linearer Temperatur- Ausdehn.- Koeffizient (quer z. Faser)	$10^{-6}/°K$	5,0	59.0		7.0 - 12.0		
Dichte	kg/m^3	2,5	1,45		1,95 - 1,75		1,38
kritische Temperatur	Celsius	350	500		1000		70

Tabelle A.1.5-2 Die auf ihre Dichte bezogenen Festigkeiten und E-Moduli liefern die „spezifischen" Kennwerte der Fasern

aus: Hull, 1981 Hollaway, 1990		Glasfaser	Aramid-Faser		Carbon-Faser		Seildraht
			HM	HS	HM	HS	
Dichte	kg/dm^3	2.5	1.45	1.45	1.95	1.75	7.85
spezifische Zugfestigkeit (Reißlänge)	GNm^{-2}/ kgm^{-3} (= 10^2 km)	1.0	1.93	1.93	1.03	1.6	0.22
spezifischer E-modul (Zug)	GNm^{-2}/ kgm^{-3} (= 10^2 km)	30	83	52	195	137	26

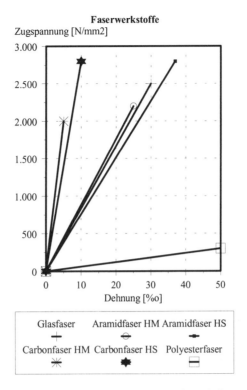

Bild A.1.5-1 Schematische Darstellung der Arbeitslinien der in Tabelle A.1.5-1 angegebenen hochfesten synthetischen Fasern

A.2 Die „Faserverbund-Stäbe"

A.2.1 Faserverbundstäbe aus Glasfasern

Die Knotenfestigkeit ist ein Maß für die Querdruck- und Biegebeanspruchbarkeit von Fasern und zeigt, daß der Glaswerkstoff sehr empfindlich reagiert. Oberflächenfehler und Mikrorisse lösen ein frühzeitiges schlagartiges unangekündigtes Versagen aus /Hull, 1981, Gabriel, 1991/. Die Fasern müssen daher zu sogenannten „Glasfaser-Verbundstäben" zusammengefaßt werden. Hierbei ist eine große Anzahl von Glasfasern vollständig in einer Kunststoffmatrix eingebettet. Sie sind in Längsrichtung parallel angeordnet und über den Querschnitt des Verbundstabes relativ gleichmäßig verteilt (Bild A.2.1-1).

Nach Faoro /Faoro, 1988/ sind in einem Glasfaser-Verbundstab mit 7.5 mm Durchmesser insgesamt ca. 64000 Einzelglasfasern mit jeweils einem Durchmesser von ca. 25 μm enthalten. Jeder Stab ist dabei aus 32 „strands" mit jeweils 2000 Fasern zusammengesetzt /Sippel, 1988/. Der Glasfaseranteil des Verbundstab-Querschnitts liegt bei den heute angebotenen Glasfaser-Verbundstäben bei ca. 60-68 Vol-% (Tabellen A.2.1-1 und A.2.4-1) /Faoro, 1988, Jitec, Hollaway, 1990/. Um eine möglichst dichte Packung der Glasfasern und eine i.d.R.

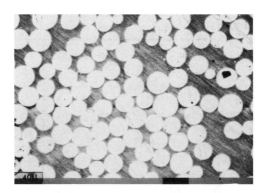

Bild A.2.1-1 Die Verteilung der Glasfasern über den Verbundquerschnitt eines 7.5 mm dicken Glasfaser-Verbundstabes /Faoro, 1988/

kreisrunde Querschnittsgeometrie zu erreichen, sind die Stäbe zusätzlich mit einem Kunststoffgarn, das ebenfalls in der Matrix eingebettet wird, spiralförmig umwickelt. Als Matrixmaterial können sowohl Epoxid-Harze (EP-Harze) als auch ungesättigte Polyesterharze (UP-Harze) verwendet werden (Jitec, Rostasy, 1990, Kepp, 1985, Faoro, 1988/. Das Verhalten unter dynamischer Belastung wird von dem Matrixwerkstoff beeinflußt. Mit Epoxidharz ist eine höhere Dauerschwellfestigkeit erreichbar /Rostasy, 1990/. Der den Verbundstab begrenzende Matrixwerkstoff bildet eine äußere Schicht mit bis ca. 0,5 mm Dicke. Somit kann er seine Funktion als Schutz der Fasern gegen mechanische Beanspruchung, gegen Abrasion und gegen Korrosion erfüllen /Rostasy, 1990, Rehm u. Schlottke, 1987/. Die Oberflächeneigenschaften der Verbundstäbe werden also von dem Matrixmaterial bestimmt. Ist eine Profilierung der Oberfläche erwünscht, kann dies mittels Eindrückungen in die noch nicht vollständig erhärtete Kunststoffoberfläche erfolgen (Profilierungstiefe +/- 1.0 mm) oder indem synthetische Fasern um den Stab gewunden werden und somit eine spiralförmige Profilierung bewirken /Jitec, Faoro, 1988/. Es werden Verbundstäbe aus Glasfasern von ca 1.0 mm bis ca. 35.0 mm im Durchmesser angeboten /Jitec/. Die Querschnittsgeometrie ist für Glasfaserverbundstäbe in der Regel kreisförmig.

A.2.2 Faserverbundstäbe aus Kohlenstoffasern

Carbonfasern sind wie Glasfasern äußerst spröde und empfindlich gegen mechanische Beanspruchungen. Sie müssen daher ebenfalls mit einem Epoxid-Harz oder einem ungesättigten Polyester-Harz getränkt und in paralleler Anordnung als Verbundstab zusammengefaßt werden. Eine geflochtene bzw. gewickelte Umhüllung eines Polyestergarns ermöglicht hier ebenfalls eine hohe Packungsdichte mit einem Kohlenstoffasergehalt bis ca. 70 Vol-% (Tabellen A.2.1-1 und A.2.4-1). Zusätzlich dient sie als Schutz gegen Abrieb und zur Profilierung der Oberfläche /Jitec/. Carbon-Verbundstäbe werden mit Durchmessern von 1.0 bis 25.0 mm angeboten. Bei dünnen Stäben, bis ca. 5.0 mm, werden fast ausschließlich Epoxidharze als Matrixwerkstoff verwendet /Toho, Hollaway, 1990/.

Tabelle A.2.1-1 Mechanische und physikalische Kennwerte einiger Faser-Verbundstäbe, wie sie der Literatur entnommen werden konnten.

aus: /Hollaway, 1990/		Glas- Epoxy	Aramid- Epoxy	Carbon- Epoxy
Faservolumenanteil	Vol-%	60	70	70
Längs-Zugfestigkeit	N/mm²	700	1400	1500
Quer-Druckfestigkeit	N/mm²	30	12	40
Bruchdehnung	‰	32	25	14
Längs - E-Modul	N/mm²	42 000	76 000	180 000
Quer - E-Modul	N/mm²	12 000	8 000	10 000
Schub-Modul	N/mm²	5 000	3 000	7 000
Querdehnzahl	- / -	0.3	0.34	0.28
linearer Temperatur-Ausdehn.- Koeffizient	10^{-6}/°K	7.0	?	0
Dichte	kg/dm³	2,1	1.09	1.57

A.2.3 Faserverbundstäbe aus Aramidfasern

Die hochfesten Aramidfasern bedürfen keines derart extremen Schutzes, wie dies für Glas- oder Carbonfasern notwendig ist. Sie können in wesentlich stärkerem Maße gebogen werden. Für den Einsatz als vorgespannte und nicht vorgespannte Zugglieder im Stahl- und Spannbetonbau ist es aber sinnvoll, sie ebenfalls zu Verbundstäben zusammenzufassen. Sie werden dazu mit einem Epoxidharz imprägniert und in dichter paralleler Anordnung vollständig in dieser Matrix eingebettet /Reinhardt, 1990, Arapree/. Abhängig von der Packungsdichte der Fasern sind im Querschnitt des Verbundstabes ca. 45 - 70 Vol-% Faseranteil enthalten (Tabellen A.2.1-1 und A.2.4-1) /Arapree, Hollaway, 1990/. Für einen Faseranteil von ca. 45 Vol-% werden im Querschnitt ca. 400000 vorhandene Aramid-Filamente mit jeweils ca. 12 μm Durchmesser angegeben /Arapree/. Der Querschnitt der Verbundstäbe wird sowohl als Rechteck als auch in Kreisform ausgebildet. Die Oberfläche, deren Eigenschaften wiederum von der Epoxidharzmatrix bestimmt werden, wird zur Verbesserung der Verbundfestigkeit mit dem Beton oder Verpreßmörtel nachträglich profiliert oder gesandet /Arapree/.

A.2.4 Vergleich der Faserverbundstäbe untereinander und mit den Stahldrähten

Die Festigkeiten der angesprochenen Faser-Verbundstäbe in den Tabellen A.2.1-1 und A.2.4-1 sind in erster Linie abhängig von dem vorhandenen Faseranteil, der während der Herstellung eingestellt werden kann. Aus der Literatur ist zu entnehmen, daß zur Zeit ein Faseranteil von ca. 70 Vol-% maximal erreicht werden kann. Aufgrund der parallelen gerichteten Anordnung der Fasern im Verbundstab ergibt sich eine starke Richtungsabhängigkeit des mechanischen Verhaltens. Die Faserverbundstäbe werden als sogenannnte „unidirektionale Komposite" verstanden, deren Eigenschaften sich aus den mechanischen und physikalischen Kennwerten der Einzelkomponenten und der geometrischen Anordnung der Fasern ergeben (vgl. Kapitel 5). Die starke Anisotropie der Verbundstäbe wird in Tabelle A.2.4-1 an den Festigkeiten und Elastizitätsmoduli in Längs- bzw. Querrichtung, dh. parallel bzw. orthogonal zur Faserrichtung, deutlich. Bei Beanspruchung der Verbundstäbe in Faserrichtung sind im wesentlichen die Eigenschaften der Fasern maßgebend (vgl. Kapitel 5). Bild A.2.4-1 zeigt dementsprechend nahezu linear elastische Arbeitslinien für die Faser-Verbundstäbe. Der plastische Verformungsbereich ist äußerst gering, so daß er in der Darstellung nicht berücksichtigt wurde. Die Festigkeiten liegen unter denen der einzelnen Fasern, die Dehnungen sind geringfügig größer.

Tabelle A.2.4-1 Mechanische und physikalische Kennwerte einiger Faser-Verbundstäbe mit zusätzlichen Angaben der anisotropen Eigenschaften /Hollaway, 1990/

aus: 1) Miesseler, Sippel 2) Reinhardt, Akzo 3) Rostasy 4) Bayer		**Glas-Epoxy** „Polystal" [1]	**Aramid-Epoxy** „Arapree" [2]	**Carbon-Epoxy**	
				„Carbon HS" [3]	„CCFC" [4]
Faservolumenanteil	Vol-%	68	35-45	71	60
Längs-Zugfestigkeit	N/mm^2	1670	1500	1480	2100
Bruchdehnung	‰	33	23	11	15
Längs- E-Modul	N/mm^2	52 000	?	136 000	138 000
Querdehnzahl	- / -	0,28	0,38	?	?
linearer Temp.-Ausdehn.- Koeff.	10^{-6}/°K	7,0	?	?	~ 0,6
Dichte	kg/dm^3	2,1	1,25	1,57	1,57

Für den Einsatz als „Faser-Elemente" für größere Zuggliedeinheiten müssen die Verbundstäbe mit den in Tabelle A.1.1-1 angegebenen Stahldrähten verglichen werden. Der hohe Elastizitätsmodul der metallischen Fasern wird von keinem Verbundwerkstoff erreicht. Der linear elastische Lastaufgang der Verbundstäbe ist aber entscheidend größer, die Bruchdehnung dafür wesentlich geringer. Es gibt keinen Verfestigungsbereich. Aufgrund der starken Anisotropie der Verbundstäbe und auch der Fasern (mit Ausnahme der Glasfasern) ist die Querdruckempfindlichkeit wesentlich höher als bei den Drähten. Werden im Vergleich die spezifischen Kennwerte von E-Moduli bzw. Zugfestigkeiten ermittelt (Tabelle A.1.5-2), bleibt bei Zugbeanspruchung in Faserrichtung der Vorteil der Verbundstäbe erhalten, in Querrichtung sind die quasi-isotropen Drähte im Vorteil. Die Temperaturempfindlichkeit richtet sich im wesentlichen nach dem verwendeten Matrixwerkstoff und ist je nach Einsatzgebiet kritisch zu betrachten. Die hier angegebenen Werte beziehen sich auf die Eigenschaften bei Raumtemperatur.

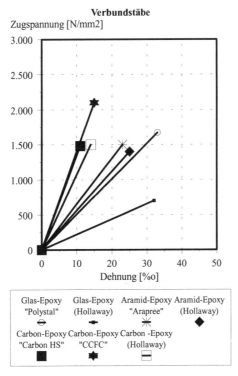

Bild A.2.4-1 Arbeitslinien der in den Tabellen A.2.1-1 und A.2.4-1 angegebenen Faser-Verbundstäbe. Man beachte die in den Tabellen genannten Faservolumengehalte.

A.3 Seil- und Bündelkonstruktionen aus hochfesten Elementen

Bild A.3-1 zeigt eine von der DIN 3051 abweichende Einteilung der Konstruktionstypen für hochfeste metallische Zugglieder. Dort wird aufgrund der geometrischen Faseranordnung im Zuggliedverband eine für alle Faserwerkstoffe gültige Einteilung vorgenommen.

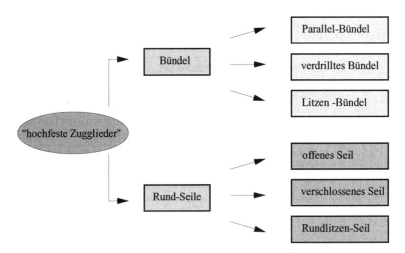

Bild A.3-1 Einordnung der im Bauwesen üblichen Zugglied-Konstruktionen aufgrund der geometrischen Anordnung der Fasern im Zugglied. Diese Einteilung gilt für metallische wie auch für synthetische Faserwerkstoffe.

Berücksichtigt sind ferner nur die bislang im Bauwesen üblichen Konstruktionstypen. Kabelschlagseile, Formlitzenseile bzw. Flechtseile sollen hier nicht betrachtet werden. Für eine weitere Unterteilung der metallischen Zugglieder wird auf die DIN 3051 verwiesen.

Liegen die hochfesten „Faser-Elemente" in dichter Packung und paralleler Anordnung, werden sie als „Parallel-Bündel" bezeichnet. Ein Auflösen des Verbandes, insbesondere bei der Umlenkung, kann verhindert werden, indem das Bündel leicht verdrillt wird. Die Schlaglänge wird dabei groß genug gewählt, damit die Steifigkeit des Bündels annähernd der Fasersteifigkeit entspricht. Werden mehrere verseilte Zugglieder, z.B. 7drähtige Litzen oder Spiralseile in paralleler Anordnung gebündelt, so werden diese als „Litzen-" bzw. „Seil-Bündel" bezeichnet. Die meisten der hochfesten Fasertypen können mit kleiner Schlaglänge, d.h. großem Verseilwinkel, verseilt werden. Die Gesamtsteifigkeit des Spiralseiles nimmt aufgrund dieser Geometrie entsprechend ab /Gabriel, 1992/. Metallische Fasern, als Drähte bezeichnet, können mit einer Querschnittsform hergestellt werden, die mit den benachbart liegenden Drähten in der Weise zusammenpassen, daß eine geschlossene Oberfläche des Zuggliedes, des sogenannten „verschlossenen Spiralseiles", gebildet wird. Sind Litzen miteinander verseilt, wird die Konstruktion als „Rundlitzen-Seil" bezeichnet (Bild A.3-1).

A.3.1 Seile und Bündel aus Metallfasern

Die metallische Faser ist seit Beginn der Entwicklung der Drahtbündel in der ersten Hälfte des vorigen Jahrhunderts die traditionell älteste industriell gefertigte hochfeste Zugfaser (vgl. Kapitel 2). Dementsprechend ist die Vielfalt an Seilkonstruktionsarten aus Drähten mittlerweile sehr groß /DIN 3051/. So werden in Seilen nicht nur Rund- und Profildrähte gleichzeitig im Zugglied eingesetzt, sondern auch Drähte mit unterschiedlichem Durchmesser dort verwendet, um u.a. eine möglichst hohe Packungsdichte zu erreichen. Um die Verformungsfähigkeit, die Abriebfestigkeit, die Lebensdauer und die Handhabung zu verbessern, werden bei den „laufenden Seilen" in der Fördertechnik Schmiermittel und synthetische Fasereinlagen in die Drahtzwischenräume bzw. als Kernfaser eingebracht. Soll die Längszug-Steifigkeit der Zugglieder erhöht werden, wie dies im Bauwesen i.d.R. anzustreben ist, werden als Kerndraht ausschließlich Stahldrähte bzw. Stahllitzen zugelassen und möglichst dicke Drähte verwendet /Gabriel, 1991, Feyrer, 1989, 1990/. Die Drähte werden im Verseilvorgang plastisch verformt und überkreuzen (Ausnahme: Parallelverseilung) die Drähte der benachbarten Drahtlagen. In verdrillten Drahtbündeln werden die meist dicken (4.0-7.0 mm) Drähte mit großer Schlaglänge gelegt, so daß nur elastische Drahtverformungen auftreten /Gabriel, 1982, Feyrer, 1990/. Aufgrund der spiralförmigen Geometrie, der Drahtzwischenräume und der Querdruckbeanspruchung der verseilten Drähte, nimmt die Steifigkeit der Seile mit geringer werdender Schlaglänge ab. Die wirkliche Bruchfestigkeit der Seile wird ebenfalls aufgrund der gegenseitigen Beanspruchung der Drähte, infolge Reibung und Querdruck, vermindert /Arend, 1993/. Die Tabellen A.3.1-1 und A.3.1-2 geben für Seile und Bündel jeweils die

Tabelle A.3.1-1 Kenndaten für Bündelkonstruktionen hochfester Zugglieder aus metallischen und nicht-metallischen Fasern

aus: 1) Parafil 2) DIN 18800, Gabriel,1990		Aramidfaser-Bündel[1]		Polyesterfaser-Bündel[1]	Stahldraht-Bündel[2]	
		aus: Kevl.29	aus: Kevl.49	aus: Terylene	aus Seildrähten	7-dräht. Litzen
Faservolumen-anteil	Vol-%	70	70	70	75 - 78	0,75
Verseilverlust (Verankerungs-faktor)	- / -	0.70 (0.90)	0.70 (0.90)	? (0.90)	1,00 (1,00)	1,00 (0,9 - 1)
Längs-E-Modul	N/mm^2	77 700	126 000	12 000	200 000	174 000
Bruchdehnung	‰	24	17	57	?	?
linearer Temperatur-Ausdehn.-Koeffizient	10^{-6} /°K	?	?	?	12.0	12.0

Tabelle A.3.1-2 Kenndaten für verseilte Zugglieder aus hochfesten Fasern bzw. Verbundstäben

aus: 1) Twaron, Epi 2) CCFC 3) DIN 18 800, Gabriel,1991		**Aramid-Seile**[1] aus: verdrillten Faserbündeln	**Carbon-Verbund Litzen**[2] aus: verseilten Verbundstäben	**Stahl-Seile**[3]		
				offene aus: Runddrähten	**vollverschlossene** aus: Profildrähten	**Rundlitzen** aus: Litzen
Faseranteil	Vol-%	?	89	75 - 77	81 - 86	55
Verseilverlust	- / -	0.4-0.67	0.73	0,87-0,90	0,92	0,7 - 0,84
Verankerungsfaktor	- / -	0.90 (Dorn)	?	1,00 (Verguß)	1,00 (Verguß)	1,00 (Verguß)
E-Modul (längs z. Faser)	N/mm^2	?	137 000	150 000	160 000	90 000 - 120 000
Bruchdehnung	‰	28 - 18	?	?	?	?
linearer Temp.-Ausdehn.-Koeffizient	10^{-6}/°K	?	0.60	12.0	12.0	12.0

Rechenwerte für den Elastizitätsmodul unter Zugbeanspruchung nach den geltenden DIN-Normen an /DIN 18800, Gabriel, 1991/. Die Paralleldrahtbündel besitzen aus den genannten Gründen demnach den E-Modul der Drähte. Der Faktor für den Verseilverlust gibt die Minderung der Seilbruchlast gegenüber derjenigen mit nicht verseilten Drähten an. Die Verankerung der Drahtseile und Drahtbündel mittels Verguß in einer Seilhülse mit konischem Vergußraum ist die einzige Möglichkeit, 100% der Seilbruchlast zu verankern.

Zusätzlich zum „Verfüllmittel" der Seile und Bündel werden im Bauwesen zum Korrosionsschutz nur feuerverzinkte Stahldrähte zugelassen. Diese Schicht darf „schlußverzinkt" oder „verzinkt gezogen" aufgebracht werden.

A.3.2 Seile und Bündel aus nicht-metallischen Fasern

Für die Verwendung von weniger hoch beanspruchten Seilen oder Tauen können Polyester- und Polyamidfasern geflochten bzw. verseilt werden. Die von dem englischen Hersteller ICI (Imperial Chemical Industries) angebotenen „Parafil"-Zugglieder aus Polyester oder Aramidfasern für höchste Zugbelastungen werden nur als Bündel, also aus parallel gelegten Fasern gefertigt, die zum Schutz vor UV-Strahlung und mechanischer Beschädigung von einem dicken flexiblen Kunststoffrohr umhüllt werden. Der verbleibende Zwischenraum zwischen

Anhang A   Übersicht der hochfesten Zugglieder, Faser- und Vergußwerkstoffe   207

den lose nebeneinander gelegten parallelen Fasern beträgt ca. 25-30 Vol-% des Zuggliedes. Aus den Herstellerangaben der angebotenen Zugglieder wurden die Werte für den Faservolumengehalt errechnet und in Tabellen A.3.1-1 und A.3.1-2 angegeben. Die auftretenden Reibbeanspruchungen zwischen den Fasern, die Streuung der Faserfestigkeiten und die Querdruckbeanspruchungen führen im Zugversuch zu einem gegenüber der aus dem Faseranteil errechneten Bruchlast verminderten Wert (Bild A.3.2-1). Wird der Verankerungsverlust der üblicherweise verwendeten Dorn-Verankerung mit ca. 10 % der rechnerischen Bruchlast angesetzt /Twaron/, ergibt sich eine weitere Verringerung der Traglast.

Aramidfasern werden sowohl als Bündel als auch zu verseilten Zuggliedern zusammengefaßt. Die Faserseile sind aus mehreren kleinen Faserbündeln aufgebaut, die miteinander zur Litze verseilt werden /Twaron/. Dabei wird eine große Schlaglänge der Faserbündel mit Werten zwischen 8 und 15 gewählt /Twaron/. Der Elastizitätsmodul sinkt infolge der Verseilung. Die Verankerung wird für kleinere Zugglieder mittels Dorn-Verankerung, für größere Einheiten mittels Kunststoffverguß in einer konischen Hülse ausgeführt (Bild 4.2.1-2) /Twaron/. Eine Umhüllung durch ein Kunststoffrohr oder eine Ummantelung mit Polyesterfasern wird vorgesehen, um den relativ losen Verband zusammenzuhalten und die Handhabung zu verbessern. In dieser Form werden Zugglieder von 10 mm bis 60 mm Durchmesser angeboten /Twaron, Epi/.

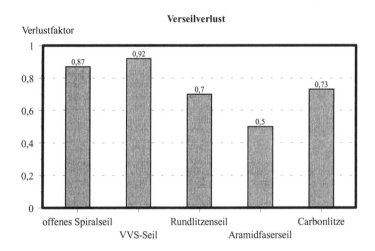

Bild A.3.2-1 Der Verseilverlust einiger Zuggliedtypen im Vergleich

Bild A.3.2-1 zeigt den Verseilverlust einiger Zuggliedtypen im Vergleich. Man erkennt, daß das Polyamidseil infolge seines losen Verbundes einen sehr hohen Verlust aufweist, während die Werte der Litze aus Verbundstäben fast an die metallischen Seilkonstruktionen heranreichen.

A.3.3 Bündel und Litzen aus Faserverbundstäben

Faserverbundstäbe mit Glasfasern oder Aramidfasern werden zur Zeit ausschließlich (vorwiegend im Bauwesen) zu parallelen Bündeln zusammengefaßt. Sie werden für Spannglieder im Spannbetonbau parallel liegend in Hüllrohren verlegt und dort mit Injektionsmörteln verpreßt /Jitec, Arapree/. Die Gesamttraglast ergibt sich dann aus der Addition der Festigkeiten der Einzelstäbe, da keine gegenseitige traglastmindernde Beeinflussung der Verbundstäbe stattfindet.

Kohlenstoffaser-Verbundstäbe können zu Litzen verseilt werden /Toho, Zoch, 1991/. Dabei werden Litzen aus 7, 19 und 37 Verbundstäben gebildet, die unter sorgfältiger Einhaltung ihrer Schlaglänge in Parallelverseilung verseilt werden. Die Verbundstäbe haben Durchmesser von ca. 4,2 mm, die Litzen Durchmesser bis 40 mm. In Litzenkonstruktion vermindert sich infolge der Parallelverseilung der Zug-Elastizitätsmodul gegenüber den einzelnen Verbundstäben (vgl. Tabellen A.3.1-2 und A.2.4-1). Der Verseilverlust beträgt ca. 27 %. Bild A.3.3-1 zeigt eine von /Zoch, 1991/ angegebene Arbeitslinie einer Kohlenstoffaser-Verbundlitze im Vergleich mit einer Spannstahllitze.

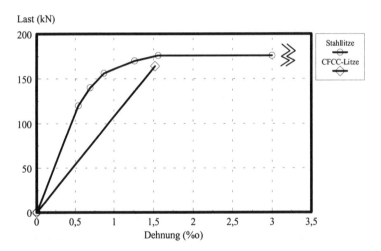

Bild A.3.3-1 Arbeitslinien einer Kohlenstoffaser-Verbundlitze im Vergleich zu einer Stahllitze /Zoch, 1991/

A.4 Die heute verwendeten Vergußwerkstoffe

A.4.1 Metallische Vergußwerkstoffe

Die metallischen Vergußwerkstoffe sollten ein ausreichendes Formfüllungsvermögen besitzen, um auch die kleinsten Drahtzwischenräume des Seilbesens vollständig ausfüllen zu können (vgl. Kapitel 4.) /Schleicher, 1949, Gabriel, 1990/. Die Gießtemperaturen sollten dabei möglichst niedrig sein, da lang andauernde hohe Temperaturen die Festigkeit, insbesondere

Anhang A Übersicht der hochfesten Zugglieder, Faser- und Vergußwerkstoffe

Tabelle A.4.1-1 Einige mechanische Kennwerte der gebräuchlichen Vergußwerkstoffe bei Druckbeanspruchung und Raumtemperatur /Gabriel, 1990, Schumann, 1984/

aus: Gabriel, 1990 Gropper, 1987		**Blei- Legierung** VgPbSn10Sb10	**Zink- Legierung** GbZn Al6Cu1	**Feinzink** Zn 99,99	**Lager- Legierung** SnSb12Cu6
Druckfestigkeit	N/mm^2	150	790	320	190
0,2%-Stauchgrenze	N/mm^2	37	130	20	60
2,0%-Stauchgrenze	N/mm^2	80	230	40	87
Bruchstauchung	‰	400	500	?	462
Scherfestigkeit	N/mm^2	53	190	80	70
E-Modul (Druck)	N/mm^2	30 000	90 700	102 000	55 700
Querkontraktionszahl	- / -	0.40	0.27	0.27	0.3

von dünnen Drähten, abmindern /Gabriel, 1990, Hilgers, 1971/. Die sehr hohen Druckbeanspruchungen des Vergußkonus infolge der Keilwirkung müssen nicht nur kurzfristig, sondern auch über längere Zeit ohne wesentliche Kriecherscheinungen ertragen werden /Gabriel, 1990, Patzak u. Nürnberger, 1978/. Diese Forderungen werden im wesentlichen von Metallegierungen auf Blei-, Zinn- oder Zinkbasis erfüllt /Schumann, 1984/. In den Tabellen A.4.1-1 und A.4.1-2 sind in den DIN-Normen zugelassene metallische Vergußwerkstoffe mit einigen ihrer mechanischen Kennwerte angegeben /DIN 3092, Gabriel, 1990/.

Tabelle A.4.1-2 Einige mechanische Werte metallischer Vergußmaterialien unter Zugbeanspruchng /Gabriel, 1990/

aus: Gabriel, 1990		**Blei- Legierung** VgPbSn10Sb10	**Zink- Legierung** GbZn Al6Cu1	**Feinzink** Zn 99,99	**Lager- Legierung** SnSb12Cu
Zugfestigkeit	N/mm^2	75	180	35	90
0,2%-Dehngrenze	N/mm^2	40	150	30	60
Bruchdehnung	‰	30	15 - 30	8.0	30

In Bild A.4.1-1 ist die Abhängigkeit der Druck-Stauchungslinien von der Temperatur aufgetragen /Schumann, 1984/. Die beträchtlichen Unterschiede des Last-Verformungsverhaltens der metallischen Vergußwerkstoffe werden sichtbar. Für die Zinklegierung (ZnAl6Cu1) und das Vergußmetall VG3 (VgPbSn10Sb10) ist deren ausgeprägtes Verfestigungsverhalten im plastischen Verformungsbereich erkennbar. Die wesentlich niedrigeren Festigkeiten unter einer Zugbeanspruchung zeigt Tabelle A.4.1-2.

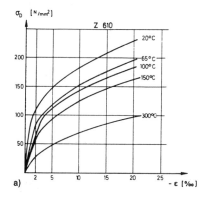
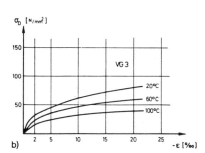

Bild A.4.1-1 Druck-Stauchungslinien zweier üblicher Vergußmetalle (vgl. Tabelle A.4.1-1) /Schumann, 1984/

Im Vergußkonus geschieht die Kraftausleitung aus den metallischen Fasern über Haftverbund und Reibung. Die blanken Drähte des Seilbesens müssen daher verzinnt werden, bevor der Verguß mit einer Blei-Zinn-Legierung erfolgen darf. Die Haftfestigkeit wird aufgrund der Lötverbindung an der Oberfläche stark erhöht. In einer Zinklegierung dürfen sowohl blanke als auch verzinkte Drähte direkt vergossen werden. Eine gründliche Reinigung des Seilbesens von Fett- und Schmiermittelrückständen sollte für alle Vergüsse vorgesehen werden /Beck, 1990, Gabriel, 1990/. Die Vergußmetalle zeigen eine starke Volumenverringerung während des Abkühlvorgangs aus der Schmelze (vgl. Kapitel 7). Tabelle A.4.1-3 zeigt einige physikalische Kenndaten der metallischen Vergußlegierungen.

Tabelle A.4.1-3 Einige physikalische Kennwerte der Vergußmetalle /Gabriel, 1990/

aus: Gabriel, 1990		**Blei-Legierung**	**Zink-Legierung**	**Feinzink**	**Lager-Legierung**
		VgPbSn10Sb10	Gb-Zn Al6Cu1	Zn 99,99	SnSb12Cu
linearer Temp.-Ausdehn.-Koeff.	$10^{-6}/°K$	25	29	39	22
lin.Schwindmaß	%	0.4 - 0.5	1.2	1.69	0.3 - 0.4
Schmelztemperatur	Celsius	242	380	419	400
Gießtemperatur	Celsius	320 - 350	440 - 460	480 - 500	440 - 460

A.4.2 Nicht-metallische Vergußwerkstoffe

Zur Verankerung von synthetischen Fasern, von Faserverbundstäben und auch metallischen Drahtseilen werden ungesättigte Polyester- oder Epoxid-Gießharze verwendet /Gropper, 1987, Gabriel, 1990, Beck, 1990/. Die Gießharze gehören zu der Gruppe der duromeren Kunststoffe /Gropper, 1987, Hull, 1981/. In ihrer chemischen Struktur bestehen sie aus langen Kettenmolekülen mit ihren starken Bindungskräften. Die Ketten sind untereinander wiederum verbunden, allerdings mit weniger starken Bindungen, so daß sie sogenannte „Molekülknäuel" bilden. Die mechanischen Eigenschaften sind von der Stärke der Bindungskräfte und der Länge der Kettenmoleküle abhängig. Der chemische Prozeß der Vernetzung, bei den Polyestern durch Polykondensation und bei den Epoxidharzen aufgrund Polyaddition, bestimmt daher z.B. die Festigkeit. Das starke Schwinden der Gießharze kann, insbesondere bei großen Gußstücken mit schlechter Wärmeableitung, große innere Schwindspannungen entstehen lassen. Die Erweichungstemperatur bedeutet eine Begrenzung des Einsatzbereiches der Kunststoffe. In Tabelle A.4.2-1 sind einige mechanische und physikalische Kennwerte von Polyester-und Epoxidharzen angegeben.

Die sehr große Bandbreite der infolge unterschiedlicher Mischungen von Harz und Härter planmäßig einstellbaren Werte wird deutlich. Epoxidharze besitzen i. d. R. eine höhere Festigkeit und Elastizität, geringere Temperaturempfindlichkeit und geringere Schwindwerte als ungesättigte Polyesterharze /Hull, 1981/. Duromere Kunststoffe werden in ihrem Verformungsverhalten als spröde Werkstoffe eingestuft. Bei mehraxialer Druckbeanspruchung sind sie

Tabelle A.4.2-1 Einige Kennwerte nicht gefüllter bzw. mit Füllern angereicherter Vergußwerkstoffe auf EP- oder UP-Basis.

aus: 1) Hollaway, Hull 2) Gropper		UP-Harz		EP-Harz	
		ohne Füller 1)	mit Füller 2)	ohne Füller 1)	mit Füller 2)
Partikelvolumenanteil	Vol-%	--	0.41	--	?
Druckfestigkeit	N/mm^2	100 - 250	123	100 - 200	150
Zugfestigkeit	N/mm^2	45 - 90	23	40 - 100	60
Bruchdehnung	‰	?	40	?	40
E-Modul	N/mm^2	2500 - 4000	12 000	3000 - 5500	17 000
Querkontraktionszahl	- / -	0.37 - 0.40	0.3	0.38 - 0.40	0.30
Dichte	g/cm^3	1.2 - 1.4	1.75	1.1 - 1.35	1.8
linearer Temp.-Ausdehn.-Koeffizient	10^{-6}/°K	100 - 120	70	45 - 65	40
Schwindmaß	Vol-%	5.0 - 8.0	1.5 - 2.5	1.0 - 2.0	?

aber im Gegensatz zur Zugbeanspruchung sehr duktil /Hull, 1981/. Mikrorisse in ihrem Innern und an ihrer Oberfläche führen im Zugversuch zu einem spröden Versagen, während unter zweiaxialer Druckbelastung Trennrisse weitgehend vermieden werden /Hull, 1981/.

Für synthetische Vergußwerkstoffe werden hohe Druckfestigkeiten, großes Verformungsvermögen und kleine Schwindmaße gefordert. Mittels „Füllstoffen" kann auf diese Eigenschaften Einfluß genommen werden. Gießharze werden mit quarzitischen Füllern, wie z.B. Gesteinsmehl oder feinstem Sand (Körner kleiner als 1.0 mm) in unterschiedlichen Gewichtsverhältnissen von Füller zu Harz modifiziert /Gropper, 1987, Rehm u. Franke, 1980/.

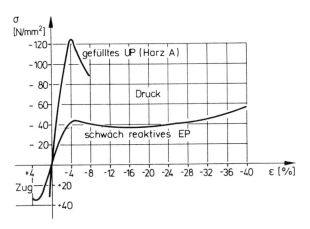

Bild A.4.2-1 Arbeitslinie zweier Gießharze. Das gefüllte UP-Harz reagiert spröde, während das EP-Harz einen ausgeprägten Fließbereich zeigt /Gropper, 1987/

Der Füllstoffanteil liegt je nach Dichte bei 40 bis 80 Vol-%. Bezeichnet werden sie dann als Kunststoffmörtel bzw. -betone. Alle Füllstoffkörner müssen dabei noch vollständig vom Harz benetzt sein. Die Vergußwerkstoffe sollen trotz des Füllstoffes ein gutes Formfüllungsvermögen zeigen. Der verwendete Füller beeinflußt das Verhalten unter Last. Während ein quarzsandgefülltes UP-Harz im Zylinderdruckversuch spröde abscherte, zeigte ein Harz mit Gesteinsmehl ausgeprägte Fließlinien (Bild A.4.2-1) /Gropper, 1987/.

In Tabelle A.4.2-1 sind zwei mit Quarzsand gefüllte Vergußmassen auf Basis eines UP-Harzes bzw. EP-Harzes mit ihren Eigenschaftskennwerten aufgenommen. Die Erhöhung des Elastizitätsmoduls und die Verringerung der Schwindwerte infolge des Fülleranteils sind am ausgeprägtesten. Die Kriecherscheinungen und Verfestigungen in Abhängigkeit von der Zeit, der Erhärtungstemperatur und anderen Parametern sind bei Kepp /Kepp, 1985/ bzw. Dreeßen /Dreeßen, 1988/ ausführlich beschrieben (Bild A.4.2-3). Weitere Untersuchungen über das Verhalten von Kunstharzmörteln sind ausführlich bei Rehm /Rehm u. Zeus, 1980/ zu finden.

Versuche von Gropper /Gropper, 1987/ haben gezeigt, daß ein Absinken der Füllstoffe, welches während der Aushärtung bis zum Gelierbeginn eintreten kann und eine ungleichmäßige Steifigkeit im Vergußkonus zur Folge hat, vermieden werden muß. Der dadurch steifer werdende untere Konusbereich wird somit allein für die Lastabtragung herangezogen, so daß die Querdruckbeanspruchung der Fasern erhöht wird und dies zu einem frühzeitigen Versagen führt.

Anhang A Übersicht der hochfesten Zugglieder, Faser- und Vergußwerkstoffe 213

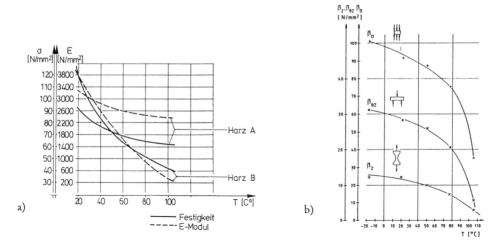

Bild A.4.2-3 Die starke Temperaturabhängigkeit von Kunstharzmörteln a) nach Gropper für unverfüllte Harze und b) nach Dreeßen für verfüllte Harze, also Mörtel

Für den Verguß von Verbundstäben aus Carbon- bzw. Aramidfasern sind in der Literatur nur spärliche Informationen zu finden. Es werden ebenfalls Gießharze auf Epoxid- und Polyesterbasis verwendet. Die Verwendung von Füllern ist wahrscheinlich.

Auch Stahldrähte können mit den angegebenen synthetischen Vergußwerkstoffen verankert werden. Mittels Füllstoffen werden genügend hohe Druckfestigkeiten erreicht. Vor dem Verguß müssen die Stahldrähte gereinigt werden, damit ein ausreichender Haftverbund zwischen Harz- und Drahtwerkstoff erzielt wird. Mit ansteigendem Fülleranteil fällt allerdings die Haftfestigkeit ab. Heute wird nur für relativ dünne Stahldrähte der Förderseile das in Tabelle A.4.2-1 angegebene EP-Harz in der Praxis verwendet.

A.4.3 Kombinationen von metallischen und synthetischen Werkstoffen für den Verguß

Die Vergußmasse besteht in diesen Fällen aus einem Gemisch eines „Bindemittels" und der Zugabe eines wesentlich härteren Zuschlags mit relativ großem Korndurchmesser, das als „Stützmaterial" wirken soll. Als Bindemittel kann z.B. ein heißaushärtendes Epoxidharz oder auch eine metallische Vergußlegierung, z.B. VG3 oder ZAMAK, verwendet werden /Zellner, 1975, Patzak u. Nürnberger, 1978/. Als Zuschlag sind Stahlkugeln mit Durchmessern in der Größenordnung von 1.0 bis 2.0 mm möglich. Die harten Zuschlagkörner sollen in ihrer dichtesten Packung liegen und haben die Aufgabe, die Drähte im konischen Vergußraum infolge der Klemmwirkung zu halten. Das Bindemittel soll lediglich das „Kugelgerüst" stabilisieren. Der Anteil des Zuschlages verringert die Schwindwerte des Matrixmaterials und setzt die Temperaturempfindlichkeit des Bindemittels herab. Die Kriechwerte und der Schlupf des Konus werden erheblich verringert /Patzak u. Nürnberger, 1978/. Die Haftfestigkeit der Grenzschicht zwischen Draht und Verguß wird durch die „Klebefähigkeit" des Kunststoffes bestimmt. Diese ist in der Regel als gering einzuschätzen. In Tabelle A.4.3-1 sind die in der Literatur angegebenen Eigenschaftswerte für zwei Vergußgemische angegeben.

Tabelle A.4.3-1 Einige mechanische und physikalische Kennwerte der Verguß-Gemische aus Bindemittel und hartem Stützmaterial /Andrä, 1969, Zellner,1975, Patzak u. Nürnberger, 1978/. In der Literatur sind leider nur spärliche Informationen über den ZAMAK-Stahlschrot vorhanden.

aus: Zellner, Andrä Patzak/Nürnberger		**Kugel-Kunststoff-Verguß**	**Zamak-Stahlschrot-Verguß**
Matrix-Anteil	Vol-%	27 - 33 (EP-Harz)	? (ZnAl6Cu1)
s.o	Gew-%	5.3 - 7.2	-
Stahlkugel-Anteil	Vol-%	55 (d = 1.25 - 2.0 mm)	ca. 50 (geschätzt) (d = 1.5 mm)
s.o	Gew-%	73.7 - 77.9	-
Schüttgewicht	kg/dm^3	4.6	5.4
Zinkstaub	Vol-%	18 - 12	kein
s.o	Gew-%	21 - 15.4	kein
Dichte der Vergußmasse	kg/m^3	5.8	?
Druckfestigkeit	N/mm^2	145	?

Anhang B Die Festigkeiten des unidirektionalen Komposits

Die mit Hilfe eines analytischen Berechnungsmodells erhaltenen Beanspruchungen einer Vergußverankerung müssen mit den ertragbaren bzw. zulässigen Spannungen und Dehnungen der Werkstoffe verglichen werden, um einen Versagenszustand zu erkennen bzw. eine Dimensionierung vornehmen zu können. Zur Anwendung der in Kapitel 8 angegebenen Versagenshypothesen ist die Kenntnis der eindimensionalen Festigkeiten des Komposits notwendig. Tabelle B-1 zeigt Festigkeitsangaben von unidirektionalen Kompositen und deren Werkstoffkomponenten, wie sie aus der Literatur entnommen werden können.

Tabelle B-1 Festigkeitswerte von unidirektionalen Verbundwerkstoffen, wie sie in der Literatur angegeben werden

	Quelle	V_f	Längs-Zug-festigkeit N/mm^2	Längs-Druck-festigkeit N/mm^2	Quer-Zug-festigkeit N/mm^2	Quer-Druck-festigkeit N/mm^2	Scher-festigkeit N/mm^2
Glasf.-UP	Hull	0.5	650-750	600-900	20-25	90-120	45-60
Glasf.-UP	Rehm/Franke	0.64	1400	?	17	135	35
Glasf.-UP	Schneider	0.7	1700	?	23	137	?
Glasf.-EP	Hollaway	0.60	700	?	30	?	72
Glasf.-EP	Schneider	0.65	?	?	40	150	61
Glasf.-EP	Rosen	0.6	1000	550	34	140	40
Kevlar49-EP	Hull	0.50	1100-1250	240-290	20-30	110-140	40-60
Kevlar49-EP	Rosen	0.6	1380	280	28	140	40
Aramidf.-EP	Hollaway	0.70	1400	?	12	?	34
Carbon I-EP	Hull	0.50	850-1100	700-900	35-40	130-190	60-75
Carbon-EP	Hollaway	0.70	1500	?	40	?	68
Graphite-EP T-300	Rosen	0.6	1240	830	45	140	62

In den meisten Literaturstellen sind jedoch nur lückenhafte Angaben gemacht. Insbesondere für die Kombination von Stahlfasern in Gießharzen und in metallischen Legierungen sind bislang keine Versuche zur Ermittlung der Festigkeiten des Gesamtkonus bekannt. Daher wird mittels theoretischer Beziehungen, die in der Literatur über synthetische Faserverbundstoffe zu finden sind, eine Abschätzung der Festigkeiten versucht. Insbesondere die Abhängigkeit der Festigkeiten von dem Faservolumengehalt ist dabei zu ermitteln.

B.1   Die betrachteten Faser-Verguß-Kombinationen

Analog den vorausgegangenen Kapiteln werden im folgenden beispielhaft ein metallischer und ein polymerer Verguß zur Verankerung von Stahldrähten und ein reiner Epoxidharzverguß zur Verankerung von Glasfasern betrachtet. Die mittels theoretischer Beziehungen aus den Festigkeiten der Fasern und der Vergußwerkstoffe ermittelten Komposit-Festigkeiten werden, soweit dies möglich ist, mit Versuchsergebnissen verglichen. In den Tabellen B.1-1 bis B.1-3 sind die aus der Literatur entnommenen Werkstoffangaben aufgeführt. Die Bilder B.1-1 bis B.1-6 zeigen beispielhaft Spannungs-Dehnungs-Diagramme der hier untersuchten Faser-Verguß-Systeme wie sie in der Literatur angegeben sind bzw. aus den angegebenen Kennwerten ermittelt werden können. Dabei sind die Werkstoffkennlinien vereinfacht dargestellt.

Tabelle B.1-1 Festigkeitswerte von „gefüllten" Kunstharzvergüssen zur Verankerung von hochfesten Drähten bzw. Faserverbundstäben wie sie aus der Literatur entnommen wurden

Harze mit quarzitischen Füllern	Quelle	V_P	Druck-festigkeit σ_D N/mm²	Zug-festigkeit σ_Z N/mm²	Scher-festigkeit τ_{12} N/mm²	σ_D/σ_Z
UP-Mörtel	Gropper	0.41	85	23	22	3.7
UP-Mörtel	Gropper	0.41	125	25	22	5.0
UP-Mörtel	Faoro	0.32	92	15	?	6.13
UP-Mörtel	Rehm/ Franke	0.77	90	8 - 17	?	9.0
EP-Mörtel	Dreeßen	?	94	12	?	7.83
EP-Mörtel	Gabriel	?	150	60	?	2.5
EP-Harz + Stahlkugeln	Zellner	?	145	?	?	?

Tabelle B.1-2 Festigkeitswerte von reinen Kunstharz-Vergußwerkstoffen wie sie in der Literatur angegeben sind

	Quelle	**Druck-festigkeit** σ_D N/mm²	**Zugfestigkeit** σ_Z N/mm²	**Scher-festigkeit** τ_{12} N/mm²	σ_D/σ_Z -/-
UP-Harz	W.Schneider	130	45	45	2.96
UP-Harz	Rehm/Franke	150 - 180	50 - 80	?	3.0 - 2.25
EP-Harz	W.Schneider	120	80	56	1.45
EP-Harz	W.Schneider	104	78	50	1.33

Tabelle B.1-3 Festigkeitswerte von metallischen Vergußwerkstoffen, die zur Verankerung von metallischen Drähten eingesetzt werden können, wie sie aus der Literatur entnommen wurden.

aus: Gabriel, 1990			Zamak	VG3	Feinzink	W80
Druckfestigkeit	σ_D	N/mm²	790	150	320	190
0,2%-Stauchgrenze	$\sigma_{D,0.2}$	N/mm²	130	37	20	60
Zugfestigkeit	σ_Z	N/mm²	180	74	36	90
0.2%-Dehngrenze	$\sigma_{Z,0.2}$	N/mm²	150	38	30	60
Scherfestigkeit	τ_{12}	N/mm²	194	53	76	72
$\sigma_{D,0.2}/\sigma_{Z,0.2}$		N/mm²	0.87	0.97	0.73	1.0

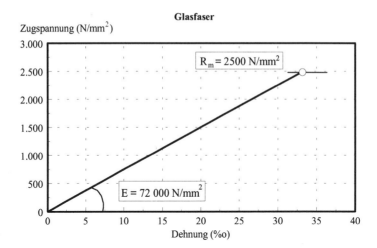

Bild B.1-1 Die linear-elastische Werkstoffkennlinie einer Glasfaser. Im oberen Spannungsbereich treten vernachlässigbare nicht-elastische Dehnungen auf.

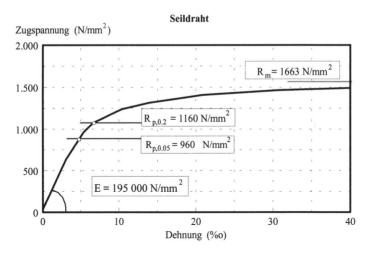

Bild B.1-2 Die Zugspannungs-Dehnungs-Linie eines Seildrahtes, wie er üblicherweise für Stahldrahtseile eingesetzt wird /Gabriel, 1990, 1982/

Anhang B   Die Festigkeiten des unidirektionalen Komposits   219

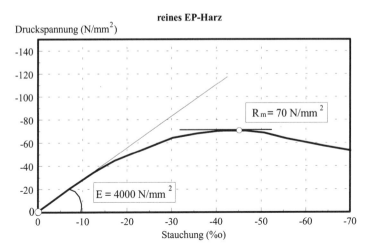

Bild B.1-3 Die vereinfachte Druckspannungs-Stauchungs-Linie eines reinen Epoxidharzes, wie sie in der Literatur angegeben wird. /Gropper, 1987/

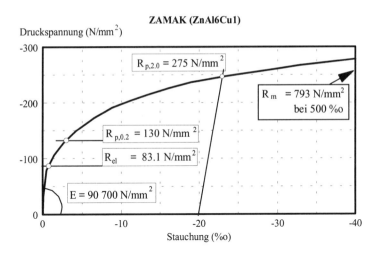

Bild B.1-4 Die Druckspannungs-Stauchungs-Linie einer Zinklegierung (ZnAl6Cu1), die heute als Vergußwerkstoff zur Verankerung hochfester Seile und Bündel eingesetzt wird /Gabriel, 1990, Patzak u. Nürnberger, 1978/

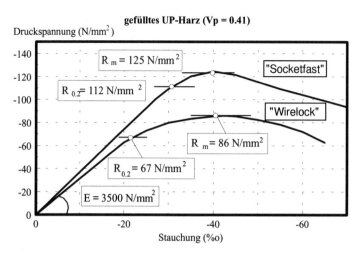

Bild B.1-5 Die Druckpannungs-Stauchungs-Linien von zwei ähnlichen mit quarzitischen Füllern angereicherten ($V_p = 0.41$) UP-Harzen, die zur Verankerung von dünndrähtigen metallischen Seilen in der Hebetechnik eingesetzt werden /Gropper, 1987/

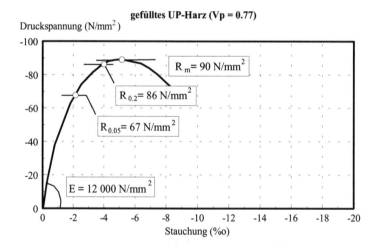

Bild B.1-6 Die Druckspannungs-Stauchungs-Linie eines mit quarzitischen Füllern hochgefüllten ($V_p = 0.77$) Kunstharzbetons /Rehm u. Franke, 1977, 1979/

B.2 Die Zugfestigkeit des Komposits in Faserrichtung

In Kapitel 5 wurde die Längssteifigkeit unter der Voraussetzung eines idealen Verbundes zwischen Fasern und Matrix ermittelt. Mit der „Mischungsregel" konnte sie sehr gut abgeschätzt werden. Es wurde demnach vorausgesetzt, daß die Dehnungen von Matrix und Fasern in der Grenzschicht identisch sind, also

$$\varepsilon_m = \varepsilon_f = \varepsilon_L \tag{B.2-1}$$

Mit der Bestimmungsgleichung (5.6.5.1-4) für den E_L-Modul parallel der Fasern kann mit Hilfe der Dehnungen in Faserrichtung für die Spannung des Komposits geschrieben werden /Hull, 1981/

$$\sigma_L = \sigma_f V_f + \sigma_m (1 - V_f) \tag{B.2-2}$$

Das Verhalten des Komposits hängt nun von der Größe seiner auftretenden Dehnungen relativ zu den Bruchdehnungen seiner Komponenten ab. Dabei kann für eine eindimensionale Zugbelastung und die hier betrachteten Werkstoffe folgender Fall untersucht werden /Hull, 1981/:

Es wird davon ausgegangen, daß die Bruchdehnung der Fasern $\varepsilon_{f,u}$ größer als diejenige des Matrixwerkstoffes $\varepsilon_{m,u}$ ist (Bild B.2-1).

$$\varepsilon_{f,u} > \varepsilon_{m,u} \tag{B.2-3}$$

Dies trifft i. d. R. für Glasfaser-Polyesterharz-Verbundsysteme zu. Für die in dieser Arbeit untersuchten Werkstoffkombinationen zum Verguß von Stahldrähten ist diese Bedingung ebenfalls erfüllt.

Implizit wurde hierbei die grobe Annahme getroffen, daß die Bruchdehnungen der Bestandteile des Komposits identisch sind mit denen, die in einem uniaxialen Zugversuch der einzelnen Materialien ermittelt werden. Abhängig von dem Faservolumenanteil V_f im Verbundkörper sind zwei Versagensarten denkbar (Bild B.2-1) /Hull, 1981/.

Versagensart A: $(V_f < V_f^*)$

Für kleine Faservolumenanteile ($V_f < V_f^*$) ist die Zugfestigkeit $\sigma_{L,Z,u}$ des Komposits in Faserrichtung in erster Linie von der Matrix-Zugfestigkeit $\sigma_{Z,m,u}$ abhängig. Denn der Matrixwerkstoff versagt bei einer Bruchdehnung $\varepsilon_{m,u}$ bevor die gesamte Last in die Fasern eingeleitet werden konnte. Bezeichnet σ_f^* diejenige Spannung in der Faser, wenn die Bruchdehnung der Matrix erreicht ist, so ermittelt sich die Zugfestigkeit des Komposits mit den Spannungen und Dehnungen aus Bild B.2-1 und mit Gleichung (B.2-2) zu

$$\sigma_{L,Z,u} = \sigma_f^* V_f + \sigma_{m,u}(1 - V_f) \tag{B.2-4}$$

Versagensart B: $(V_f > V_f^*)$

Bei einem hohen Anteil der Fasern im Komposit ($V_f > V_f^*$), übernimmt die Matrix nur einen kleinen Lastanteil, da die Steifigkeit der Fasern wesentlich größer ist, so daß bei Versagen der Matrix die Last von den Fasern vollständig übernommen werden kann ohne diese zum Versagen zu bringen. Setzt man voraus, daß trotz Matrixversagens die Lasteinleitung in die Fasern bei Steigerung der Last weiterhin möglich ist, kann die Last bis zum Erreichen der Bruchfestigkeit der Fasern gesteigert werden (Bild B.2-1) /Hull, 1981, Hollaway, 1990/. Die Komposit-Festigkeit hängt damit fast ausschließlich von der Festigkeit der Fasern ab und es kann geschrieben werden

$$\sigma_{L,Z,u} = \sigma_{f,u} V_f \tag{B.2-5}$$

Der Schnittpunkt der Geraden in Bild B.2-1 ist bestimmbar, wenn die Gleichungen (B.2-4) und (B.2-5) gleichgesetzt werden. Nach Umformung ergibt sich der gesuchte Faseranteil V_f^* zu

$$V_f^* = \frac{\sigma_{m,u}}{(\sigma_{f,u} - \sigma_f^* + \sigma_{m,u})} \tag{B.2-6}$$

Der Faseranteil in unidirektionalen Verbundwerkstoffen ist in der Regel wesentlich größer (V_f = 0,4 bis 0,7) als der errechnete Faseranteil V_f^* des Schnittpunktes, so daß in der Regel die Faserfestigkeit maßgebend ist. Mikroskopische Untersuchungen lassen schon vor dem Versagenszustand eines Glasfaserverbundwerkstoffes eine Vielzahl von Matrixrissen erkennen. Trotz der frühzeitigen Zerstörung der Matrix kann die Kraft in die Fasern eingeleitet werden /Hull, 1981/.

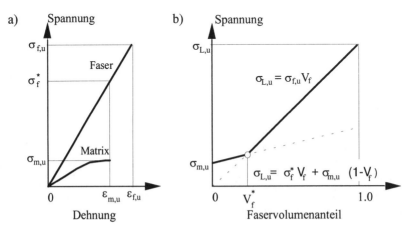

Bild B.2-1 a) Schematische Darstellung der Spannungs-Dehnungs-Linien für den Faser- und den Matrixwerkstoff, wenn die Bruchdehnung der Faser größer als diejenige der Matrix ist; b) Abhängigkeit der einaxialen Zugfestigkeit des unidirektionalen Komposits von dem Fasergehalt V_f, für die in a) angenommenen Werkstoffkennlinien.

Im folgenden werden beispielhaft für drei unterschiedliche Faser-Vergußwerkstoff-Kombinationen die Festigkeiten abgeschätzt und soweit möglich mit vorhandenen Versuchsergebnissen verglichen. Für den Verguß von Glasfasern in einer Epoxidharzmatrix wurde die Längszugfestigkeit des Komposits und die Abhängigkeit vom Faservolumengehalt nach Gleichung B.2-4 bis B.2-6 ermittelt. Mit Hilfe des Elastizitätsmoduls der Faser wird die Faserspannung beim Versagen der Matrix berechnet, also ein linear elastischer Spannungszuwachs zugrunde gelegt. In Bild B.2-2 ist die ermittelte Längszugfestigkeit in Abhängigkeit vom Faservolumengehalt aufgetragen. Die Längszugfestigkeit wurde dabei auf die Zugfestigkeit des Matrixwerkstoffes bezogen. Schon ab einem Faservolumengehalt $V_f = 0.048$ (Gleichung B.2-6) übernehmen die Fasern die volle Lastabtragung. Versuchstechnisch bestimmte Längszugfestigkeiten verschiedener Autoren sind im Bild angegeben (Tabelle B.1-1). Die theoretisch vorausgesagten Festigkeiten liegen natürlich über den Versuchswerten, da von einer idealen Faserfestigkeit ausgegangen wird und kein Einfluß der Spannungskonzentrationen im Bereich von Mikrorissen der Matrix berücksichtigt wird.

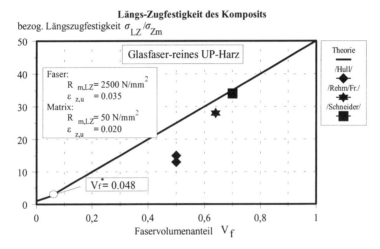

Bild B.2-2 Die Abhängigkeit der theoretisch abgeschätzten Längszugfestigkeit eines Glasfaser-UP-Harz-Komposits vom Faservolumenanteil. Die Längszugfestigkeit ist auf die Zugfestigkeit des Matrixwerkstoffes bezogen. Versuchsergebnisse aus der Literatur sind zusätzlich angegeben.

Die Spannungs-Dehnungs-Linie der hochfesten Stahlfasern (Bild B.1-2) weicht schon relativ früh von dem linear elastischen Verhalten ab und zeigt oberhalb der 0.2%-Dehngrenze einen ausgeprägten Verfestigungsbereich, der bis zur Zugfestigkeit ausgenutzt werden kann. Die Faserspannung zum Zeitpunkt des Matrixversagens wird mit dem E-Modul der Stahlfaser ermittelt, da die Faser bis dahin nur linear elastische Verformungen erhält. Wird zum einen die 0.2%-Dehngrenze als Versagenspunkt der Faser definiert und zum anderen die volle Zugfestigkeit, so ergeben sich die in Bild B.2-3 gezeigten beiden Grenzlinien der Komposit-Längszugfestigkeit vom Faseranteil. Sie können als untere bzw. obere Grenzkurve des möglichen Bereiches der Längszugfestigkeit des Komposits gedeutet werden. Die Beziehungen B.2-2 bis B.2-6 können für beide Fälle angewandt werden, da die Form der Spannungs-Dehnungs-Linie dort nicht in die Beziehungen eingeht. In Bild B.2-3 ist die Längszugfestigkeit des Komposits wiederum auf die Matrixzugfestigkeit bezogen dimensionslos dargestellt. Die Fasern bestimmen für fast alle Fasergehalte (ab $V_f = 0.033$) die erreichbare Zugfestigkeit der Faser-Verguß-Kombination. Versuche wurden mit dieser Werkstoffkombination bislang nicht durchgeführt.

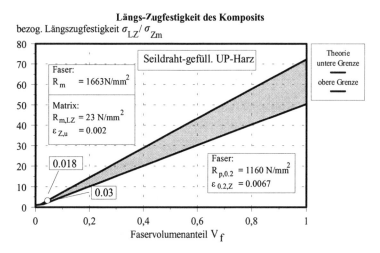

Bild B.2-3 Die Abhängigkeit der theoretisch abgeschätzten Längszugfestigkeit eines Stahldraht-UP-Harz-Komposits vom Faservolumenanteil. Die Längszugfestigkeit ist auf die Zugfestigkeit des Matrixwerkstoffes bezogen. Versuchsergebnisse sind nicht vorhanden.

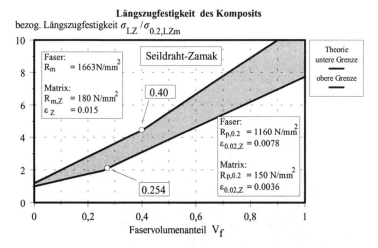

Bild B.2-4 Die Abhängigkeit der theoretisch abgeschätzten Längszugfestigkeit eines Stahldraht-ZAMAK-Komposits vom Faservolumenanteil. Die Längszugfestigkeit ist auf die Zugfestigkeit des Matrixwerkstoffes bezogen. Versuchsergebnisse sind nicht vorhanden.

Da im dritten Beispiel (Bild B.2-4), – der Verguß der Stahlfasern erfolgt in einer Zinklegierung –, der metallische Matrixwerkstoff eine relativ zur Stahlfaser wesentlich höhere Zugfestigkeit als das UP-Harz besitzt, wirkt er bei der Lastabtragung bis zu einem Faservolumengehalt von $V_f = 0.40$ (Gleichung B.2-6) mit. Werden nun wiederum die Zugfestigkeiten bzw. die 0.2%-Dehngrenze von Faser und Vergußwerkstoff als Versagenswerte angenommen, so ergibt sich die in Bild B.2-4 angegebene obere bzw. untere Grenzlinie, welche die Verfestigungfähigkeit der metallischen Werkstoffe mit einbezieht. Eine versuchstechnische Erfassung dieser Zusammenhänge ist bislang nicht erfolgt.

B.3 Die Druckfestigkeit des Komposits in Faserrichtung

Für eine Druckbelastung parallel der Faserrichtung ist im Gegensatz zum vorausgegangenen Kapitel keine eindeutige Abhängigkeit von der Fasersteifigkeit erkennbar. Es existieren mehrere Modellvorstellungen, welche die Versagensursache unter dieser Beanspruchung zu erklären versuchen. Übereinstimmend wird von mehreren Autoren /Hull, 1981, Nielsen, 1967, Hollaway, 1990/ ein Ausknicken der druckbelasteten hochfesten Fasern angenommen, welches in Experimenten beobachtet werden konnte (Bild B.3-1). Diese Modellvorstellung läßt den Schluß zu, daß eine seitliche Stützung der Fasern um so besser ist, je höher die Matrixsteifigkeit ist. Sie berücksichtigt aber nicht die zusätzlichen Einflüsse eines guten Verbundes, eines geringen Gehaltes an Luftporen im Matrixgefüge bzw. einer ungleichmäßigen Spannungsverteilung zwischen den Fasern.

Ist in einem Komposit mit sehr steifen und sehr spröden Werkstoffen die Schubfestigkeit der Fasern kleiner als die Festigkeit gegen Ausknicken, wird ein Schubversagen beobachtet. Dabei versagen sowohl die Matrix als auch die Fasern (Bild B.3-1).

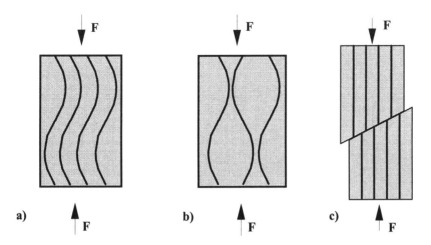

Bild B.3-1 Das Ausknicken der Fasern eines unidirektionalen Komposits unter Längsdruckbelastung: a) alle Fasern knicken nach derselben Richtung aus; b) jede Faser knickt individuell /Hull, 1981, Hollaway, 1990/. c) Versagen des unidirektionalen Komposits infolge Längsdruckbelastung, indem die Schubfestigkeit der Matrix und des Faserwerkstoffes überschritten wird. Dies ist insbesondere für spröde Fasern und spröde Matrixwerkstoffe möglich /Hull, 1981/.

Die Längsdruckfestigkeit des Komposits kann in diesem Fall nach /Hull, 1981/ mit folgender Beziehung abgeschätzt werden

$$\sigma_{L,D,u} = 2\left[V_f \tau_{f,u} + V_m \tau_{m,u}\right] \tag{B.3-1}$$

Sie stellt eine „Mischungsregel" der Schubfestigkeiten dar. Für Carbonfasern, die in einer Epoxidharzmatrix eingebettet sind, konnten bei hohem Fasergehalt V_f zutreffende Aussagen mit der angegebenen Gleichung gemacht werden /Hull, 1981/.

In den Bildern B.3-2 bis B.3-4 sind die auf die zweifache Schubfestigkeit des Matrixwerkstoffes bezogenen Längsdruckfestigkeiten der beispielhaft untersuchten Faser-Verguß-Kombinationen in Abhängigkeit vom Faservolumengehalt dargestellt. Versuchsergebnisse sind nur für das Glasfaser-Komposit vorhanden und in Bild B.3-2 angegeben. Da keine Schubfestigkeit der Glasfasern in der Literatur angegeben wird, wurde sie mit der Beziehung B.3-1 aus einem angenommenen Druckfestigkeitswert, der ein Mittelwert der angegebenen Komposit-Versuchsergebnisse darstellt, zurückgerechnet (angenommene Komposit-Druckfestigkeit von ca. 600 N/mm² bei V_f = 0.6).

Der Zusammenhang von Festigkeit und Faseranteil in Bild B.3-3 wurde mittels derselben Abschätzung für die metallische Faser durchgeführt. Es ergibt sich wiederum ein Versagensbereich, wenn die 0.2%-Dehngrenze bzw. die Zugfestigkeit der Stahldrähte angenommen wird. Eine Scherfestigkeit der hochfesten Drähte wird in der Literatur nicht angegeben. So wurde auch für den Verfestigungsbereich hier mit der HMH-Hypothese für eine reine Schubbeanspruchung eine Abschätzung der Scherfestigkeit vorgenommen, die im strengen Sinn nur bis zur Elastizitätsgrenze gültig ist. Obwohl die duktilen Drähte eher ausknicken, bevor sie auf Abscheren versagen, ist für die gefüllten Harze ein sprödes Schubversagen denkbar /Gropper, 1987/. Das Verhalten wird von der Beziehungen B.3-1 vermutlich nicht richtig erfaßt.

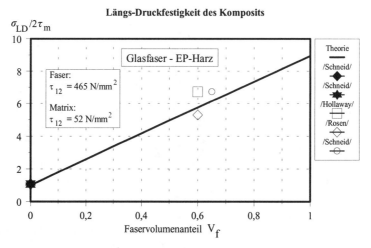

Bild B.3-2 Die Längsdruckfestigkeit der Glasfaser-EP-Harz-Kombination in Abhängigkeit vom Faservolumengehalt

Anhang B Die Festigkeiten des unidirektionalen Komposits

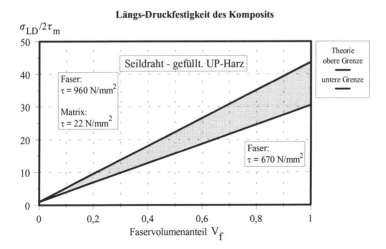

Bild B.3-3 Die Längsdruckfestigkeiten der Seildraht-(gefülltes UP-Harz)-Kombination in Abhängigkeit vom Faservolumengehalt

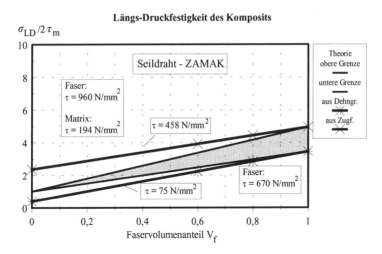

Bild B.3-4 Die Längsdruckfestigkeiten der Seildraht-ZAMAK-Kombination in Abhängigkeit vom Faservolumengehalt

Für die Kombination von duktilen metallischen Werkstoffen für Faser und Matrix ist ein Versagen aufgrund eines Ausknickens der Fasern wahrscheinlicher. Dennoch wird hier zum Vergleich die Beziehung B.3-1 verwendet. Das ausgeprägte Verfestigungsvermögen der metallischen Vergußwerkstoffe läßt auch hier zwei mögliche Definitionen des Versagenszustandes zu. In Bild B.3-4 sind die parallelen Grenzlinien mit den Schubfestigkeiten, die jeweils für Faser und Matrix nach der Elastizitätstheorie aus der 0.2%-Dehngrenze als unterer Grenzwert bzw. aus der Zugfestigkeit als oberer Grenzwert bestimmt worden. Die innen liegenden Begrenzungen wurden mit einer Schubfestigkeit der Matrix, die in der Literatur angegeben wird, verwendet. Man erhält dann in Bild B.3-4 für die Längsdruckfestigkeit des Komposits mit steigendem Fasergehalt einen größer werdenden möglichen Versagensbereich.

Die getroffenen Annahmen können hier nicht mit Versuchsergebnissen verglichen werden und sind daher mit Vorsicht zu behandeln.

B.4 Die Zugfestigkeit des Komposits orthogonal zur Faserrichtung

Die Zugfestigkeit eines unidirektionalen Komposits orthogonal zur Faserrichtung ist äußerst gering. Sie hängt von mehreren Parametern ab. So ist insbesondere die Verbundfestigkeit in der Grenzschicht von Faser und Matrix maßgebend. Fehlstellen im Verguß und der Spannungszustand zwischen den Fasern sind neben den Eigenschaften der Faser- und Matrixwerkstoffe weitere wichtige Einflußgrößen /Hull, 1981/. Da die Querzugfestigkeit in der Regel noch unter der Zugfestigkeit des reinen Matrixwerkstoffes liegt, können die Fasern als „Störung", d.h. als festigkeitsmindernd, im Verbundgefüge angesehen werden. Eine sehr einfache Beziehung wird von Hull in /Hull, 1981/ zur Abschätzung der Komposit-Zugfestigkeit in Querrichtung gegeben.

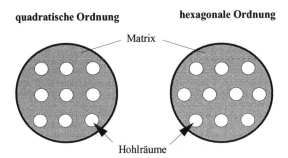

Bild B.4-1 Unter einer Zugbelastung orthogonal zur Faserrichtung werden die Fasern ausgespart und ausschließlich der Matrixquerschnitt als lastaufnehmend angenommen. Der Nettoquerschnitt ist von der geometrischen Anordnung der Fasern abhängig.

Er vernachlässigt dabei die Verbundwirkung zwischen den Fasern und der Matrix. Anstelle der Fasern werden Hohlräume in der Matrix angenommen und die somit verbleibende Restquerschnittsfläche zur Lastaufnahme angesetzt. Unter der weiteren Annahme, daß die aufgrund der „Hohlräume" hervorgerufenen Kerbspannungen keinen Einfluß haben, ergibt sich die Abminderung der Zugfestigkeit in Querrichtung infolge eines Flächenreduktionsfaktors (s/2R), der in Abhängigkeit von der geometrischen Faseranordnung im Querschnitt des Verbundkörpers betrachtet werden kann (vgl. Kapitel 4) (Bild B.4-1).

Anhang B Die Festigkeiten des unidirektionalen Komposits

Für eine hexagonale Faseranordnung wird die Festigkeit mit dem Faktor (s/2R) entsprechend abgemindert

$$\frac{s}{2R} = \left[1 - \left(\frac{2\sqrt{3}V_f}{\pi}\right)^{1/2}\right] \qquad \sigma_{Z,m,u} = \sigma_{Z,m,u}\left[1 - \left(\frac{2\sqrt{3}V_f}{\pi}\right)^{1/2}\right] \qquad \text{(B.4-1)}$$

In Bild B.4-2 ist in einer auf die Zugfestigkeit der Matrix bezogenen Darstellung die Reduktion der Festigkeit für eine quadratische und eine hexagonale Packung der Fasern im Querschnitt des Komposits in Abhängigkeit von dem Faservolumenanteil aufgetragen. Die maximale Packungsdichte bei quadratischer Faseranordnung beträgt 0.785, für die hexagonale Packung 0.907. Die Fasern stehen beim maximalen Wert miteinander in Kontakt und die Zugfestigkeit der Matrix ist null. Die Auftragung zeigt einen nicht-linearen Verlauf, wobei aber ab einem Faseranteil von 0.2 mit einer linearen Annahme eine gute Annäherung erreicht wird.

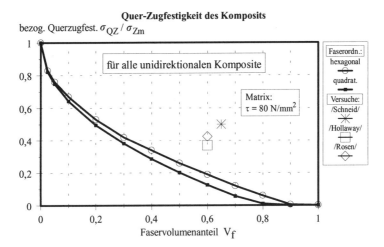

Bild B.4-2 Die Abhängigkeit der Querzugfestigkeit eines Faserverbundkörpers von dem Fasergehalt, wenn die Fasern vernachlässigt werden und somit nur eine verminderte Querschnittsfläche zur Verfügung steht. Versuchsergebnisse aus der Literatur sind zum Vergleich angegeben.

Die Querzugfestigkeit des Verbundkörpers wird mit der Beziehung B.4-1 mit Sicherheit unterschätzt. Obwohl Fehlstellen innerhalb der Matrix und Spannungskonzentrationen nicht berücksichtigt sind, ist die Verbundwirkung zwischen Matrix und Faser nicht zu vernachlässigen. In Bild B.4-2 sind zusätzlich zu der theoretischen Festigkeitsabminderung Versuchswerte für Glasfaser-(EP-Harz)-Verbunde, die der Literatur entnommen wurden, eingetragen. Da der Einfluß des Fasergehaltes hier auf eine reine geometrische Abhängigkeit zurückgeführt ist, gilt der Zusammenhang in Bild B.4-2 für alle Komposit-Materialien. Der Einfluß der Spannungsspitzen infolge Kerbwirkung und Mikrorissen wird bei duktilen Werkstoffen aufgrund der größeren Fähigkeit zur Spannungsumlagerung noch geringer anzunehmen sein, wenn ein guter Verbund vorliegt. Innerhalb der Vergußverankerung tritt keine Zugbeanspruchung des Konus orthogonal zur Faserrichtung auf.

B.5 Das intra-laminare Schubversagen des Komposits

Wird eine äußere Schubbelastung aufgebracht, so ist das „intra-laminare" Schubversagen abhängig von der Richtung der aufgezwungenen Schubbeanspruchung. Drei mögliche Extremfälle können betrachtet werden. Zum einen das Wirken einer Schubspannung parallel zu den Fasern τ_{TL} und zum anderen, wenn die Schubspannung rechtwinklig zur Faserrichtung wirkt τ_{LT} bzw. τ_{TT} (Bild B.5-1). Die Beanspruchung τ_{LT} ruft ein Versagen hervor, das mit dem in der BEFD-Ebene in Bild B.6-1 vergleichbar ist, mit dem Unterschied, daß nun kein Querdruck vorhanden ist. Ein Versagen infolge einer τ_{TT}-Beanspruchung wird entlang der ABCD-Ebene in Bild B.6-1 erfolgen.

Die maßgebende Schubfestigkeit ist τ_{TL}, da sie den kleineren Wert annimmt /Hull, 1981, Hollaway, 1990/. Die Festigkeit des Komposits wird dann im wesentlichen durch die Eigenschaften der Matrix bestimmt, da das intra-laminare Schubversagen ausschließlich in der Matrix stattfindet und ein Versagen der Fasern dazu nicht notwendig ist /Hull, 1981/.

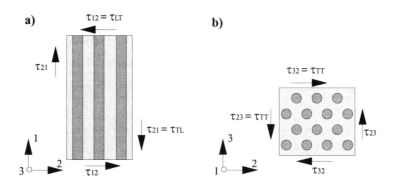

Bild B.5-1 Schubbeanspruchungen eines unidirektionalen Verbundkörpers parallel der Fasern τ_{TL} und orthogonal dazu τ_{TT} bzw. τ_{LT}. Parallel der Fasern ist die Schubfestigkeit kleiner, da hier beim Versagen keine Fasern beteiligt sind.

Im Vergleich der intra-laminaren Komposit-Schubfestigkeit τ_{TL} mit der Schubfestigkeit der reinen Matrix zeigt sich, daß bei hohen Faseranteilen, also kleinen Zwischenabständen der Fasern, die örtlichen Spannungen innerhalb der Matrix so groß werden können, daß die Schubfestigkeit des Komposits geringer ist als diejenige der Matrix, was insbesondere bei spröden Matrixwerkstoffen zu erwarten ist. Hier kann keine Umlagerung der Spannungskonzentrationen innerhalb des Verbundkörpers erfolgen /Hull, 1981/. Für duktile Matrixwerkstoffe kann die intra-laminare Komposit-Schubfestigkeit gleich der Matrixschubfestigkeit gesetzt

Anhang B   Die Festigkeiten des unidirektionalen Komposits   231

werden /Hull, 1981/. Ist nur eine geringe Verbundfestigkeit zwischen Matrix und Faser vorhanden oder liegen Hohlräume und Fehlstellen in der Matrix vor, so wird dadurch die Festigkeit stark abgemindert. Für eine Schubbelastung τ_{TT} in der Querschnittsebene des Faserverbundes kann näherungsweise ebenfalls die Matrixfestigkeit angesetzt werden. In der Verankerung ist infolge der Achsialsymmetrie lediglich eine intra-laminare Schubbeanspruchung τ_{TL} möglich. Im folgenden sind daher nur für diese Beanspruchung Abschätzungen der Festigkeit vorgenommen worden.

In den Bildern B.5-2 bis B.5-4 ist die auf die Schubfestigkeit der Matrix bezogene intra-laminare Schubfestigkeit des Komposits in Abhängigkeit vom Faservolumengehalt dargestellt. Für ein Glasfaser-Epoxidharz-Verbund wurde in Bild B.5-2 von einer mittleren Festigkeit des reinen Matrixwerkstoffes von ca. 53 N/mm² ausgegangen. Einige wenige Angaben aus Versuchen, die aus der Literatur entnommen werden konnten, sind angegeben. Aus den Versuchen kann eine konstante Schubfestigkeit angenommen werden, die identisch mit der Matrixschubfestigkeit ist.

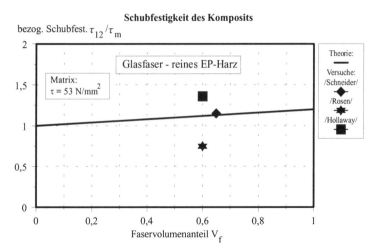

Bild B.5-2 Die als konstant angenommene intra-laminare Schubfestigkeit des Faserverbund-Körpers aus Glasfasern und Epoxidharz liegt in der gleichen Größe wie die Schubfestigkeit des Matrixwerkstoffes. Versuchswerte, die der Literatur entnommen wurden, sind zusätzlich angegeben.

Für die gefüllten UP-Harze stand lediglich eine Angabe für ihre Schubfestigkeit zur Verfügung. Aufgrund der ausgesprochenen Sprödigkeit /Gropper, 1987, Rehm u. Franke, 1980/ und der geringen Schubfestigkeit der hochgefüllten Vergußmassen muß mit steigendem Fasergehalt eine lineare Abnahme der Schubfestigkeit angenommen werden. In Bild B.5-3 ist eine Verringerung der Matrixschubfestigkeit angesetzt.

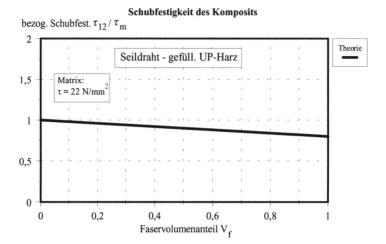

Bild B.5-3 Infolge der Sprödigkeit der gefüllten Matrix ist eine Abnahme der intra-laminaren Schubfestigkeit des Faserverbundkörpers anzunehmen.

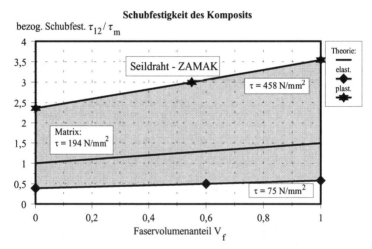

Bild B.5-4 Infolge der Duktilität der metallischen Werkstoffe wurde für die intra-laminare Schubfestigkeit des Faserverbundkörpers mit größer werdendem Faseranteil eine Steigerung der Schubfestigkeit angenommen.

Metallische Vergußkörper sind bislang noch nicht entsprechenden Versuchen unterzogen worden. Aufgrund der hohen Duktilität der Matrix und des guten Verbundes von Matrix und Draht kann aber eine versteifende Wirkung der Drähte und damit eine Erhöhung der Schubfestigkeit mit steigendem Fasergehalt erwartet werden (Bild B.5-4). Es wurde daher eine Erhöhung der Komposit-Scherfestigkeit mit steigendem Fasergehalt angesetzt. Als Matrixschubfestigkeit wurde der in der Literatur angegebene Wert benutzt (Bild B.5-4).

B.6 Die Druckfestigkeit des Komposits bei Beanspruchung orthogonal zur Faserrichtung

In Bild B.6-1 ist ein unidirektionaler Verbundkörper unter einer einachsigen Querdruckbelastung dargestellt. In einem homogenen isotropen Körper sind unter dieser Druckbelastung die Ebenen maximaler Schubbeanspruchung um 45° (vgl. Gleichung B.6-1) gegen die Beanspruchungsrichtung geneigt. Im Faserverbundwerkstoff dagegen richtet sich die Lage zusätzlich nach der Orientierung der Fasern in dieser Ebene. Die von den Punkten ABCD bzw. von BEFD aufgespannten Ebenen sind mögliche Abgleitebenen entlang derer der Körper versagen kann, wenn die Schubfestigkeit des Komposits überschritten wird.

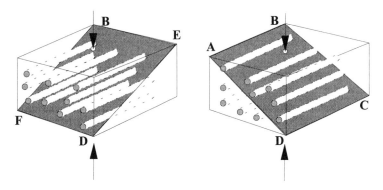

Bild B.6-1 Die zwei möglichen Versagensebenen im unidirektionalen Verbundwerkstoff unter einer einachsigen Druckbelastung orthogonal zur Faserorientierung. Das Versagen in der Ebene ABCD erfolgt, im Gegensatz zur Ebene BEFD, ohne daß ein Faserversagen notwendig ist.

Unter der angenommenen Querdruckbeanspruchung tritt ein Schubversagen vorzugsweise in der Ebene ABCD auf (Bild B.6-1). Die Schubfestigkeit in dieser Ebene ist höher als die Schubfestigkeit parallel der Fasern (intra-laminare Schubfestigkeit) (vgl. Kapitel B.5), da die wirkende Querdruckbelastung die beiden abgleitenden Ebenen gleichzeitig aufeinanderpreßt. Da in diesem Fall die Grenzschicht zwischen Matrix und Fasern versagt, müssen sich die beiden Teilkörper über die noch intakten aus der Abgleitebene herausragenden Fasern hinwegbewegen /Hull, 1981/. Werden aber die Verformungen parallel zur Kante FD unterbunden, so müssen für ein Versagen des Komposits in der Ebene BEFD nicht nur die Matrix, sondern auch die Fasern versagen (vgl. Bild B.3-1).

In der Vergußverankerung sind aufgrund der Rotationssymmetrie die Dehnungen quer zu den Fasern größtenteils unterbunden. Nur für die hier beispielhaft betrachtete Glasfaser-(EP-Harz)-Kombination ist ein sprödes Abscheren der Fasern in der Ebene BEFD vorstellbar. Für die duktilen Stahldrähte in Verbindung mit einer spröden Matrix bzw. mit einer ebenfalls duktilen Zinklegierung ist ein intra-laminares Schubversagen wahrscheinlicher.

Die Bilder B.6-2 bis B.6-4 zeigen die Abhängigkeit der Querdruckfestigkeit vom Faservolumengehalt eines Komposits in einer auf die Matrixschubfestigkeit bezogenen Darstel-

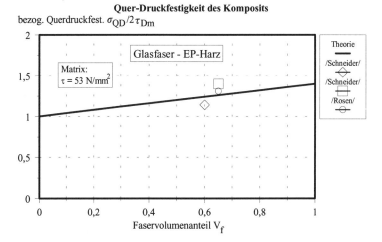

Bild B.6-2 Die abgeschätzte Querdruckfestigkeit des Faserverbundkörpers aus Glasfasern und Epoxidharz in Abhängigkeit vom Faservolumengehalt. Versuchswerte, die der Literatur entnommen wurden, sind zusätzlich angegeben.

lung. Aufgrund der wenigen Versuchsergebnisse für die Glasfaser-(EP-Harz)- bzw. Seildraht-(gefülltes UP-Harz)-Verbundsysteme kann hier wieder nur eine theoretische Abschätzung erfolgen. Da als bevorzugte Versagensebene, insbesondere für duktile Komposit-Komponenten, die Ebene ABCD angenommen wird, ist die Schubfestigkeit der Matrix, die von dem Fasergehalt nahezu nicht abhängig ist, für das Versagen maßgebend. Auch bei der vorher angesprochenen behinderten Dehnung parallel der Kante FD ist ein intra-laminares Versagen für die duktilen EP-Harze vorstellbar. Es wird dementsprechend von einer konstanten Schubfestigkeit τ_{TL} (entspricht hier der Matrixscherfestigkeit) ausgegangen. Aus Gleichung B.6-1 kann damit bei gegebener maximaler Matrixschubfestigkeit (vgl. Bild B.6-2) die Querdruckfestigkeit abgeleitet werden (unter Voraussetzung der Rissefreiheit des Materials).

$$\sigma_{Q,D} = \max \tau_{LT} \cdot \sin\varphi \cdot \cos\varphi; \qquad \sigma_{QD,u} = 2 \max \tau_{LT,u} \cdot 1 \tag{B.6-1}$$

Bild B.6-2 zeigt anhand der angegebenen Versuchsergebnisse, daß für die Glasfaser-Epoxidharz-Vergüsse mit steigendem Fasergehalt eine Erhöhung der Festigkeit vermutet werden kann.

In Bild B.6-3 wurde von den Meßergebnissen der Festigkeit für gefüllte Harze ausgegangen und aufgrund der Sprödigkeit des Matrixwerkstoffes (vgl. Bild B.5-3) eine Abnahme der Querdruckfestigkeit mit steigendem Fasergehalt angenommen.

Trotz der fehlenden Versuche bei metallischen Vergußkoni wurde aufgrund der angesprochenen Spannungsumlagerungsfähigkeit der duktilen Metalle in Bild B.6-4 eine Steigerung der Druckfestigkeit mit steigendem Fasergehalt angenommen (vgl. Kapitel B.5). Wird zum einen die 0.2%-Stauchgrenze und zum anderen die volle Druckfestigkeit des Vergußwerkstoffes angesetzt, ergeben sich die beiden Grenzkurven, die schon für die Schubfestigkeit diskutiert wurden.

Anhang B   Die Festigkeiten des unidirektionalen Komposits 235

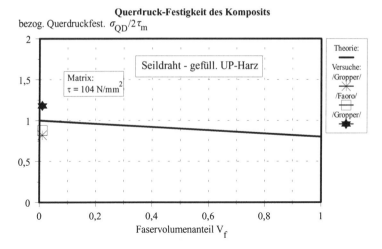

Bild B.6-3 Die Querdruckfestigkeit des Faserverbundkörpers aus Stahldrähten und einem gefüllten UP-Harz wird mit steigendem Fasergehalt als abnehmend angenommen. Versuchswerte für die Matrix (ohne Fasern), die der Literatur entnommen wurden, sind zusätzlich angegeben.

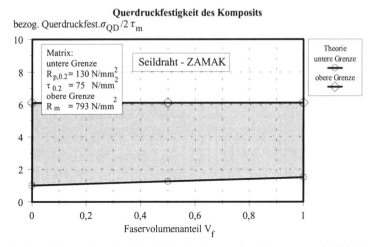

Bild B.6-4 Die abgeschätzte Querdruckfestigkeit des Faserverbundkörpers aus Stahldrähten und einer Zinklegierung in Abhängigkeit vom Faservolumengehalt. Versuchswerte sind nicht vorhanden.

B.7 Die Richtungsabhängigkeit der Komposit-Festigkeiten

Bisher wurde vorausgesetzt, daß die Beanspruchungen des Komposits in Richtung der Hauptachsen wirken. Analog der Richtungsabhängigkeit der elastischen Konstanten eines Komposits (vgl. Kapitel 5.7) wird die Festigkeit vermindert, wenn die Beanspruchungsrichtung um einen Winkel φ von der Hauptachsenrichtung abweicht. Innerhalb konischer Vergußräume weichen die Fasern des Seilbesens mit einer Richtungsabweichung von maximal 9° von der Hauptrichtung ab (vgl. Kapitel 5.7). Unter einer Zug-Beanspruchung des Vergußkörpers, wobei die Fasern alle mit einem unterschiedlichen Winkel φ von der Faserrichtung abweichen, sind drei Versagensarten denkbar. Ein Zugversagen in Faserrichtung ist bei sehr kleinen Richtungsabweichungen zu vermuten, für größere Winkelabweichungen ist ein intra-laminares Schubversagen denkbar und ein Versagen auf Querzug wird für Winkel $\varphi > 45°$ angenommen.

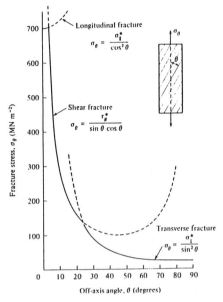

Bild B.7-1 Versagen eines ebenen unidirektionalen Verbundkörpers bei einer Beanspruchung, die um den Winkel φ von der Faserrichtung abweicht nach (/Hull, 1981/). Zusätzlich ist die Tsai-Hill-Bruchhypothese für den ebenen einachsigen Zugversuch ausgewertet und angegeben.

Nach der „Hypothese der maximalen Spannungen" tritt ein Versagen dann ein, wenn eine Spannung in den Hauptachsenrichtungen die entsprechende Festigkeit des Komposits erreicht, also

$$\sigma_{Q,D} = \max \tau_{LT} \cdot \sin\varphi \cdot \cos\varphi; \qquad \sigma_{QD,u} = 2\max \tau_{LT,u} \cdot 1 \qquad \text{(B.7-1)}$$

Wirkt eine um den Winkel φ von der Faserrichtung abweichende Belastung, so können die Spannungen in Richtung der Hauptachsen mit Hilfe der Transformationsmatrix für rechtwinklige Koordinaten bestimmt werden zu

$$\begin{aligned}\sigma_L &= +\sigma_\varphi \cos^2 \varphi \\ \sigma_T &= +\sigma_\varphi \sin^2 \varphi \\ \tau_{LT} &= -\sigma_\varphi \sin\varphi \cos\varphi\end{aligned} \qquad \text{(B.7-2)}$$

Anhang B   Die Festigkeiten des unidirektionalen Komposits

Bild B.7-1 zeigt eine Auswertung von einachsigen Zugversuchen nach /Hull, 1981/ für typische Werte von Carbonfaser-Epoxidharz-Verbundstäben. In Abhängigkeit des gegebenen Beanspruchungswinkels φ ist nach der „Hypothese der maximalen Spannung" der jeweils kleinste aus Gleichung (B.7-1) errechnete Festigkeitswert für das Versagen verantwortlich und aufgetragen. Versuchsergebnisse von /Hull, 1981/ sind im Diagramm angegeben.

Man erkennt in Bild B.7-1, daß bis zu einem Winkel $\varphi = 4°$ ein Zugversagen der Fasern eintritt und dann bis zu einem Winkel von $\varphi = 24°$ in ein intra-laminares Schubversagen übergeht. Für größere Winkel versagt das Komposit aufgrund einer Zugbelastung orthogonal zur Faserrichtung. Die Versuchsergebnisse zeigen eine gute Übereinstimmung mit der Theorie. Im Bereich von $18° < \varphi < 45°$ stimmen die analytischen Ergebnisse der „Theorie der maximalen Spannung" nicht mit dem Experiment überein. Für diese Beanspruchungsrichtungen ist sowohl Schubversagen, als auch Querzugversagen zu vermuten. Eine verbesserte analytische Beziehung sollte eine gegenseitige Beeinflussung berücksichtigen. Aus dem Tsai-Hill-Bruchkriterium für den ebenen Spannungszustand erhält man nach Umformung die Beziehung (B.7-3), die diesen Anforderungen besser genügt (vgl. Bild B.7-1).

$$\sigma_\varphi = \left[\frac{\cos^4 \varphi}{\sigma_{L,u}^2} + \left(\frac{1}{\tau_{LT,u}^2} - \frac{1}{\sigma_{L,u}^2} \right) \sin^2 \varphi \cos^2 \varphi + \frac{\sin^4 \varphi}{\sigma_{T,u}^2} \right]^{1/2} \qquad (B.7-3)$$

Inwiefern sich diese Abhängigkeiten am Vergußkonus einer Zuggliedverankerung zeigen, sollte eingehend untersucht werden. Der grundsätzliche Unterschied zwischen der Beanspruchung des Konus und eines „üblichen" Faserverbundkörpers zeigt sich in der Art der Lasteinleitung. Im Gegensatz zu der üblichen Art greift die Belastung ausschließlich an den Drähten an und wird von diesen an den Matrixwerkstoff weitergeleitet. Besitzt der Konus eine genügend große Länge, so ist anzunehmen, daß nach einem „Störbereich" infolge Lasteinleitung die Komposit-Eigenschaften mit den bekannten Beziehungen abgeschätzt werden können. Im rotationssymmetrischen Vergußkonus ist infolge der nahezu ebenfalls axialsymmetrischen Anordnung der Drähte im Seilbesen ein gegenseitiges Eliminieren des Richtungseinflusses zu erwarten.

Neue Bücher von Vieweg

Robuste Brücken
Vorschläge zur Erhöhung der ganzheitlichen Qualität

von Michael Pötzl

1996. 288 Seiten. Gebunden.
ISBN 3-528-08134-1

Das Buch soll einen Beitrag zur Erhöhung der Lebensdauer von Brücken leisten. Mit der Robustheit wurde ein die Normen ergänzendes Kriterium definiert, das anhand zahlreicher Beispiele erläutert wird. Das Buch soll die allzu oft stiefmütterlich behandelte Entwurfsphase unterstützen. Dadurch können Schwachpunkte a priori vermieden und unnötige Kosten eingespart werden. Zusätzlich eröffnen sich neue gestalterische Spielräume für den Brückenentwurf.

Brücken
Computerunterstützung beim Entwerfen und Konstruieren

von Volker Schreiber

1996. VIII, 203 Seiten.
Gebunden.
ISBN 3-528-08138-4

Ziel dieser Arbeit ist, zu untersuchen, wie Ingenieure beim Brückenentwurf möglichst effizient mit Mitteln der EDV unterstützt werden können. Die vollständige Modellierung des Bauwerks im Computer soll dabei in Zukunft nicht nur der Untersuchung gestalterischer Fragestellungen dienen, sondern auch die konsistente Grundlage für Untersuchungen im statisch-konstruktiven Sinne bilden, denn beim Entwurf dürfen konstruktive und ökonomische Aspekte nicht vernachlässigt werden.

Verlag Vieweg - Postfach 15 47 - 65005 Wiesbaden - Fax 06 11/ 78 78-420

Neue Bücher von Vieweg

Massivbau
Bemessung im Stahlbetonbau

von Peter Bindseil

1996. XVI, 513 Seiten mit 291 Abbildungen und 22 Tabellen. (Viewegs Fachbücher der Technik) Kartoniert.
ISBN 3-528-08813-3

Dieses Buch behandelt den Stahlbetonbau auf der Basis der neuen Sicherheits- und Bemessungskonzepte, wie sie derzeit im Eurocode EC 2 formuliert sind.
Teil A: Sicherheitstheorie, Grundlagen der Bauweise, Bemessung stabförmiger Biegetragwerke, konstruktive Grundsätze
Teil B: Globale und lokale Stabilität von Bauwerken und Bauteilen
Teil C: Fundamente, Rahmen, Konsolen, zweiachsig gespannte Platten, Flachdecken, kurze Einführung in die Berechnung von Flächentragwerken mit Finiten Elementen

Dynamik der Baukonstruktionen

von Christian Petersen

1996. XXIV, 1.272 Seiten. Gebunden.
ISBN 3-528-08123-6

Ausgehend von den Grundlagen der Dynamik werden in diesem Buch Berechnungs- und Bewertungsverfahren unterschiedlicher Strenge dargestellt und anhand zahlreicher Beispiele und Turbo Pascal-Programme praxisbezogen erläutert. Die mathematischen Verfahren werden in einem ausführlichen Anhang dargelegt, die einzelnen Kapitel sind jeweils durch umfangreiche Hinweise auf die Fachliteratur ergänzt.
Das Werk versteht sich als Lehrbuch für die Ausbildung von Bauingenieuren gleichermaßen wie als Fachbuch für Tragwerksplaner des Konstruktiven Ingenieurbaus.

Verlag Vieweg · Postfach 15 47 · 65005 Wiesbaden · Fax 06 11/ 78 78-420